ちくま学芸文庫

インドの数学

ゼロの発明

林 隆夫

筑摩書房

鷹の祭壇の輪郭を示すロープに沿って祭官が儀式的計測を行なう（1975 年 4 月 14 日ケーララ州。第二章参照）F. Staal, *Agni*, Berkeley: Asian Humanities Press, 1983, vol. 1, p. 385.
Photograph by Adelaide de Menil

はしがき

本書でとりあげるのは、紀元前二千年紀の半ば以降にインド亜大陸にやってきたアーリア人を中心とするサンスクリット文化圏の数学の歴史である。

第一章「数表記法とゼロの発明」は、古来インドで用いられた数表記法を、時代を通して概観する。

第二章から第七章までは、ほぼ時代に沿って話を進める。第二章「シュルバスートラ（祭壇の数学）」では、アーリア人が紀元前千年紀に発達させたヴェーダ祭式の祭場設営に関係する一群の綱要書シュルバスートラ（縄の経）を見る。これはインド最古層の幾何学を含む貴重な資料である。

第三章「社会と数学」では、パーリ仏典など数学以外の資料に基づき、社会における数学の位置を探る。

第四章「ジャイナ教徒の数学」では、ブッダと同時代のマハーヴィーラを祖とするジャイナ教徒たちの数学をその哲学や世界観との関連で見る。彼らは特に西暦紀元の前後数世紀の間、インド数学の発達に大きな影響を及ぼしたと考えられる。

第五章「アールヤバタの数学」では、インド人が数学および天文学の父と仰ぐアールヤバタ（西暦四七六年生まれ）の天文書『アールヤバティーヤ』に収められた数学の章を詳しく見る。これは、シュルバスートラを除けばインドで現存最古の数学文献である。

第六章「インド数学の基本的枠組みの成立」では、主として七世紀のブラフマグプタ著『ブラーフマスプタシッダーンタ』を通して、インド数学がパーティーガニタ（アルゴリズム数学）とビージャガニタ（種子数学＝代数）の二大分野を確立してゆく様子を見る。

第七章「その後の発展」では、シュリーダラ（八世紀）、マハーヴィーラ（九世紀）、アールヤバタ（十世紀、一説には一五〇〇年頃）、シュリーパティ（十一世紀）、バースカラ（十二世紀）、ナーラーヤナ（十四世紀）、マーダヴァ（一四〇〇年頃）など、主要な数学・天文学者たちの数学を概観し、インド数学の発展過程を探る。

第八章「文化交流と数学」では、インド数字、標準問題、ホロスコープ占星術、チェスなどいくつかのトピックをとりあげ、インドに関連する数学の伝播を考える。

この小著が、数学の歴史でこれまで比較的陽の当たることが少なかった場面を照らすと同時に、我々の想像を絶する多様さと豊かさを持つインド文明を総体的に理解するための一助になれば嬉しい。

なお、サンスクリット語などのカタカナ表記は慣用に従う。

目次

インドの数学

ゼロの発明

第一章　数表記法とゼロの発明

1　数詞

古来インドで用いられたインドアーリアン語系数詞は、十倍で新名称を導入するという意味で基本的に十進法である。そのうち、日常的に使用される最初の四つ（一、十、百、千）の単位の名は固定していたが、それ以上の数に関してはヒンドゥー教系、仏教系、ジャイナ教系に大別できる。

ヒンドゥー教系数詞はヴェーダ文献に発し、後に多くの数学書や天文書で用いられるようになり、やがて名称、桁数ともにほとんど固定されるに至る。一方、仏教とジャイナ教は、それとは異なる数詞システムを発達させた。

ヴェーダ文献は、紀元前二千年紀の中頃から波状的にインド亜大陸にやってきた西方からの侵入民族アーリア人が、北部インドを西から東に向かってガンジス河沿いに定住を進めながらおよそ千年の間に作り出した一群の文献である。それらは、基本的にインドアーリア民族の祭式儀礼に関わり、祭式での役割に応じて、リグヴェーダ（神々への賛歌）、サーマヴェーダ（旋律をつけた賛歌）、ヤジュルヴェーダ（祭詞）、アタルヴァヴェーダ（呪句）の四つのヴェーダ（知識）に分かれる。それぞれで、サンヒター（本集）と呼ばれる部分が最古層をなし、ブラーフマナ（祭式の儀軌《ぎき》、解釈、意味づけ）、アーラニヤカ（森で伝授された秘伝）、ウパニシャッド（哲学的思索）が続く。

ヴェーダ文献、特にその中核をなすサンヒターは、かなり後世（少なくとも八世紀）に至るまで文字に書き下されることなく、驚異的正確さで師から弟子へ口伝された。その知識（ヴェーダ）の伝承をほとんど独占的に担ったのがブラーフマナ、いわゆるバラモン階級である。これに対して紀元前六世紀頃からヴェーダの祭式万能主義に対する反省や懐疑が表面化してくるが、なかでも仏教とジャイナ教とは、有力な武士階級（クシャトリヤ）や富裕な地主商人階級（ヴァイシュヤ、ガハパティ）の支持や援助を受けて、大きな勢力となってゆく。

ヒンドゥー教系数詞

表1.1は、ヴェーダ文献とヒンドゥー教系の数学書、天文書で認可されている数詞のリストである。その最初の欄、ヴェーダ文献の数詞は、ヤジュルヴェーダ系の『タイッティリーヤサンヒター』4.4.11.3-4 & 7.2.11-20および『ヴァージャサネーイサンヒター』

表 1.1. ヒンドゥー教系数詞

	ヴェーダ文献 1000 B.C.頃	『アールヤバティーヤ』 A.D.499	『パウリシャシッダーンタ』 A.D.700頃	8世紀以降の数学書
10^{0}	エーカ[1]	エーカ	エーカ	エーカ
10^{1}	ダシャ[2]	ダシャ	ダシャ	ダシャ
10^{2}	シャタ[3]	シャタ	シャタ	シャタ
10^{3}	サハスラ[4]	サハスラ	サハスラ	サハスラ
10^{4}	アユタ[5]	アユタ	アユタ	アユタ
10^{5}	ニユタ[6]	ニユタ	ニユタ	ラクシャ[22]
10^{6}	プラユタ[7]	プラユタ	プラユタ	プラユタ
10^{7}	アルブダ[8]	コーティ[14]	コーティ	コーティ
10^{8}	ニアルブダ[9]	アルブダ	アルブダ	アルブダ
10^{9}	サムドラ[10]	ヴリンダ[15]	[パドマ[16]?]	パドマ
10^{10}	マドヤ[11]		カルヴァ[17]	カルヴァ
10^{11}	アンタ[12]		ニカルヴァ[18]	ニカルヴァ
10^{12}	パラールダ[13]		マハーパドマ[19]	マハーパドマ
10^{13}			シャンク[20]	シャンク
10^{14}			サムドラ	サムドラ
10^{15}			マドヤ	アントヤ
10^{16}			アントヤ[21]	マドヤ
10^{17}			パラールダ	パラールダ

[1]eka [2]daśa [3]śata [4]sahasra [5]ayuta [6]niyuta [7]prayuta [8]arbuda [9]nyarbuda [10]samudra [11]madhya [12]anta [13]parārdha [14]koṭi [15]vṛnda [16]padma [17]kharva [18]nikharva [19]mahāpadma [20]śaṅku [21]antya [22]lakṣa

17. 2 ff. に基づく。

『タイッティリーヤサンヒター』7.2.11–20には、アシュヴァメーダ(馬祀祭)に付随するアンナホーマ(食物護摩)の祭詞が述べられている。それは、アーハヴァニーヤと呼ばれる祭火に、夜通し祭詞を唱えながら供物として精製バター(ギー)、蜂蜜、米、大麦などを投ずる儀礼であるが、そのとき唱えられる祭詞のほとんどは、

「数詞の与格＋スヴァーハー」の繰り返しである。

「一に［対して］スヴァーハー、二にスヴァーハー、三にスヴァーハー……（中略）……十九にスヴァーハー、二十にスヴァーハー、二十九にスヴァーハー、三十九にスヴァーハー……（中略）……九十九にスヴァーハー、百にスヴァーハー、二百にスヴァーハー、すべてにスヴァーハー。」

この祭詞に実際に現われる数は、

1, 2, 3, 4, 5, 6, 7, 8, 9, 10, 11, 12, 13, 14, 15, 16, 17, 18, 19, 20, 29, 39, 49, 59, 69, 79, 89, 99, 100, 200

であるが、これは一から二〇〇までの整数の省略的表現と思われる。伝統的解釈によれば、最初の「一」は唯一なる造物主（プラジャーパティ）、他はその展開である万物を意味する。

これに続く他の祭詞では、順に次のような数列が用いられている。

1, 3, 5, 7, 9, 11, 13, 15, 17, 19, 29, 39, 49, 59, 69, 79, 89, 99, 100.（奇数、99まで、と100）

2, 4, 6, 8, 10, 12, 14, 16, 18, 20, 98, 100.（偶数、100まで）

3, 5, 7, 9, 11, 13, 15, 17, 19, 29, 39, 49, 59, 69, 79, 89, 99, 100.（奇数、3から99まで、と100）

4, 8, 12, 16, 20, 96, 100.（4の倍数、100まで）

5, 10, 15, 20, 95, 100.（5の倍数、100まで）

10, 20, 30, 40, 50, 60, 70, 80, 90, 100.（10の倍数、100まで）
20, 40, 60, 80, 100.（20の倍数、100まで）
50, 100, 200, 300, 400, 500, 600, 700, 800, 900, 1000.（100の倍数、1000まで、と50）

そして最後の祭詞に、シャタ（10^2）からパラールダ（10^{12}）までの十進名称が現われる。

「百（シャタ）にスヴァーハー、千（サハスラ）にスヴァーハー、万（アユタ）にスヴァーハー……（中略）……パラールダ（10^{12}）にスヴァーハー、ウシャス（暁光）にスヴァーハー、ヴィウシュティ（薄明）にスヴァーハー、やがて昇るであろうもの（太陽）にスヴァーハー、昇りつつあるものにスヴァーハー、昇ったものにスヴァーハー、天にスヴァーハー、世界にスヴァーハー、すべてにスヴァーハー。」

ここで「ウシャスに」からの四つは日の出直前に、また「昇ったものに」からの四つは日の出直後に唱えられる。

これらのシャタからパラールダに至る名称は、他のヴェーダ文献でもおおむね同じであるが、次の点で異なる。

同じヤジュルヴェーダ系の『マイトラーヤニーサンヒター』2.8.14では、10^5がプラユタ、10^6が再びアユタになっている。また『カータカサンヒター』17.10では、10^5がプラユタ、10^6がニユタである。同39.6ではその上、10^9にバドヴァ（badva）が挿入され、それに伴いサムドラ以下が十倍ずつ繰り上がる。したがって最後のパラールダは10^{13}を指す。サーマヴェーダ系の『パンチャヴィンシャブラーフマナ』17.14.2のリストでは、10^9はニカルヴァカ（nikharvaka）、10^{10}はバドヴァ、10^{11}はアクシタ（akṣita）、10^{12}はゴー（go）である。また『ジャイミニーヤウパニシャッドブラーフマナ』1.10.28-29では、10^9はニカルヴァ（nikharva）、10^{10}はパドマ（padma）、10^{11}はアクシティ（akṣiti）、10^{12}はヴヨーマーンタ（vyomānta）である。

リグヴェーダ系の『シャーンカーヤナシュラウタスートラ』15.11.7のリストでは、10^9はニカルヴァーダ（nikharvāda）、10^{10}はサムドラ、10^{11}はサリラ（salila）、10^{12}はアントヤであり、さらに10^{13}をアナンタ（ananta）すなわち「無限」とする。

以上のヴェーダ文献の数詞は、位取り表記法とは関係ない。

第2欄は、アールヤバタの天文書『アールヤバティーヤ』（西暦四九九）の第二章「数学」の冒頭に与えられているリストである。同章については本書第五章で詳しく見るが、その数詞のリストは、次のように表現されている。

「エーカ、ダシャ、シャタ、サハスラ、アユタ、ニユタ、さらにプラユタ、コーティ、アルブダ、ヴリンダ。位から位へと十倍になる。」（『アールヤバティーヤ』2.2）

これらは、ヴェーダ文献の数詞によく似ているが、ここでは十進法位取り表記における各位の名称である点に注意する必要がある。このことは、最後の文句、「位から位へと十倍になる」によって明確に表現されている。「位」と訳したのは、一般に「位置」を意味する語 sthāna である。

もう一つの特徴は、10^7のアルブダにかわってヴェーダ文献の数詞リストにはなかったコーティが導入され、それに伴いアルブダが一桁繰り上がっていることである。以後、少なくともヒンドゥー教系の数学文献では、これら二つの名称の価値は固定する。最後のヴリンダは、「群・束」を意味する。なおコーティは、仏教やジャイナ教では早くから数詞として用いられていた（表1.3, 1.5参照）。それはまたヴリンダとともに、二大叙事詩の一つ『ラーマーヤナ』の十万進法的数詞リストにも現われる（表1.2）。

第3欄は、アル・ビールーニー著『インド誌』（英訳 I, p. 177）が伝える天文書『パウリシャ・シッダーンタ』（紀元七〇〇頃と推定される）のリストである。彼は、「十八桁のリスト」について話しながら十七個の名称しか与えていない。後世の数学文献の数詞リストと比較すると、パドマ（10^9）が脱落しているものと思われる。このリストでは、『アールヤバティーヤ』でいったん消えていたヴェーダ文献の最後の四つの名称、サムドラ、マドヤ、アンタ（アントヤはアンタ「最後」に同じ）、パラールダが復活している。ただしその価値は、五桁ずつ繰り上げられ、空いた桁、10^9～10^{13}には別の名称、パドマ（？）、カルヴァ、

表 1.2.『ラーマーヤナ』の十万進法的数詞リスト[1]

	ラホール版[2]	バローダ版[3]	ボンベイ／ゴーラクプル版[4]
10^{7}	koṭi	koṭi	koṭi
10^{12}	śaṅku	śaṅku	śaṅkha/śaṅku
10^{17}	vṛnda	mahāśaṅku	mahāśaṅkha/mahāśaṅku
10^{22}	mahāvṛnda	vṛnda	vṛnda
10^{27}	padma	mahāvṛnda	mahāvṛnda
10^{32}	mahāpadma	padma	padma
10^{37}	-	mahāpadma	mahāpadma
10^{42}	-	kharva	kharva
10^{47}	-	samudra	mahākharva
10^{50}	-	-	samudra
10^{52}	-	mahaugha	-
10^{55}	-	-	ogha
10^{60}	-	-	mahaugha

[1]Ganitanand, "The Lakṣa Scale of Rāmāyaṇa and Rāma's Army", *Gaṇita Bhāratī* 12, pp.10-16 に基づく.
[2]Yuddhakāṇḍa, sarga 4, 51-53.
[3]Yuddhakāṇḍa, sarga 4, extra verses.
[4]Yuddhakāṇḍa, sarga 28, 33-38.

ニカルヴァ、マハーパドマ、シャンクが挿入されている。これらのうち、パドマとニカルヴァは上述のように『ジャイミニーヤウパニシャッドブラーフマナ』にそれぞれ10^{10}、10^{9}を指すものとして現われる。また、ニカルヴァを除く四つは、『ラーマーヤナ』のリストにも見られる（表1.2）。さらに、パドマ（蓮）に対してマハーパドマ（大蓮）というような数詞の作り方は、『ラーマーヤナ』の他、仏教やジャイナ教系の数詞にもよく見られる（表1.3. AK; 表1.5. GSS参照）。

第4欄は、シュリーダラ（八世紀）の『トリシャティカー』（術語2-3）と『パーティーガニタ』（7-8）以来、シュリーパティ（十一世紀）の『ガニタティラカ』（2-3）、バースカラの『リーラーヴァティー』（10-11）（西暦一一五〇）、ナーラーヤナの『ガニタカウムディー』（2-3）（西暦一三五六）など、主要な数学文献のほとんどで採用されている数詞リストである。ただし、10^9のパドマ（蓮）のかわりに、同義語アブジャ（abja）、サロージャ（saroja）などが用いられることもある。10^{12}のマハーパドマ（大蓮）、10^{14}のサムドラ（海）も同様である。第3欄の『パウリシャシッダーンタ』のリストとの違いは、マドヤとアントヤが入れ替わっていることと、10^5のニユタがラクシャに変わっていることだけである。

仏教系数詞

仏教系では、『ラリタヴィスタラ』（漢訳では唐地婆訶羅訳『方広大荘厳経』）とヴァスバンドゥ（世親）作『アビダルマコーシャ注解』（五世紀、一説に四世紀）（真諦訳『阿毘達磨倶舎釈論』、玄奘訳『阿毘達磨倶舎論』）をとりあげよう。両書ともに10^{50}を越える数詞のリストを含む。

『ラリタヴィスタラ』は、古い伝承によりながらも大乗仏教的に脚色されたブッダの一生の物語である。その第12章では、年頃になった菩薩（ブッダ）が様々な分野の技能（silpa）に卓越していたことが描かれる（第三章参照）。数を数えることに熟達したシャカ族の「ガナカ大臣」アルジュナが、菩薩に尋ねる。

「少年よ、百コーティ以上の数え方（ガナナーガティ）を知っているか。」

「知っています。」

「では、どのように百コーティ以上の数え方を導入したらよいか。」

菩薩は答える。

「コーティが百でアユタと呼ばれます。アユタが百でニユタと呼ばれます……（中略）……ヴィブータンガマーが百でタッラクシャナと呼ばれます。実に、タッラクシャナを数えれば、ラクシャ（10^5）［数えるごとに土粒一個？］を投ずる行為によって、山の王者須弥山も壊滅するでしょう。これよりも後にドゥヴァジャーグラヴァティーという数え方があります。それを数えれば、ラクシャ［数えるごとに砂粒一個？］を投ずる行為によって、ガンガー河の砂も完全に消失するでしょう……（中略）……これよりも後にパラマーヌラジャスの導入に依存する数え方があります。」

ここには、コーティ（10^7）以上の百進名称がタッラクシャナ（10^{53}）まで与えられている（表1-3、LV）。間にある10^8、10^{10}などの偶数冪《べき》への言及はないが、『アビダルマコーシャ注解』の数詞リストから類推すれば、マハーコーティ、マハーアユタ、などが考えられる。

表 1.3. 仏教系数詞

LV=『ラリタヴィスタラ』第12章
AK=『アビダルマコーシャ』3.93-94自注

	LV	AK		LV	AK
10^{0}	-	eka	10^{29}	vyavasthāna-	hetu
10^{1}	-	daśa		prajñapti	
10^{2}	-	śata	10^{31}	hetuhila	karabha
10^{3}	-	sahasra	10^{33}	karaku/kara-	indra
10^{4}	-	prabheda		hu	
10^{5}	[lakṣa]	lakṣa	10^{35}	hetvindriya	samāpta
10^{6}	-	atilakṣa	10^{37}	samāptalam-	gati
10^{7}	koṭi	kauṭi/koṭi		bha	
10^{8}	-	madhya	10^{39}	gaṇanāgati	nimbarajas
10^{9}	ayuta	ayuta	10^{41}	niravadya	mudrā
10^{10}	-	mahāyuta[1)]	10^{43}	mudrābala	bala
10^{11}	niyuta	niyuta	10^{45}	sarvabala	saṃjñā
10^{13}	kaṅkara	prayuta	10^{47}	visaṃjñagatī	vibhūta
10^{15}	vivara	kaṅkara	10^{49}	sarvasaṃjñā	balākṣa
10^{17}	akṣobhya	visvara	10^{51}	vibhūtaṅgamā	?
10^{19}	vivāha	akṣobhya	10^{53}	tallakṣaṇa[2)]	?
10^{21}	utsaṅga	vivāha	10^{55}	-	?
10^{23}	bahula	utsaṅga	10^{57}	-	?
10^{25}	nāgabala	vāhana	10^{59}	-	asaṃkhya
10^{27}	tiṭilambha	tiṭibha			

1)以下同様に, 偶数冪の名称は, 直前の奇数冪のそれにmahā-を付加する。
2)この「後に」は, 次の9名称があるという。
dhvajāgravatī, dhvajāgraniśāmaṇī, vāhanaprajñapti, iṅga*, kuruṭu/kuruṭa, kuruṭāvi*, sarvanikṣepā (=10dhvajāgravatī), agrasārā (=10^{9}dhvajāgravatī), paramāṇurajaḥpraveśānugata.
(*これらを含まない版もある.)

表 1.4．長さの単位（仏教系，『ラリタヴィスタラ』第12章）

7	パラマーヌラジャス（極微塵）＝1 レーヌ（塵）
7	レーヌ＝1トルティ（塵）
7	トルティ＝1 ヴァーターヤナラジャス（通風孔の塵または馬の塵）
7	ヴァーターヤナラジャス＝1 シャシャラジャス（兎塵）
7	シャシャラジャス＝1 エーラカラジャス（羊塵）
7	エーラカラジャス＝1 ゴーラジャス（牛塵）
7	ゴーラジャス＝1 リクシャーラジャス（虱卵塵）
[7	リクシャーラジャス＝1 リクシャー（虱卵）?]*
7	リクシャー＝1 サルシャパ（辛子）
7	サルシャパ＝1 ヤヴァ（大麦）
7	ヤヴァ＝1 アングリーパルヴァ（指節）
12	アングリーパルヴァ＝1 ヴィタスティ（親指と小指の拡がり）
2	ヴィタスティ＝1 ハスタ（腕）
4	ハスタ＝1 ダヌス（弓）
1000	ダヌス＝1 マガダ国のクローシャ（叫び）
4	クローシャ＝1 ヨージャナ（結ぶこと）

*補う．あるいは，直前のリクシャーラジャスはリクシャーの誤りか．

タックラクシャナの「後に」あるというドゥヴァジャーグラヴァティー以下九つの名称（表1.3参照）の価値は不明である。最後の「パラマーヌラジャスの導入に依存する数え方」は、おそらく数詞ではなく、長さの単位による「数え方」（計算法）を指す。というのは、右の引用箇所のすぐあとで、アルジュナが、

「少年よ、パラマーヌラジャスを導入する数え方はどのように受け入れたらよいか」

と問うのに応えて菩薩はまず、パラマーヌラジャス（極微塵）からヨージャナ（由旬）までの長さの単位を定義し（表1.4）、ついで「ヨージャナのかたまり」に含まれるパラマーヌラジャスの数を述べるからである。定義

によれば、

1ヨージャナ＝108, 470, 495, 616, 000パラマーヌラジャス

または、「7リクシャーラジャス＝1リクシャー」が定義から脱落していると考えた場合、

1ヨージャナ＝759, 293, 469, 312, 000パラマーヌラジャス

である。しかし現存テクストには、

$1 \cdot 10^{17} \cdot 10^{11} + 30 \cdot 10^{7} \cdot 10^{11} \cdot 10^{5} + 60 \cdot 10^{9} + 22 \cdot 10^{7} + 5 \cdot 10^{6} + 12 \cdot 10^{3}$

とある。この数値は、前の二つの数値のどちらとも合わない。「かたまり」（ピンダ）という表現は、三次元の立方体または球を意味する可能性もないわけではないが、それでもこの数値は説明できない。テクスト伝承の誤りと思われる。ただ興味深いことにそこでは、10^5が百千（シャタサハスラ）、10^6が十百千（ダシャシャタサハスラ）、10^9が百コーティ（コーティシャタ）と表現されている。これらは、『アヌオーガッダーラ』が伝えるジャイナ教の古い数表現と一致する（表1.5. AD）。また、菩薩自身、直前で10^9をアユタと定義しているのに、ここでは「百コーティ」と表現していることも注目される。

以上の『ラリタヴィスタラ』の数詞が位取り表記と関係があることを示す証拠はないが、次に見る『アビダルマコーシャ注解』の数詞は、明らかに位取り表記を前提にしている。

ヴァスバンドゥは『アビダルマコーシャ』（3. 89–94）で、時間単位カルパ（劫）にはサ

表 1.5. ジャイナ教系数詞

AD=『アヌオーガッダーラ』204,326（プラークリット語）
GSS=『ガニタサーラサングラハ』術語63-68

	AD	GSS		GSS
10^0	ekka	eka	10^{12}	kharva
10^1	dasa(ga)	daśa	10^{13}	mahākharva
10^2	sata/saya	śata	10^{14}	padma
10^3	sahassa	sahasra	10^{15}	mahāpadma
10^4	dasasahassa	daśasahasra	10^{16}	kṣoṇi
10^5	satasahassa	lakṣa	10^{17}	mahākṣoṇi
10^6	dasasatasahassa	daśalakṣa	10^{18}	śaṅkha
10^7	koḍi	koṭi	10^{19}	mahāśaṅkha
10^8	dasakoḍi	daśakoṭi	10^{20}	kṣiti
10^9	koḍisata	śatakoṭi	10^{21}	mahākṣiti
10^{10}	dasakoḍisata	arbuda	10^{22}	kṣobha
10^{11}	-	nyarbuda	10^{23}	mahākṣobha

ンヴァルタカルパ（壊劫）、ヴィヴァルタカルパ（成劫）、アンタハカルパ（中劫）、マハーカルパ（大劫）などの種類があるが、そのマハーカルパの「三無数」だけの時間で仏性が生ずる、と言う。そしてその注釈で、「無数」すなわちアサンキヤ（asaṃkhya）というのは数えられないという意味ではなく、「六十の異なる位にある」具体的な「数」（サンキヤー）であるとして、それら「六十の位」の名称を順に定義する（表1.3. AK）。

「エーカは実に二番目を持たないものであり第一の位である。エーカが十個で「ダシャであり」、第二「の位」である。十個のダシャはシャタであり、第三「の位」である。十個のシャタはサハスラである……（中略）……十個のマハーバラ

ークシャでアサンキヤ（無数）である。中から八つは忘れられている。」（p. 181）
『ラリタヴィスタラ』の数詞リストと比較すると、忘れられた八つの名称は、マハーバラークシャ（10^{50}）の後にあったと思われる。

この数詞リストでは、アユタ（10^{9}）以降が『ラリタヴィスタラ』と同様、百進法に従っており、偶数冪の名称は、直前の奇数冪のそれに「マハー（大）」を付加したものとなっている。同様の命名法は、ジャイナ教系でも見られる（表1.5, GSS）。

ジャイナ教系数詞

次にジャイナ教系に関しては、準経典の一つ『アヌオーガッダーラ』とマハーヴィーラの数学書『ガニタサーラサングラハ』（西暦八五〇頃）を見よう（表1.5）。

表を見て気づくように、『アヌオーガッダーラ』では、10^{3}から10^{6}までが、サハッサ（＝サハスラ、千）を基準として、十サハッサ、百サハッサ、十百サハッサと表現され、まったく同様にそれに続く四つの名称もコーリ（＝コーティ）を基準として作られている。

それに対して時代的に新しい『ガニタサーラサングラハ』では、ラクシャとアルブダの導入がその規則性を壊している。しかし、カルヴァァ（10^{12}）以上の名称は、『アビダルマコーシャ注解』と同様、百進法に従って規則的である。

図 1-1　インダス印章（I. Mahadevan, *The Indus Script*, Archaeological Survey of India, 1977, Plate I）

2　数字

インダス文字は未解読であるが、中には縦棒を何本か並べた記号が見られる（図1-1）。縦棒あるいは横棒を一本二本と増やしてゆく数表記法はメソポタミア、エジプト、ギリシャ、ローマ、中国、インド（ブラーフミー数字）など古代文明に共通する。また今日と同じように、1から6までの数を点の個数で表記したテラコッタ製のサイコロも発見されている（図1-2）。さらに、インダス文明がメソポタミア文明と交易関係を持っていたことや、そのメソポタミアでは当時すでに数字を使用していたことはよく知られている。したがって、インダス文明が数字を持たなかったと考えることのほうがむしろ不自然であるが、インダス文字が解読されるまでは、確かなことは何もいえない。

『リグヴェーダ』には、数字の存在を匂わせる言葉がある（10.62.7）。「アシュタカルニー

(aṣṭakarṇī)」という表現である。これは八を表す数字が耳に刻印された牛を意味する、と解釈する研究者もいる。しかし、単に「耳に刻印をもつ(牛)」とする解釈の方が一般的である。したがってこの一例だけでは、数字の存在を証明するには不十分だろう。

ブラーフミー数字

インドで数字の使用が確認されるのは、インダス文明崩壊後、最初に文字が現われる紀元前三世紀のアショーカ王碑文においてである。

図 1-2　ロータル出土のサイコロ
(S. R. Rao, *Lothal and the Indus Civilization*, New York: Asia Publishing House, 1973, Plate XXXIII C)

アショーカ王は領土の各地に詔勅の碑を建てさせたが、あるものはブラーフミー文字で、あるものはカローシュティー文字で、またあるものはギリシャ文字で書かれている。カローシュティーは右から左へ書かれ、ペルシャのアラム文字の系統と考えられている。その使用は西暦紀元の前後数世紀の間で、地理的には西北インドに限られていた。これに対してブラーフミーは後世のインド亜大陸のほとんどの文字の出発点になった。ブラーフミーもアラム文字起源説が有力だが異論

図 1-3　マトゥラー碑文（2 世紀）の数表記　1 行目は左から、“sa [ṃ] 80 6 he 1 di 10 2 dasasya…”（第 86 年冬の第 1 月 12 日、ダサの…）と読む（*Epigraphia Indica* 1, p. 388）。

もある。ブラーフミーとカローシュティーの関係もはっきりしない。

アショーカ王碑文を初めとしてその後長い間にわたり、碑文や銘文の数字は、位取りの原理ではなく、和の原理や積の原理によって作られた数字だった。したがって、二十や二百などにも固有の数字を持っていた（図 1-3）。

ブラーフミー数字で位取り表記が確認される最古のものは、サンケーダで発見された銅板の銘文である。それにはその発行年が、チェーディ暦と思われる年号で三四六年と記されている（図 1-4）。西暦五九五〜五九六年のことである。

ところで、すでに『アビダルマコーシャ注解』や『アールヤバティーヤ』の数詞に見たように、遅くとも五世紀後半にはインドで位取り表記が用いられていたことは確実であるから、碑文や銘文で確認される初

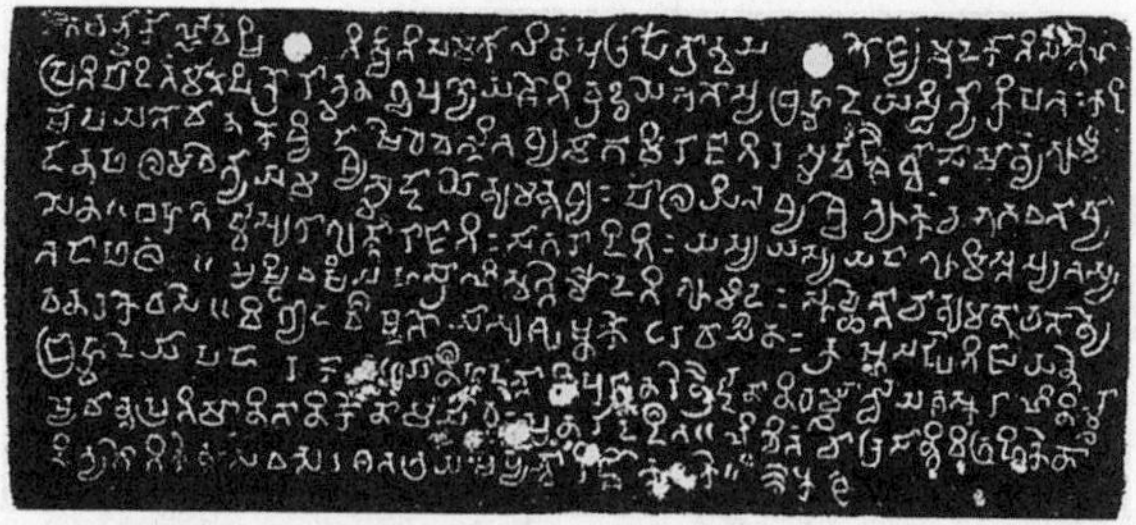

図 1-4　サンケーダ銅板の位取り表記（*Epigraphia Indica* 2, p. 19）右下（最下行）に "346" が見える。

出年代は、実際の使用開始より少なくとも一世紀遅れることになる。これは、碑文や銘文の単なる発見の偶然性によるだけではなく、公的文書の保守性にもよっていると思われる。どんな文明圏、言語圏でも、碑文や銘文を含む公的文書は、権威付けのため、古い字体や書式を好むものである。日本でも、インドアラビア数字を導入してから一世紀以上経ち、生活のあらゆる場面で定着しているにもかかわらず、碑文や銘文などでは昔ながらの漢数字を使うことが多い。

このことは、ゼロ記号に関する碑文銘文の取り扱いにも注意を促してくれる。ゼロ記号を伴う位取り表記の初出はインドの碑文銘文では八世紀に下るが（ジャヤヴァルダナ二世の銅板）、その年代は使用開始の下限を意味するに過ぎない。したがって文献資料が重要な意味を持ってくるが、その前に、数詞と数字以外の数表記法を見ておこう。

3 その他の数表記法

数詞と数字以外の数表記法としては、アルファベット（音素）式記数法と単語連想式記数法があり、前者にはアールヤバタ式とカタパヤーディ式の二種がある。これらはいずれも、多くの数値、それもしばしば天文常数などの大きな桁数の数値を韻文の中に詠み込むために考案された数表記法であり、位取り記数法を前提にしている。この他、やはりアルファベットを用いたアクシャラパッリーという数表記システムもあった。これは主として写本でページを記すのに用いられ、天文書や数学書のなかでは見られない。ここでは省略しよう。

アルファベット（音素）式記数法

アールヤバタ式

これは『アールヤバティーヤ』（西暦四九九）の第一章で用いられている数表記法である。同章は、天文常数や正弦表などをギーティと呼ばれる十個の詩節で表現する。

この表記法では、一個以上の子音と一個の母音が結合してできる一音節が数表現の基本単位になる。各子音は数値を持ち、母音が桁を決める。

表 1.6. アールヤバタ式記数法

母音

a/ā	i/ī	u/ū	ṛ/ṝ	ḷ/ḹ	e	ai	o	au
10^0	10^2	10^4	10^6	10^8	10^{10}	10^{12}	10^{14}	10^{16}

列音素

	無声無気音	無声帯気音	有声無気音	有声帯気音	鼻　音
k列(喉　音)	k = 1	kh = 2	g = 3	gh = 4	ṅ = 5
c列(口蓋音)	c = 6	ch = 7	j = 8	jh = 9	ñ = 10
ṭ列(反舌音)	ṭ = 11	ṭh = 12	ḍ = 13	ḍh = 14	ṇ = 15
t列(歯　音)	t = 16	th = 17	d = 18	dh = 19	n = 20
p列(唇　音)	p = 21	ph = 22	b = 23	bh = 24	m = 25

非列音素

半母音	y = 30	r = 40	l = 50	v = 60
歯擦音/気音	ś = 70	ṣ = 80	s = 90	h = 100

通常のサンスクリット音素表で、まずkからmまでの五行五列の音素（列音素と呼ばれる）に順に1から25までの数値を割り当てる（表1.6）。残りのyからhまでの八個の音素（非列音素）には順に30から100までの10の倍数を割り当てる。九種の母音、a、i、u等は、長短に関係なく、順に1（10^0）、10^2、10^4、等の奇数位（10の偶数冪）を表す。これにより、各音節に対して位が一意的に定まるので、音節の順序は数値に関係しない。

この表記法を用いて、例えば、一ユガ（惑星が大会合を起こす周期）における太陽や惑星の回転数（公転数）は、次のように表現されている（『アールヤバティーヤ』1.1）。

太陽の回転数 = khyughṛ = $(2+30)\cdot 10^4+4\cdot 10^6$

= 4,32,00,00

月の回転数 = cayagiyiṅuśuchlṛ

$= 6 \cdot 10^0 + 30 \cdot 10^0 + 3 \cdot 10^2 + 30 \cdot 10^2 + 5 \cdot 10^4 + 70 \cdot 10^4 + (7 + 50) \cdot 10^6$
$= 57, 75, 33, 36$

地球の回転数（自転数）= niśibuṇlṣkhṛ
$= 5 \cdot 10^2 + 70 \cdot 10^2 + 23 \cdot 10^4 + 15 \cdot 10^8 + (80 + 2) \cdot 10^6 = 15, 82, 23, 75, 00$

土星の回転数 = ḍhuṅvighva $= 14 \cdot 10^4 + (5 + 60) \cdot 10^2 + (4 + 60) \cdot 10^0 = 14, 65, 64$

木星の回転数 = khricyubha $= (2 + 40) \cdot 10^2 + (6 + 30) \cdot 10^4 + 24 \cdot 10^0 = 36, 42, 24$

火星の回転数 = bhadlijhnukhṛ
$= 24 \cdot 10^0 + (18 + 50) \cdot 10^2 + (9 + 20) \cdot 10^4 + 2 \cdot 10^6 = 2, 29, 68, 24$

カタパヤーディ式

カタパヤーディとは、「音素k、ṭ、p、yを初めとする」という意味である。すなわち、サンスクリットの音素表で、これらの音素を初めとする子音に、1から順に数を対応させる（表1.7）。ñとnにはゼロが対応する。アールヤバタ式と同様、子音で始まる一つの音節が一つの桁を表す。ただし、一つの音節が二つ以上の子音の結合を含むときは最後の子音だけが数的価値を持つ。

アールヤバタ式と異なり、母音は桁に関係しない。桁を決めるのは音節の順序である。通常は、最下位（一の位）から高位へと各桁の数を列挙する。この順序は、後述の単語連想式数表記法でも同じである。ただし、南インドのケーララ地方では逆順に列挙される場

表 1.7. カタパヤーディ式記数法

	列音素				
	無声無気音	無声帯気音	有声無気音	有声帯気音	鼻　音
k列(喉　音)	k = 1	kh = 2	g = 3	gh = 4	ṅ = 5
c列(口蓋音)	c = 6	ch = 7	j = 8	jh = 9	ñ = 0
ṭ列(反舌音)	ṭ = 1	ṭh = 2	ḍ = 3	ḍh = 4	ṇ = 5
t列(歯　音)	t = 6	th = 7	d = 8	dh = 9	n = 0
p列(唇　音)	p = 1	ph = 2	b = 3	bh = 4	m = 5
	非列音素				
半母音	y = 1	r = 2	l = 3	v = 4	
歯擦音/気音	ś = 5	ṣ = 6	s = 7	h = 8	

合もあった。また、原則として母音はどこにあっても数値を持たないが、語頭の母音がゼロを表すこともあった。

この表記法の発案は、ケーララ地方で天文学の父と仰がれるヴァラルチに帰されるが、その年代ははっきりしない（一説には、四世紀前半）。彼には、月の位置表をカタパヤーディ表記で韻文化した『チャンドラヴァーキヤ（月の文章）』と呼ばれる著作がある。年代が確かな最古の使用例はハリダッタの天文書『グラハチャーラニバンダナ（惑星の運行に関する論稿）』（西暦六八三）に見られる。例えばそこでは、六桁の数値210389がdhījagannūpuraと表現されている（1.12）。

dhī - ja - ga - nnū - pu - ra = 210389
9　8　3　0　1　2

アールヤバタ式でも、一つの数を表すのに何通りかの可能性があるが、カタパヤーディ式では、各音節で母音と二個目以上の子音（右の例では第四音節の最初のn）が数値に関係しないので、選択の自由度はさらに高くなる。そのため、数値

の他に、言語としての意味を持たせることも容易となる。実際、右の例は、

dhī - jagan - nūpura

理知　世界　アンクレット

とも読める。このことが、韻文であることとともに、記憶に有利に働いたことは想像に難くない。この技巧を駆使すれば、言語的には首尾一貫した物語、数値的には天文常数表というような書物も可能となる。実際そのような作品も知られている。のちに、もう一人のアールヤバタ（十世紀、一説に西暦一五〇〇頃）は、このカタパヤーディ式を改変して、桁の列挙順序を左から右へとし、また子音はすべて数値を持つとした。この方式によれば、右の例は、

dhi - ja - ga - nnū - pu - ra = 9830012

9　8　3　0　0　1　2

と読むことになる。しかし、この方法は普及しなかった。

単語連想式記数法

これは、目＝2、火＝3、海＝4（または7）、矢＝5、というように、通常の単語によって、自然に、あるいは慣習的に連想される数を表す方法である（表1.8）。まれに同一

単語が異なる数値に対応する場合もあるが、曖昧さはほとんど生じない。右の「海」などはその例であるが、このほか「太陰日」は、15および30の両方の意味で使われる（表1.8参照）。またジャイナ教徒マハーヴィーラは数学書『ガニタサーラサングラハ』で、通常は5または25を指す「タットヴァ」（真理、原理、実在）を7の意味で用いる。このように、特定の宗教あるいは学派独自の連想に基づく場合もある。

位取り表記法を前提とし、カタパヤーディ式の場合と同じく一位から高位へと順に各桁を列挙する。一つの単語が二つの桁を表すこともある。また、通常の数詞と併用されることもある。

例　『パンチャシッダーンティカー』(2.12; 8.4) から、

śūnya - ambara - aṣṭa - lavaṇoda - ṣaṭka ＝ 64800

空虚	空	八	海	六
0	0	8	4	6

tri - viṣaya - aṅka - kha - kṛta - āśā ＝ 1040953

三	対象	数字	空	クリタ	方角
3	5	9	0	4	10

『ブラーフマスプタシッダーンタ』(1.7) から、

表 1.8. 単語連想式記数法の例

数	単語1)
0	空(そら)(abhra, ākāśa, kha, etc.), 雲(jalada, megha, etc., B), 空虚(śūnya), 充満(pūrṇa, B), 点(bindu)
1	月(天体の)(indu, candra, etc.), 大地(dhārā), 形または銭(rūpa)
2	目(nayana, netra, etc.), 腕(bāhu, B), 手(kara, V), 翼(pakṣa), 双子(yama, yamala), アシュヴィン双神(aśvin, dasra, etc.)
3	火(agni, dahana, etc.), 原質(guṇa), 世界(loka, B), ラーマ(三人の)(rāma), 歩み(ヴィシュヌの)(vikrama, viṣṇukrama, B), 聖地プシュカラ(puṣkara, B)
4	海(abdhi, jaladhara, etc.), ヴェーダ(veda), クリタ(kṛta, V), ユガ(yuga, V), 足(caraṇa, V)
5	感覚器官(akṣa, indriya, etc.), 対象(五官の)(artha, tanmātra, viṣaya), 元素(五大)(bhūta), 矢(iṣu, bāṇa, etc.), パーンダヴァ(五王子)(pāṇḍava, V)
6	季節(ṛtu), 味(rasa), ヴェーダ補助学(aṅga, B)
7	山(aga, acala, adri, etc.), 聖仙(ṛṣi, muni), 音階(svara)
8	象(gaja, etc., B), 蛇(nāga, pannaga, etc., B), ヴァス神群(vasu), 原質(サーンキヤ哲学の)(prakṛti, B), 身体(tanu, V)
9	数字(aṅka), 穴(身体の)(chidra, randhra), ナンダ王朝(nanda, B)
10	方角(āśā, kakubh, etc.), 列(paṅkti, B)
11	ルドラ/シヴァ神(īśvara, bhava, rudra, śiva)
12	太陽(arka, ina, etc.), 人(=日時計の針)(nara, B)
13	一切神(viśva), アティジャガティー韻律(atijagatī, V)
14	マヌ(manu), インドラ神(śakra, surādhipa, B), シャルヴァ神(śarva, V)
15	太陰日(tithi, dina)
16	アシュティ韻律(aṣṭi)
18	ドゥリティ韻律(dhṛti)
20	爪(nakha), クリティ韻律(kṛti, V)
21	旋律(mūrchanā, V)
24	ジナ(jina), 微細なもの(sūkṣmaka, B)
25	原理(tattva)
26	ウトクリティ韻律(utkṛti, V)
27	月宿(ṛkṣa, nakṣatra, bha, B)
30	太陰日(tithi, B)
32	歯(danta, B)
33	神(amara, V)
40	奈落(naraka, V)
48	儀礼(saṃskāra, B)

1)ヴァラーハミヒラ(V)の『パンチャシッダーンティカー』(A.D.550頃)およびバースカラ(B)の『アールヤバティーヤ注解』(A.D.629)の用例のみに基づく. VまたはBの指定のないものは両書で用いられている.

khacatuṣṭaya - rada - vedāḥ = 4320000

空四つ　歯　ヴェーダ

0000　32　4

このように、単語連想式は『パンチャシッダーンティカー』（西暦五五〇頃）では、すでに十分発達している。その他、『ブラーフマスプタシッダーンタ』、『マハーバースカリーヤ』などの天文学書で多く用いられる。数学書でも『ガニタサーラサングラハ』、『リーラーヴァティー』などは好んで用いるが、『バクシャーリー写本』、『トリシャティカー』、『パーティーガニタ』、『ガニタカウムディー』などは、むしろこれを避けて通常の数詞を用いる傾向がある。七世紀のバースカラの『アールヤバティーヤ注解』の場合、天文暦法を扱う第3章と第4章では多用するが、数学を扱う第2章では稀である。

この表記法はおそらく三世紀までは遡る。ヤヴァナ（＝イオニア＝ギリシャ）の誕生占星術（ジャータカ）に基づくとされる『ヤヴァナジャータカ』の最後（79.62）に、その著作年代が次のように記されている。*

nārāyaṇa - aṅka - indu - mita - abda = 191 年

ナーラーヤナ　数字　月　で　量られた　年

1　9　1

＊近年この解釈には疑念が提出されている。Bill M. Mak, The Last Chapter of Sphujidhvaja's Yavanajātaka Critically Edited with Notes, SCIAMVS 14, 2013, 59-148.

これはシャカ暦によると推定され、紀元二六九―二七〇年に対応する。しかし、同書の本文ではほとんどの数値が連想式ではなく、通常の数詞で表現されている。碑文では、西暦六〇四年に対応する日付を持つカンボジアのサンスクリット碑文が早く、インドでは九世紀初頭まで見られない。

この記数法は「ブータサンキヤー」と呼ばれることもある。「存在する物」(ブータ)の名による「数」(サンキヤー)の意味ではないかと思われるが、正確な由来はわからない。

4　アバクス(算盤)

インドにはアバクス(算盤)がなかったというのが通説であったが、少なくとも二世紀から六世紀頃の西北インドには、一種のアバクスが存在した可能性が指摘されている(Ruegg)。ガンダーラ地方の中心都市プルシャプラ(現在のペシャワール)出身の仏教哲学者ヴァスバンドゥは『アビダルマコーシャ注解』(5. 26)でヴァスミトラ(二世紀)の比喩を紹介する。

「存在の構成要素(ダルマ)は、[過去現在未来の三つの時の]道にあって新しい場面に至るごとに他の名で呼ばれる。これは場面が異なるからであって物自体が異なるからではない。恰も一つのヴァルティカー（棒）が、一の標《しる》し（アンカ）を持つ所に投じられると一と呼ばれ、百の標しを持つ所では百、また千の標しを持つところでは千といわれるのと同じである。」

アールヤバタと同時代のヤショーミトラはこの「ヴァルティカー」を「グリカー」（ビーズまたは小球）で置き換える。これらから判断すると、十進法位取りで棒またはビーズのようなものをカウンターに用いた一種のアバクスが六世紀頃まで少なくとも西北インドで用いられていた可能性が大きい。ところが、六世紀頃と推定される伝ヴヤーサ作『ヨーガスートラ注解』（3. 13）は同じテーマで次のようにいう。

「恰も一つのレーカー（線）が、百の位置（スターナ）では百、十の位置では十、一の位置では一であるのと同じである。」

これに対するヴィジュニャーナビクシュ（十六世紀）の復注は、百では二個の点（ビンドゥ）、十では一個の点を伴う、という。これはアバクスではなく、ゼロ記号を伴う数字による数表記である。

5　ゼロの発明

ここでは、記号としてのゼロと数としてのゼロを別々に見て行こう。記号としてのゼロとは、位取り表記で空欄を表すための記号であり、数としてのゼロとは、計算の対象として考えられたゼロである。

もちろん現代では、この二つは分かちがたく結びついて一つの概念を形成しているが、歴史的に最初からそうだったという保証はない。実際、セレウコス朝メソポタミアの楔形文字数学文書、プトレマイオス朝エジプトのパピルス文書、プトレマイオスの天文書『アルマゲスト』の数表、さらにはマヤの碑文でも、六十進法や二十進法の位取り表記の中でそれぞれに固有のゼロ記号が用いられているが、それらが計算の対象になったという証拠は今のところない。つまり、これらの資料は、記号としてのゼロの存在を証明するが、数としてのゼロの存在は証明できない。

記号としてのゼロ

前述のように、インドの碑文や銘文で初めてゼロ記号が現われるのは、古文書学的に八世紀と推定されるジャヤヴァルダナ二世の銅板である。しかしそこでゼロ記号と目される小円は磨耗がひどく、その存在を疑う碑文研究者もいる（図1-5a）。このほか九世紀初頭（西暦八〇七）のカンデーラ石碑（図1-5b）、十世紀初頭のカーマン石碑（図1-5c）などでもゼロ記号が用いられている。前者では小円、後者では点である。サンスクリット文献では、ゼロ記号はビンドゥ（bindu）すなわち「点」（あるいは滴）と呼ばれている。

のちにゼロ記号としては小円が普及するが、それでもあいかわらず「点」と呼ばれ続けた。日本人が「句点」といいながら小円を書くように、インド人も中黒の点と小円をあまり厳密に区別しなかったらしい。

中黒の点を書くか小円を書くかは、伝統や慣習または個人の好みによるとともに、おそらく刻まれるものの材質にも影響を受けている。銅板は中黒の点よりも中空の小円のほうが刻みやすいが、石材はその逆である。ターラパトラ（貝多羅葉）に鉄筆の場合も、銅板と同じであろう。一方、ターラパトラにせよブールジャパトラ（樺の樹皮）にせよインク（墨）の場合は点でも小円でも大差ない。ブールジャパトラに書かれたインド最古の数学写本『バクシャーリー写本』では、中黒の点が用いられている（図1-6）。同写本の書写年代は、使用文字（古シャーラダー文字）から判断して八世紀から十二世紀の間と思われる。

インドの周辺に目を向けると、実はインドよりも早くゼロ記号を伴う位取り表記が碑文に現われる。例えばスマトラでは、シャカ暦でそれぞれ六〇五、六〇六、六〇八という日

1 - 5a

1 - 5b

1 - 5c

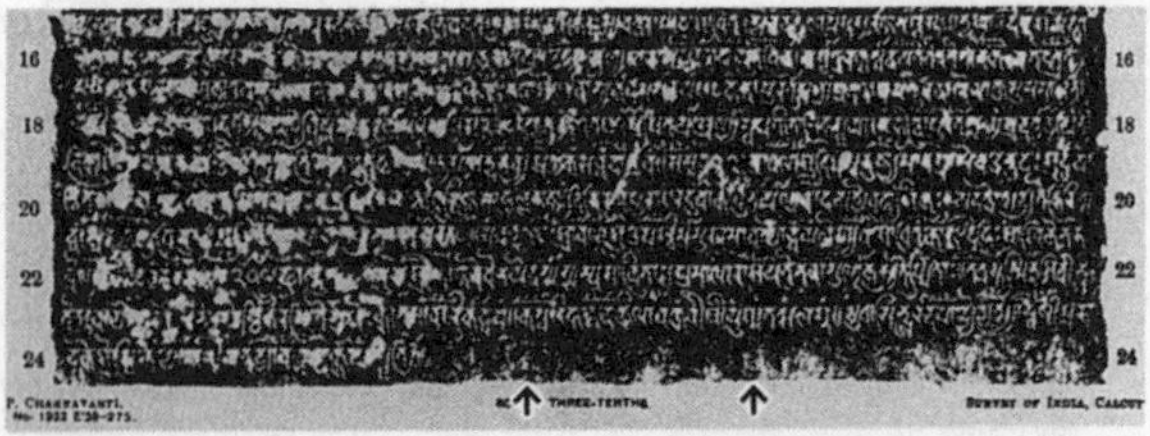

図 1-5　碑銘文のゼロ記号　a　ジャヤヴァルダナ二世の銅板（*Epigraphia Indica* 9, p. 41）2 行目中央に 3、最後に 30。

b　カンデーラ石碑（*Epigraphia Indica* 34, p. 159）最下行の最後は、saṃvat 201 caitra śudi.

c　カーマン石碑（*Epigraphia Indica* 24, p. 329）19 行目（矢印右）に 220、21 行目（矢印左）に 180。

図 1-6 『バクシャーリー写本』のゼロ記号

3 行目の枠囲いは、

30 mu che 2 gha mu	500000000	gha 1
1 1	1	1

これは、「1 日（=30 ムフールタ）で 50 コーティ（$=50\times10^7$）ヨージャナ進む太陽は、1 ガティカー（=1/2 ムフールタ）ではどれだけ進むか？」という問題に対する三量法の表示（G. R. Kaye, *The Bakhshālī Manuscript: A Study in Medieval Mathematics*, Archaeological Survey of India, 1927/33, fol. 37R）

付が位取りで表記された三つの碑文が発見されている。またカンボジアでも、シャカ暦六〇五年が記された碑文が見つかっている（G. Codès, A propos de l'origine des des chifres arabes, Bulletin of the School of Oriental Studies, University of London, 6, 1931, 323-328）。これらの地域には中国文化の影響が及んでいたことと、中国では古くから位取りの原理に基づく算木が用いられていたことを根拠として、いわゆるインドアラビア数字の起源はインドではなく、これらの地域ないし中国にある、とする説もある（Lam Lay-Yong, "A Chinese Genesis", *Archive for History of Exact Sciences* 38, 1988, 101-108）。しかし、これらの地域はすべてサンスクリット文化の影響を受けたブラーフミー文字文化圏でもあったことを忘れてはならない。シャカ暦は西暦七八年の春分近くを暦元とするインド固有の元号の一つであり、インドでは今でも使われている。

中国では西暦七一八年に、瞿曇悉達（ゴータマシッダ）というインド出身の天文学者が『九執暦』という暦法の書を著した。「九執」はサンスクリット語ナヴァグラハの意訳であり、水金火木土の五惑星と日月およびラーフとケートゥの九つの天体を指す。最後の二つは、天球上で太陽の軌道（黄道）と月の軌道（白道）が交わる二つの点を実体視したものである。インドでは、ナヴァグラハはしばしば神格化され、九柱の神像として祠られることもある。

書名が暗示するように、『九執暦』はインドの暦法を中国に紹介したものだが、その冒頭にはインドの位取り記数法の説明がある。本来はそこに、具体的な数字も記されていたらしいが、残念ながら今では空欄になっている。しかし興味深いのは、その説明の中にでてくる「毎空位処恒安一点」という表現である。これは、インドの位取り表記法で空位に常に「一つの点」を置くことを明言している。

サンスクリット文献に話を戻すと、前に見たように、位取り記数法における各位の名称への言及は多いが、ゼロ記号の使い方を説明する数学書は皆無である。これはもちろんインドの数学者がゼロ記号を知らなかったからではなく、そのような数学書を学ぶ者にとって、ゼロ記号は当然の知識として前提されていたからである。

『マーナサウッラーサ』は後期チャールキヤ王朝の王ソーメーシュヴァラ三世（西暦一一二七―三八在位）に帰される帝王学、政治学の書であるが、国庫の長官が持つべき数学知識を述べた一節の冒頭で、「点」すなわちゼロ記号を一貫して用いて、十進法位取り名称を定義する。

「その形から見て、一を初めとし九に至る九個だけの数字（アンカ）がある。これらが点（ビンドゥ）によって増長されるとき、順次あとのものが十［倍］ずつおおきくなる。［数字が］十の位置にあるとき点は一個であり、百では点二個があろう……（中略）……マドヤでは二倍の八個、パラールダでは十七個の点がある。このように日常の計算は十八の位置を持つ。数字が一で、もし点が一個なら、それは十と呼ばれる。数字が二番目で前方に点一個があるとき、数値（サンキヤー）は二十とみなされる。同様に数字が三番目などで、もし前方に点一個があれば、そのときは数値は三十ないし九十と呼ばれる。百以上パラールダに至るまで、何個であれ数字の前方にある点の個数だけ、それだけの数値をそれは持つだろう。」（『マーナサウッラーサ』2.2.

97–105)

『マーナサウッラーサ』が詳しく位取りの説明をするのは、まったくの初心者を対象としているからであろう。これだけの丁寧さは数学書では見られない。

『九執暦』よりも早くインドで記号としてのゼロに言及する書として、まず六、七世紀の著述家スバンドゥの伝奇小説『ヴァーサヴァダッター』がある。大地に夕闇がせまり、夜空に見える星の数が次第に増えてゆくありさまを、次のように描写する。

「ジャフヌの娘（ガンガー河）の水の流れのしぶきのように散乱して、……（中略）……創造主が［三日］月を一片のチョークとして、闇の墨で黒く塗られた皮のような空で一切を数えるとき、輪廻の余りの空虚さゆえに、ゼロ点が拡がるように、……（中略）……星たちが輝き渡った。」（pp. 181–182）

ここでは、次第にその数を増してゆく星を、一方でガンガー河の水流の作る細かい「水しぶき」（ヴァーリダーラービンドゥ）に喩え、他方で大きな数を位取りで表記する際に必要なたくさんの「ゼロ点」（シューニヤビンドゥ）、すなわち空位を表す記号としての点に喩えている。文学書の中でこのような比喩が成立するということは、当時すでに「ゼロ点」が広く普及していたことを意味する。三日月はチョーク（カティニー）、闇がたれこめた空は墨を塗られた皮（アジナ）という比喩も、アバクス（算盤）ではなく筆記用具による計算を暗示して興味深い。

これはチョークを用いているから、その場限りのメモや計算のためのものであり、反復利用も可能であろう。その種の筆記用具としては、皮より木製の書板パラカ（phalaka）が一般的である。例えば『カターハカ・ジャータカ』は、召使の少年カターハカが年若い主人のお供をしてパラカを毎日学校へもって行くうちに、自分でも読み書きを身につけたという話を載せる。また『ラリタヴィスタラ』第10章には、文字学校（リピシャーラー）の話がある。そこで菩薩はヴィシュヴァーミトラ先生をはるかにしのぐ六四種類の文字の知識を披露して尊敬を受けるが、彼のパラカは「蛇の精」と

図 1-7　書板パラカ。羊頭馬に乗るブッダとパラカを手にする少年たち（栗田功編著『ガンダーラ美術』、二玄社、1988、Plate 81、通学。© Mr. Sherrier, London）

いうビャクダンでできており、周囲に施された金細工や埋め込まれた宝石によって神々しく輝いていたという。二世紀頃のガンダーラ美術のなかにはパラカを手に持つブッダや友人たちも描かれている（図1-7）。同じくポータブルでありながらより保存性のよいものとしては、複数のパラカをリングで留めることにより開閉できるようにしたサンプタ・パラカがあった。

「ゼロ点」に話を戻そう。バースカラの『アールヤバティーヤ注解』（西暦六二九）では、一ユガの太陽の回転数などの天文常数が、しばしば単語連想式表記法で表されている。その中に一度、ゼロ記号を意味する「点」が現われる（p. 181）。

gagana	- jalada	- bindu	- megha	- yama	- hutāśa	- kṛta	= 4320000
空	雲	点	雲	双子	火	クリタ	
0	0	0	0	2	3	4	

ヴァラーハミヒラの『パンチャシッダーンティカー』（西暦五五〇頃）でも、近年の解釈（Pingree & Neugebauer）によれば、ゼロ記号を意味する「点」が用いられている（3.7）。

ṣaṭ	- pañca	- yutāś	ca bindus	trikṛtibhaktaḥ	$= 560/3^2$
六と	五を	加えた	点が	三の平方で割られる	

これを含む前後の数詩節は、かつてのテクスト編者（Thibaut & Dvivedin）が解釈不能とし

たところである。

さらに、連想式記数法が用いられていた『ヤヴァナジャータカ』（西暦二六九―二七〇）にも「点」は現われる。そこでは、一六五年のユガ（周期）に含まれる太陽日の数が、次のように表現されている。

ṣaṭpañcakāgre dviśate sahasraṃ teṣāṃ yuge binduyutāni ṣaṭ ca.

「それら（太陽日）の、六と五を余分に持つ二百、および点を伴う六の千、が一ユガにある。」（79.6）

1ユガ（＝165太陽年）＝60,265太陽日（＝365.24242×165）

これは、多くのサンスクリット写本を校合したうえで、メソポタミアに淵源するヘレニズム占星術の歴史を踏まえてなされた解釈であるが（Pingree）、最近この解釈を否定する説が唱えられている（Shukla）。それによれば、ここに述べられているのは太陽日ではなく、太陰日（一朔望月の約三十分の一、正確には太陽と月の黄経の差が十二度増加する時間）であり、次のように読むべきであるとする。

ṣaṭpañcakāgrā dviśatī sahasraṃ teṣāṃ yuge viddhy ayutāni ṣaṭ ca.

「それら（太陰日）の、六個の五を余分に持つ二百、千、さらに六アユタ、が一ユガにある、と知りなさい。」

1ユガ（=165太陽年）= 61,230太陰日

ここには「点」は現われない。したがって、「点」が比較的安全に遡れるのは今のところ『パンチャシッダーンティカー』（西暦五五〇頃）までである。

数としてのゼロ

これまで見てきたのは、記号としてのゼロ、すなわち「点」と呼ばれ、十進法位取り表記で空欄を表すために用いられた記号である。では、数としてのゼロ、すなわち数学的演算の対象としてのゼロはどうか。

ブラフマグプタの天文書『ブラーフマスプタシッダーンタ』（西暦六二八）には数学を扱う章がいくつかあるが、そのひとつ第18章で、ゼロを対象とする演算規則が体系的に述べられている（18. 30 cd; 32 ab; 33 cd; 34 b; 35）。任意の正または負の数をaとし、ゼロを0として、それらの規則を表せば（訳は第六章参照）、

$a+0=a,\quad a-0=a,\quad 0+0=0,\quad 0-0=0,\quad a+(-a)=0,$

$a\cdot 0=0\cdot a=0,\quad 0\cdot 0=0,$

$a/0=\frac{a}{0}$（「ゼロ分母」）, $0/a=0,\quad 0/0=0,$

$0^2=0$, 0の平方根 = 0

ここで、ゼロによる割り算以外は正しい規則を与えている。ゼロによる割り算はインドの数学者たちを悩ませたようである。ブラフマグプタ以降、次のような規則が与えられている。

シュリーダラ（西暦七五〇頃）：$a/0=0$
マハーヴィーラ（西暦八五〇頃）：$a/0=a$
アールヤバタ（西暦九五〇頃、一説に一五〇〇頃）：$a/0=0$
シュリーパティ（西暦一〇四〇頃）：数学書では、$a/0=0$
　　　　天文書では、$a/0=\frac{a}{0}$（「ゼロ分母」）
バースカラ（西暦一一五〇）：$a/0=\frac{a}{0}$（「ゼロ分母」）
ナーラーヤナ（西暦一三五六）：$a/0=\frac{a}{0}$（「ゼロ分母」）、$0/0=0$

ブラフマグプタとシュリーパティは、割り算の結果である「ゼロ分母」すなわち「ゼロを分母として持つもの」の価値には触れないが、バースカラとナーラーヤナは、それを

「無限な量」(anantarāśi)であるとして、一つの数のごとく扱い、ある数をゼロで割った後、ゼロを掛ければ元に戻る、としている(『リーラーヴァティー』46、『ビージャガニタアヴァタンサ』13-14)。

$(a/0) \cdot 0 = a$

ただし「ゼロ分母」は、加減に対しては不変であった。バースカラは「ゼロ分母」の無限性と不変性を神に喩える。

「世界の壊滅と創造のとき、どんなに多くの生類たちが[その体内に]入ったり出たりしても、無限にして不滅なるもの(ヴィシュヌ神)には何の変化もない。ちょうどそのようにゼロ分母なる量も、どんなに多く[の数]が入ったり出たりしても不変である。」(『ビージャガニタ』20)

これは、ヒンドゥー教の有名なコスモゴニーを下敷きにしている。ヒンドゥー教のコスモロジーでは、神(ブラフマー)にとっての昼と夜はそれぞれ千ユガ(=一カルパ、劫)から成る。夜がくると万物は神の一形態である根本原質のなかに帰滅するが、朝がくると再びそれから生まれてくる。これを永遠に繰り返す。ヒンドゥー教徒にとってもっとも重要な聖典の一つ『バガヴァッドギーター』でも、聖バガヴァットはいう。

「劫末において、万物は私のプラクリティ(根本原質)に赴く。劫の初めにおいて、

私は再びそれらを出現させる。」上村勝彦訳（9.7）

十六世紀頃になると、「ゼロ分母は加減に対して不変か？」という疑問が出されるようになる。例えばジュニャーナラージャ著『ビージャアドヤーヤ』、ガネーシャ著『ガニタマンジャリー』などがその疑問を表明している。それは、分数の計算規則により、

$$\frac{a}{0} \pm \frac{n}{m} = \frac{am \pm 0n}{0m} = \frac{am}{0}$$

だから、結果（$am/0$）もゼロ分母には違いないが、最初のゼロ分母（$a/0$）とは異なる、というものである。

記号としてのゼロと同じく、数としてのゼロも遅くとも『パンチャシッダーンティカー』までは遡る。そこには、ゼロを足したり引いたりする例が十例近く見られる。それは、いくつかの天文学上の数値を一つの韻文中に詠み込むための詩的技巧の一つであって、ゼロの計算規則を述べたものではないが、ゼロが演算の対象となっていることが重要である。一例を見よう。

天球上での太陽の年周運動の一日当たりの角速度は約一度すなわち六十分であるが、一年を通じてわずかずつ変化している。『パンチャシッダーンティカー』では白羊宮に始まる黄道十二宮のそれぞれに太陽があるときの角速度の平均を、この六十分を基準として、

"60＋α"あるいは"60－α"という形で表す。したがって、ちょうど六十分であれば、"60＋0"または"60－0"ということになる。

「太陽の運行速度は順に、六十［分］引く三、三、三、二、一、一、一、一、引くゼロ、一である。」（『パンチャシッダーンティカー』3.17）

60－3(＝57), 60－3(＝57), 60－3(＝57), 60－3(＝57),
60－2(＝58), 60－1(＝59), 60＋1(＝61), 60＋1(＝61), 60＋1(＝61),
60＋1(＝61), 60＋1(＝61), **60－0**(＝60), 60－1(＝59).

数学書、天文書で数としてのゼロを表すのに用いられるサンスクリット語には四種が知られている。一般に「空」（そら）を意味する多くの語群（アーカーシャ、カなど）、雲を意味する語群（メーガなど）、空虚、欠乏を意味する語（シューニヤ）、それに充満を意味する語（プールナ）である（表1.8参照）。

記号としてのゼロから数としてのゼロへ

前に述べたように、記号としてのゼロはメソポタミア、エジプト、マヤなどではすでに紀元前数世紀頃から用いられていた。しかし、数としてのゼロに到達したのは、今のところインドが最初と思われる。ではなぜインドで、数としてのゼロの認識に至ったのだろうか。

そこには二つの要素が働いたのではないかと思われる。一つは、数としてゼロが認識される前にすでに記号としてのゼロが存在したこと、もう一つは、そのゼロ記号を伴う十進法位取り表記を用いて筆算が行なわれたことである（スバンドゥの小説『ヴァーサヴァダッター』の比喩を思い出してほしい）。いいかえると、ゼロ記号を伴う十進法位取り表記が筆算に用いられ始めたとき、そのゼロ記号も他の九個の数字と同様、計算の対象とせざるを得なくなったのではないだろうか。例えば、35＋20という足し算を位取りの筆算で行なうためには、“5＋0＝5”という規則が必要になる。引き算や掛け算の場合も同様である。

　これは、空位にゼロ記号があるからである。算木やソロバンも位取りであるが、空位には何もないからこのような規則は不要である。

しかし、位取り計算に必要なのは、加、減、乗、平方だけであり除と開平は不要だから、出発点は位取り表記法であったとしても、それだけでブラフマグプタが与えるゼロの六則すべてを説明することはできない。まず考えられるのは規則の対称性であるが、それも説得力に欠ける。そこで注目されるのは、ブラフマグプタがゼロの六則と負数を含む六則を算術の章ではなく代数の章で方程式論の前に置いていることである。このことはゼロの演算が方程式とも関係をもっていたことを暗示する。実際、一次方程式、

$$ax+b=cx+d$$

はアールヤバタ以来ほとんどの数学文献で解、$x=(d-b)/(a-c)$が与えられるが、特別な場合として、$b=d$のときゼロを割る必要が生じ、$a=c$のときゼロで割る必要が生じたはずである。また二次方程式、

$$ax^2+bx=c$$

はブラフマグプタ以降の数学文献に解が見えるが、特別な場合として、$b^2+4ac=0$のときゼロの開平が必要になる。このように、一次と二次の方程式の解を形式的に整えようとすれば、ゼロの割り算と開平が不可欠であったと思われる。

ここで注意しておかなければならないのは、ゼロ記号は我々にとっては数字であるが、サンスクリット文献では、必ずしもそうではなかったということである。サンスクリットで「数字」を意味するのはアンカ(aṅka)であるが、この語は常に1から9までの九個の数字だけを指し、「点」と呼ばれたゼロ記号は含まない。そのため、単語連想式記数法の「アンカ」は、前に見た『ヤヴァナジャータカ』の日付からずっと後世の十七世紀の数学書にいたるまで、常に10ではなく9を意味する。

このことはまた、数としてのゼロについても注意を促す。我々は計算の対象となるものを「数」と定義し、その意味での数としてのゼロを『パンチャシッダーンティカー』以降

のサンスクリット文献に見たが、このことと、「ゼロ」(シューニヤ)が実際インド数学で「数」(サンキヤー)とみなされたかどうかはひとまず別問題である。九世紀のマハーヴィーラは、連想式記数法で用いられる単語を1、2、…、9、0の順序で列挙するに先立って、「次は、数の術語である」(atha saṃkhyāsaṃjñāḥ)という導入文を置いているから、ゼロを「数」に含めていたとも考えられるが(『ガニタサーラサングラハ』術語53–62)、この導入文を伝える写本は一つだけだから、後世の挿入かもしれない。シンハティラカは『ガニタティラカ』の注(西暦一二七〇頃)で、ゼロは数字でなく数字に付随するものである、としている。またクリシュナは『ビージャガニタ』の注(西暦一六〇〇頃)で、ゼロは数ではなく数の非存在を意味するが、ゼロと数との間の演算規則を定めておけば、さまざまな計算規則を簡潔に表現できるので有益である、という。このように、インドでは七世紀前半から今日とほとんど同じようにゼロの演算を行っていたが、十七世紀に至ってもまだそれを「数」と認めることには抵抗があったようだ。

第二章　シュルバスートラ（祭壇の数学）

1　ヴェーダとシュルバスートラ

ヴェーダ文献は祭式儀礼に関わる書である。その祭式は、グリフヤ祭式（家庭の祭式）とシュラウタ祭式（シュルティに基づく祭式）の二種類に大別される。前者は、誕生、入学、結婚など、人生の様々な節目に際して、一人の祭官を雇い家庭内で執り行なう比較的小規模の祭式であるのに対して、後者は、特定の願い事をかなえるために、祭主がそのたびごとに特別に祭場を設け、いくつかの職掌に分かれた何人かの祭官を雇って執り行なう大掛かりな祭式である。

シュルティ（天啓聖典）というのは、ヴェーダ文献のなかでも最古層のサンヒターを初めとして、ブラーフマナ、アーラニヤカなどの古くて権威のある文献の総称である。シュラウタ祭式はそれらシュルティ文献に基づいてなされるが、個々の祭式を細部にいたるまで正しく実行するためには、それだけでは不十分であった。そこでそれを補うために作られたのがシュラウタスートラであり、各祭式の初めから終わりまでを細かく規定する儀軌からなる。そしてそのシュラウタスートラの一部、または補遺をなすのが、祭場設営に関わるシュルバスートラ（śulbasūtra）、「縄の経」である。

2　年　代

主要なシュルバスートラには、『アーパスタンバシュルバスートラ』、『バウダーヤナシュルバスートラ』、『カーツヤーヤナシュルバスートラ』、『マーナヴァシュルバスートラ』の四種がある。これらの正確な編纂年代は不明だが、およそ紀元前六世紀頃から紀元後二世紀頃ないしそれ以降にかけて、おそらくこの順序で今日見られる形に成立したと考えられる。

かつては、それらが所属するシュラウタスートラの歴史的位置づけから、『アーパスタンバシュルバスートラ』より『バウダーヤナシュルバスートラ』のほうが古いとみなされてきた。しかし井狩彌介氏は、祭式規定の借用関係の検討から、最終編纂年代はむしろ『アーパスタンバシュルバスートラ』のほうが古いという結論を得ている（矢野道雄編『インド天文学・数学集』所収、井狩訳『アーパスタンバ・シュルバスートラ』解説381-382）。これら二つの古いシュルバスートラは、きわめて簡潔な、いわゆるスートラ（糸）体と呼ばれる散文で著されている。それに対して『カーツヤーヤナ』は、散文で書かれた本体に加えて韻文（シュローカ）で書かれた補遺的部分をもっている。

さらに『マーナヴァ』では散文と韻文が混在し、韻文の比率が全体の約三分の二に達しているうえ、用語の面でも新しい傾向が見られる。例えば、『マーナヴァ』以外で長方形の対角線を指す語は「斜に位置する縄」の意味のアクシュナヤーラッジュ（あるいは単にアクシュナヤー）であるが、『マーナヴァ』ではそれとともに、「耳」を意味する語カルナが併用されている。これは、後世の数学や天文学で対角線を意味するもっとも普通の語である。

このような理由から、ここでは四つのシュルバスートラの相対的最終編纂年代として、『アーパスタンバ』、『バウダーヤナ』、『カーツヤーヤナ』、『マーナヴァ』という順序を想定しておく。

3 構成

以下では古層に属すると見られる『アーパスタンバシュルバスートラ』と『バウダーヤナシュルバスートラ』を中心とし、必要に応じて他を補いながら、シュルバスートラを数学史の観点から見て行こう。これら二つのシュルバスートラの内容は、多少の規則の出入り、順序の違い、表現の相違などはあるが、概ね一致しており、次のような構成になっている(『アーパスタンバ』はBürk、『バウダーヤナ』はCalandの編によるテクストを用いる)。

		『アーパスタンバ』	『バウダーヤナ』
基本作図法		1―3章	1章1-62
祭場設営法	アグニチャヤナ以外	4―7章	1章63-113
	アグニチャヤナ	8―21章	2―3章

与えられた規則の量は、アグニチャヤナに対するものが他を圧倒する。アグニチャヤナは、火神アグニの祭壇を作るために煉瓦を積み上げること(チャヤナ)を主たる内容とする儀式であり、シュラウタ祭式の体系の中では、ソーマという植物から抽出した液体を神に捧げるソーマ祭の一種として位置づけられる(図2-1)。アグニ祭壇は、祭場の東端に置かれる。そこは、通常のソーマ祭では、ウッタラヴェーディと呼ばれる正方形または台形の祭壇が置かれる場所である。祭壇の形は、祭式の目的、すなわち祭主の願いに応じて、鳥の形、車輪の形、飼葉桶の形など様々であるが(表2.1)、シュルバスートラでもっとも

念入りに記述されるのは、祭主に天界をもたらすとされる鷹の形をした祭壇（シュエーナチット）である（図2-2）。

アグニ祭壇は、いずれも次の条件を満たすように作られる。

（1）全体で千個の煉瓦からなり、二百個ずつ輪郭の等しい五層に分けられる。

（2）奇数番目（一、三、五）の層と偶数番目（二、四）の層はそれぞれ同じ煉瓦配列をもち、かつ煉瓦の接合部（線分）は、上下の層で決して重ならない。

（3）祭壇の占める地面は、定められた面積を持つ。

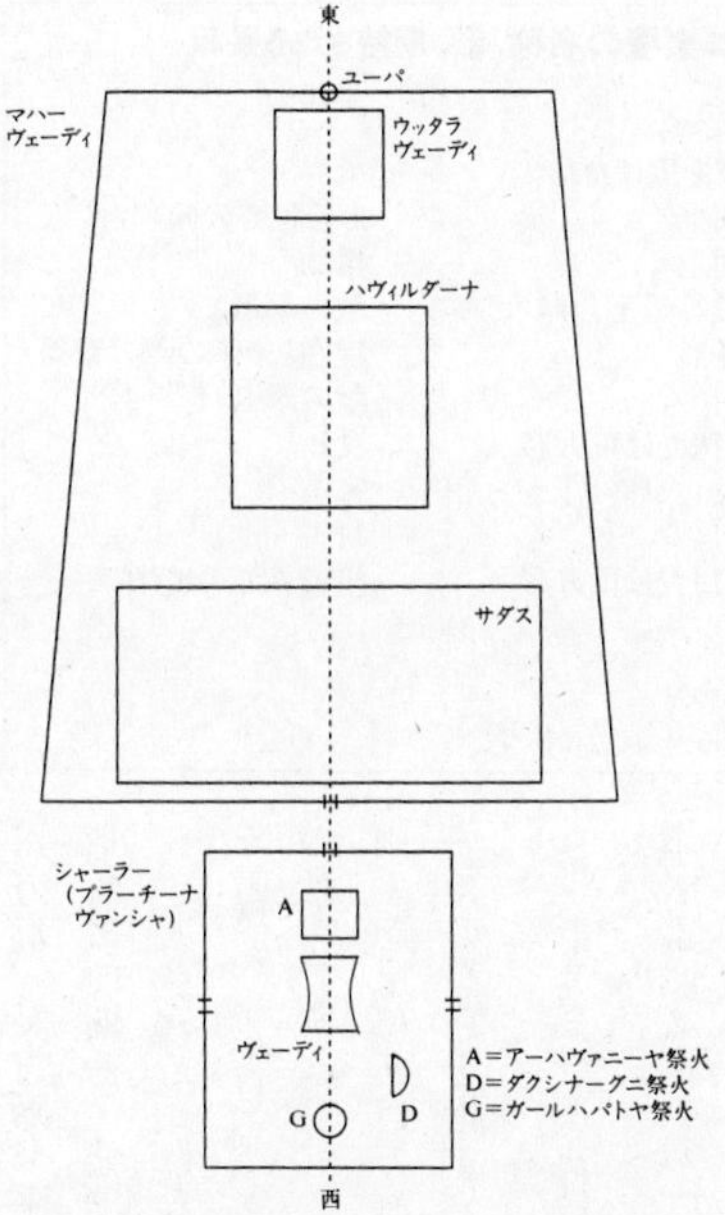

図2-1　ソーマ祭の祭場（井狩彌介訳『アーパスタンバ・シュルバスートラ』解説の図に基づく）

用いられる煉瓦は、

表 2.1. アグニ祭壇の名称, 形, 期待される果報

名称	形	果報[3]
鷹	翼を広げた鳥	天界
カンカ鳥	同上	あの世での頭
アラジャ鳥	同上	援助
柄(馬車の)	二等辺三角形	敵の撃退
双柄	菱形	現在と未来の敵の撃退
戦車の車輪	円	敵の撃退
飼葉桶	円または正方形	食物
サムーフヤ[1]	中心が盛り上がった円	家畜
パリチャーイヤ[2]	円	村
墓地	円または正方形	祖霊界での繁栄

[1]寄せ集められるべきもの.
[2]ぐるりと積み上げげられるべきもの.
[3]『タイッティリーヤサンヒター』5.4.11.1に基づく.

正方形、長方形、平行四辺形、台形、様々な三角形などである。祭壇の基本面積は七・五平方プルシャとされる（ただし原典では線形単位と面積単位を言葉の上で区別しない）。プルシャは普通「人」の意味であるが、ここでは長さの単位で、祭主が両手を上にあげて直立したときの、地面から指先までの高さを指す。

4　基本作図法

『アーパスタンバ』と『バウダーヤナ』の基本作図法の構成は次のようになっている。

『アーパスタンバ』
　長方形の作図法二つ（1. 2-3）
　長方形の辺と対角線の関係（1. 4）
　正方形の辺と対角線の関係（1. 5）

正方形の対角線計算法（1. 6）
正方形の作図法二つ（1. 7–2. 1）
正方形の面積の三倍化と三分の一倍化（2. 2–3）
正方形二つの面積の和と差（2. 4–6）

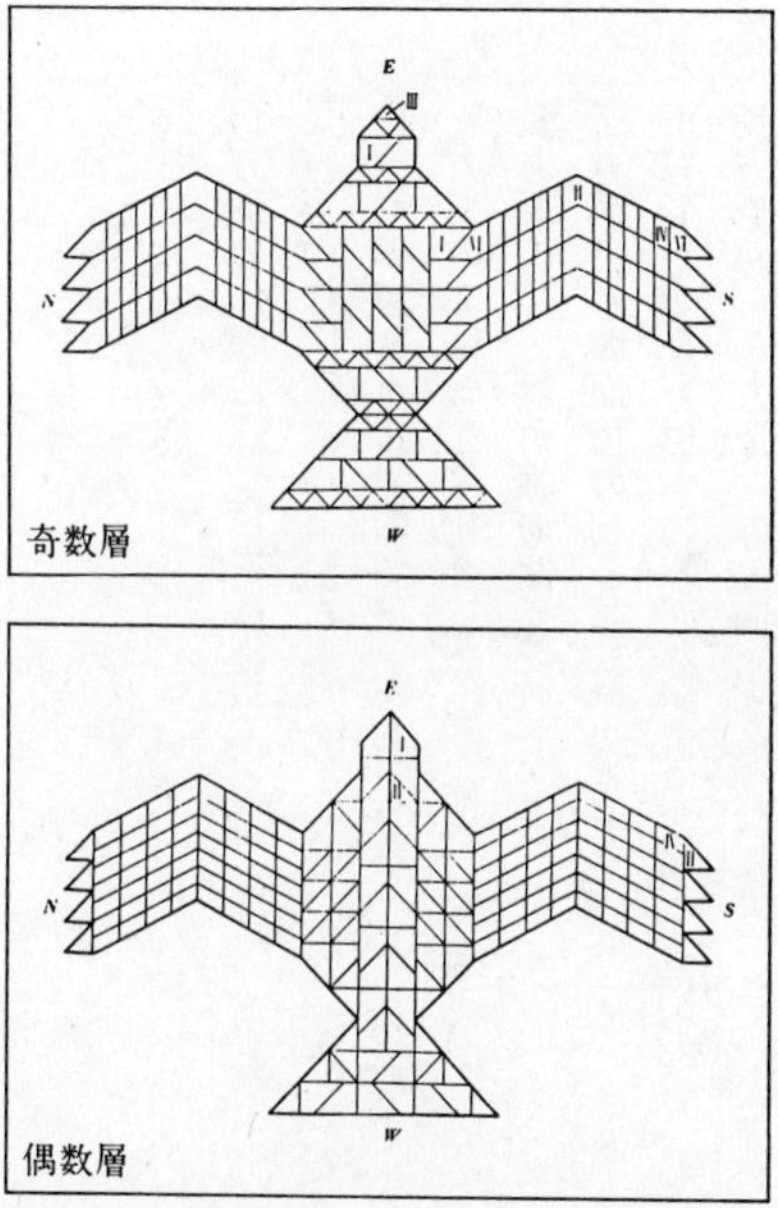

図 2–2　鷹祭壇の煉瓦配列（矢野道雄編『インド天文学・数学集』朝日出版社、1980、図 64, 65）

長方形から正方形への等面積変換（2. 7）
正方形から長方形への等面積変換（3. 1）
正方形から円への等面積変換（3. 2）
円から正方形への等面積変換（3. 3）
正方形の辺と面積の関係（3. 4–10）

『バウダーヤナ』

長さの単位（1. 3–21）

正方形の作図法二つ（1. 22–35）

長方形の作図法二つ（1. 36–44）

正方形の辺と対角線の関係（1. 45）

正方形の面積の三倍化と三分の一倍化（1. 46–47）

長方形の辺と対角線の関係（1. 48–49）

正方形二つの面積の和と差（1. 50–51）

正方形から長方形への等面積変換二つ（1. 52–53）

長方形から正方形への等面積変換（1. 54）

正方形から台形への等面積変換（1. 55）

正方形から二等辺三角形への等面積変換（1. 56）

正方形から菱形への等面積変換（1. 57）

正方形から円への等面積変換（1. 58）

円から正方形への等面積変換二つ（1. 59–60）

正方形の対角線計算法（1. 61-62）

これらは次のようにいくつかのトピックに整理することができる。

長さの単位（バウダーヤナ）
幾何学図形の作図
正方形の辺と面積の関係（アーパスタンバ）
正方形と長方形における対角線と辺の関係（三平方の定理と正方形の対角線計算法）
正方形の和と差
等面積変換

『バウダーヤナ』では、後世の数学書の「規約」（パリバーシャー）のように、長さの単位が最初にまとめて与えられているが、『アーパスタンバ』では必要に応じて説明される。また『アーパスタンバ』には、正方形の辺と面積の関係について比較的詳しい説明がある。一方『バウダーヤナ』は等面積変換に関して詳しい。それ以外は、多くの点が共通している。

シュルバスートラの「基本作図法」は、あとで見るように、実際の祭壇構築の際になくてはならない作図法というわけではなく、むしろ現実の作図で踏まれた手順を数学的に根拠づけるものであったらしい。中には三平方の定理（ピタゴラスの定理）のように、作図法というよりは数学的事実を述べる命題とみなしたほうがよいと思われるものもある。三平方の定理が古バビロニア王国（紀元前二〇〇〇頃―一六〇〇年頃）の人々にも知られていたことは今や数学史の常識であるが、その定理を明文化している現存文献としてはシュルバスートラが世界最古であるということはあまり知られていない。

さらに、等面積変換規則の中には、円から正方形への変換規則のように、祭壇の作図の根拠づけとしてさえ用いられる機会がなく、規則の対称性のために与えられたとしか考えられないものもある。

幾何学図形の作図

シュルバスートラの「作図」で用いられる道具は、ダルバ草（和名チガヤ）の茎を三本ないしそれ以上よりあわせて作られたラッジュと呼ばれるロープとシャンクと呼ばれる短いクイが主である。ロープのかわりに竹が用いられることもある。

クイは点を決め、ロープは長さと方向を決める。したがって、これら二つの道具を用いれば、直線をひき、長さを区切り、円を描くことができる。つまりこれらは、いわゆる「定規とコンパス」に相当する。

与えられた長さの線分をひくこと、および与えられた半径または直径の円や弧を描くことに関しては、特に規定はなく、既知のこととして前提されている。それらはロープとクイで容易に得られるからであろう。問題は、正方形、長方形、台形などを描くときの直交性と平行性をどうやって得るかである。そのためにシュルバスートラは多くの方法を教えているが、それらは、ロープの使い方から、次の三種に大別される。

（1）直角三角形の利用

（2）二等辺三角形の利用

（3）円または弧の利用

まず（1）では、三辺の長さが（3, 4, 5），（5, 12, 13），（8, 15, 17），（12, 35, 37）などの整数値になる直角三角形（いわゆるピタゴラス三角形）に加えて、直角二等辺三角形、すなわち正方形の辺と対角線の関係も用いられる。正方形の辺と対角線はもちろん通約できない（共通単位を持たない）関係にあるが、シュルバスートラでは精密な近似値を用いる。

（2）と（3）では、「線分の両端から等距離にある点は、その線分の垂直二等分線上にある」という性質を利用する。またそれに加えて、合同な三角形が利用されることもある。

いくつかの例を見よう。シュラウタ祭式では、例えばユーパ（犠牲獣を繋ぐポール）が祭場の中央を走る東西線の東の端にあることからもわかるように、東の方角および東西線（背骨と呼ばれる）が重要な意味を持つ（図2-1参照）。そこで、作図法も多くはこの東西線を基準として述べられることになる。

以下で出典箇所を指示する際、煩瑣な表現を避けるために、『アーパスタンバ』、『バウダーヤナ』、『カーツヤーヤナ』、『マーナヴァ』をそれぞれA、B、K、Mで表すことにする。

1a　長方形（A1. 2; B1. 42–44; 図2-3）

『アーパスタンバシュルバスートラ』では、冒頭の、「祭場［設営の］方法を説明しよう」という導入文に続いてすぐに、直角三角形（5, 12, 13）を利用した長方形の作図法が説明される。

「［作図しようとする長四角の］長辺の長さを基準とし、［基準長の綱に］その二分の一［の長さの綱］を［西側に］付加する。次に、［綱の全長の］西側の三分の一部分上に［Q点から後者の長さの］六分の一を減じた位置に印を作る。

［祭場の］背骨線の両端上に［打ち込んだ二本の小杭に綱ＰＲの］両端を固定し、印をもって［綱のたるみがなくなるまで］南側に引き張り、［印Ｓの位置の地上に］標識を作る。同様の手続きによって、［ＥＷの］北側に［Ｂ点を決定する］。

［次に、綱ＰＲの両端の位置を］入れ替えて逆にし、反対側で（Ｗ点上で）［同様の手続きを南側と北側に行ない、Ｃ点、Ｄ点をそれぞれ決定する］。［得られた四点、ＡＢＣＤを結んで、長四角が作図される。］以上が［長四角の］正しい設置法［である］。［この長四角の面積の］縮小あるいは拡大は、［以上の作図の場合と］同じ標識［を用いることによって達成される］。」（井狩訳『アーパスタンバ・シュルバスートラ』1.2）

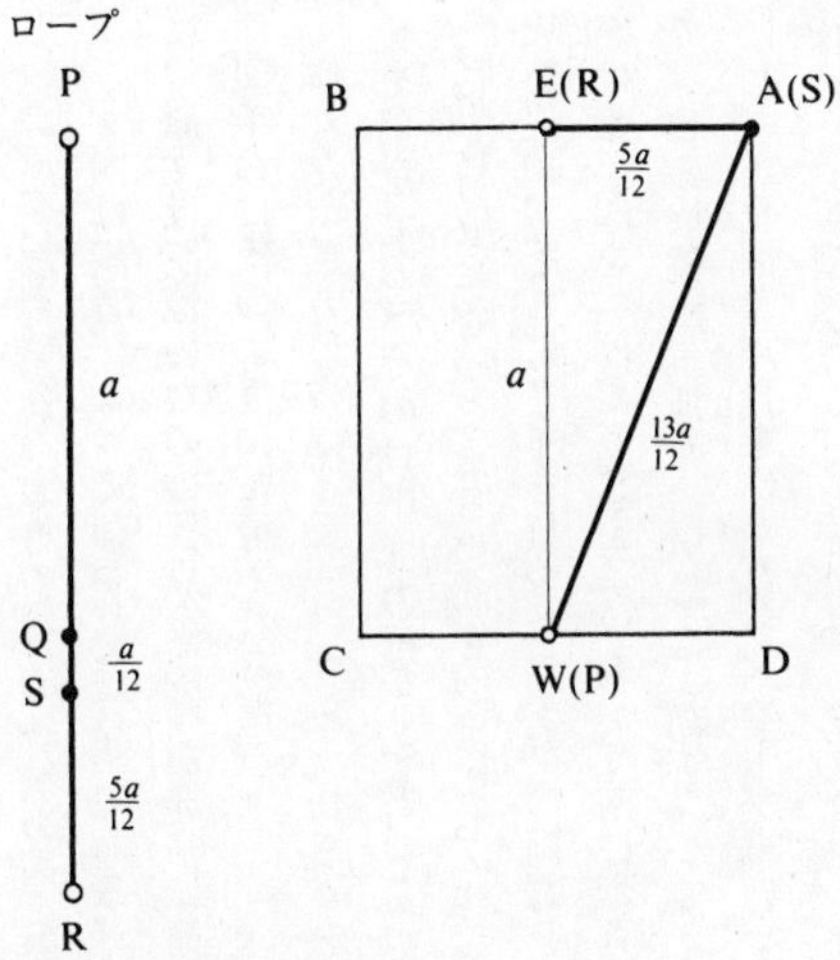

図 2-3　長方形の作図

（原文に図はない。本書の図は井狩訳の図を参考にした）

［　］内は訳者によって補われた言葉である。その補足された語の多さからもわかるように、原文は記憶のための要点を連ねた非常に簡潔な表現をとっている。ここに意図された作図手順は次のように敷衍されるだろう。

作りたい長方形の幅と長さのうち、長さaを基準長とし、その3/2倍の長さのロープPRを用意する。そのロープのPQ＝aとなる点Qからさらに QRの六分の一、すなわち$a/12$だけRに寄った点Sに印をつけておく。祭場の東西線上に、EW＝PQとなる点E、Wを決め、そこにクイを打つ。ロープの両端P、Rに輪を作り、それぞれW、Eのクイにかける。印をつけた点Sを手にもって南に歩き、ロープが弛まないように引っ張ったうえで、Sの位置する地面に標識Aを作る。このようにして、直角AEWが得られる。同様にして、北側に点Bを作ったら、ロープをいったんクイから外して、その両端の位置を入れ替え、西側に点C、Dを作る。このようにして、長さa、幅$5a/6$の長方形ABCDが得られる。その面積は$5a^2/6$であるが、それが希望した面積でなければ、長さはそのままにして幅を調節する。

1b　正方形（B 1. 29–35）

求める正方形の一辺をaとするとき、その二倍の長さのロープPRを用意する。ロープの中点Q、QRの中点M、QMの中点Sに印をつけておく。祭場の東西線上でEW＝PQとなる点E、Wにロープの印の両端R、Pを固定し、ロープの印Sを南側に引っ張り、ロープの印Mに対応する地面に標識Aを作る。北側にも同様にして標識Bを得たら、ロープの両端P、Rを逆にしてE、Wに固定し、前と同様にして標識C、Dを作る。このようにして、一辺がaの正方形ABCDが得られる。

ここで用いられている直角三角形（3, 4, 5）を『アーパスタンバ』（1. 3）は長方形に利用している。

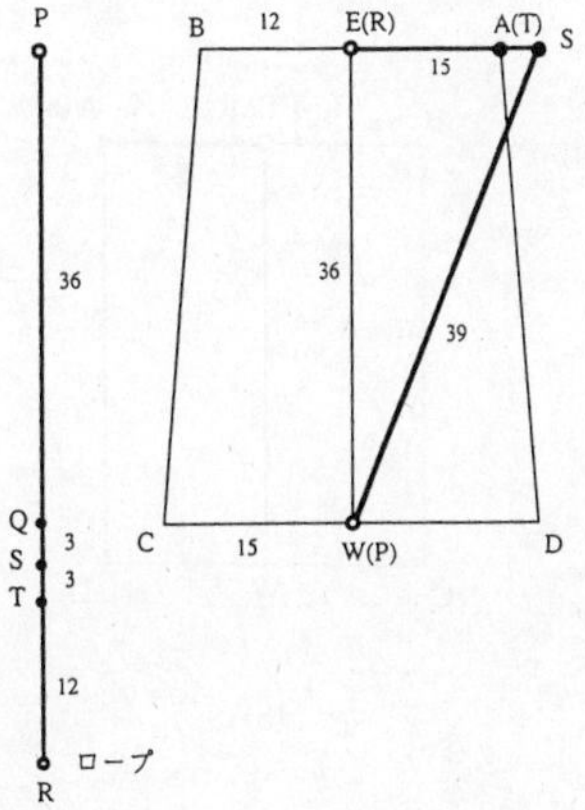

図 2-4　(5, 12, 13) による台形の作図

1c　台形（A 5. 2–5; 図 2–4）

基本作図法には含まれないが、マハーヴェーディと呼ばれる台形の祭場を作るときは、直角三角形（3, 4, 5）、（5, 12, 13）の他、（8, 15, 17）、（12, 35, 37）が利用される。『アーパスタンバ』（5. 7）はまた、台形を長方形に変換して、面積、九七二平方パダ、を求めている。パダは「歩」の意味の長さの単位。

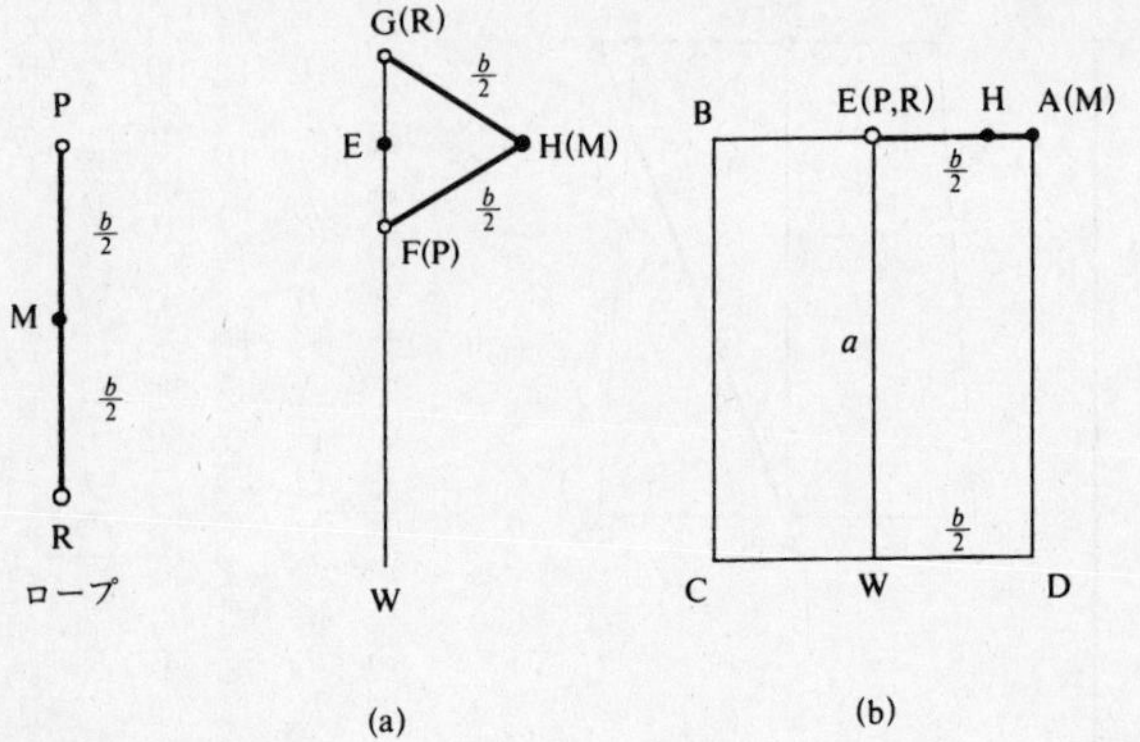

図 2-5　長方形の作図

1d　正方形（A 2. 1）

求める正方形の一辺をa、対角線をδとするとき、長さ$a/2+\delta/2$のロープPRを用意し、Pから$\delta/2$のところに印Sをつけておく。東西線EWの中点OとEとにロープの両端P、Rを結び、印Sをもって南に引っ張り、地面に標識Aを作る。同様に、標識B、C、Dを作れば、一辺がaの正方形ABCDが得られる。ここで対角線δは、

$$\delta = a+\frac{a}{3}+\frac{a}{3}\cdot\frac{1}{4}-\frac{a}{3}\cdot\frac{1}{4}\cdot\frac{1}{34}$$

という計算式によって求める。

2a　長方形（B 1. 36–40; 図 2-5）

求める長方形の長さと幅をa、bとするとき、幅bに等しい長さのロープPRを用意し、その中心に印Mをつけておく。東西線上に、EW＝

aとなる点E、Wがすでに決められていると仮定する。点Eから東西に等距離の点G、Fをとり、そこにロープの両端P、Rを固定し、印Mを南側に引っ張って、地面に標識Hを作る。次に、ロープをG、Fから外し、その両端を共に点Eに固定し、ロープが標識H上を通るように、印Mを南に引っ張って、Mの位置に標識Aを作る。同様に標識B、C、Dを作れば、長さa幅bの長方形ABCDが得られる。

2b　正方形（A 1. 7）

求める正方形の一辺に等しい長さのロープPQを用意し、その中点M、PMの中点S、QMの中点Tに印をつけておく。祭場で東西の向きにロープPQを置き、ロープの印P、S、M、T、Qに対応する地面にクイE、F、O、G、Wを打つ。ロープの両端をF、Gに結わえ、印Mをもって南側に引っ張り、地面に標識Hを作る。ロープの両端をOに固定し、ロープが標識H上を通るように印Mを南に引っ張り、Mに対応する地面にクイIを打つ。次にロープの端P、QをクイE、Iに固定し、印Mを東南に向かって引っ張り、Mに対応する地面に標識Aを作る。同様にして、標識B、C、Dを作れば、一辺がaの正方形ABCDが得られる。

3a　正方形（B 1. 22–28；図 2–6）

求める正方形の一辺aに等しい長さのロープPQを用意し、その中点Mに印をつけておく。祭場の東西線上のクイOにロープの両端を結わえ、印Mを持って直径aの円を描き、東西線との交点にクイE、Wを打つ。次にロープの一端をEに結わえ、他端をもって直径$2a$の円を描く。同様に、ロープの一端をWに結わえ、他端をもって直径$2a$の円を描き、前の円との交点に標識F、Gを作る。OとF、OとGをロープで結び、先に描いた直径aの円との交点にクイS、Nを打つ。最後にS、E、N、Wのそれぞれを中心として、前のように直径aの円を描き、隣り合う円どうしの交点でOでないほうをそれぞれA、B、C、Dとすれば、一辺がaの正方形ABCDが得られる。

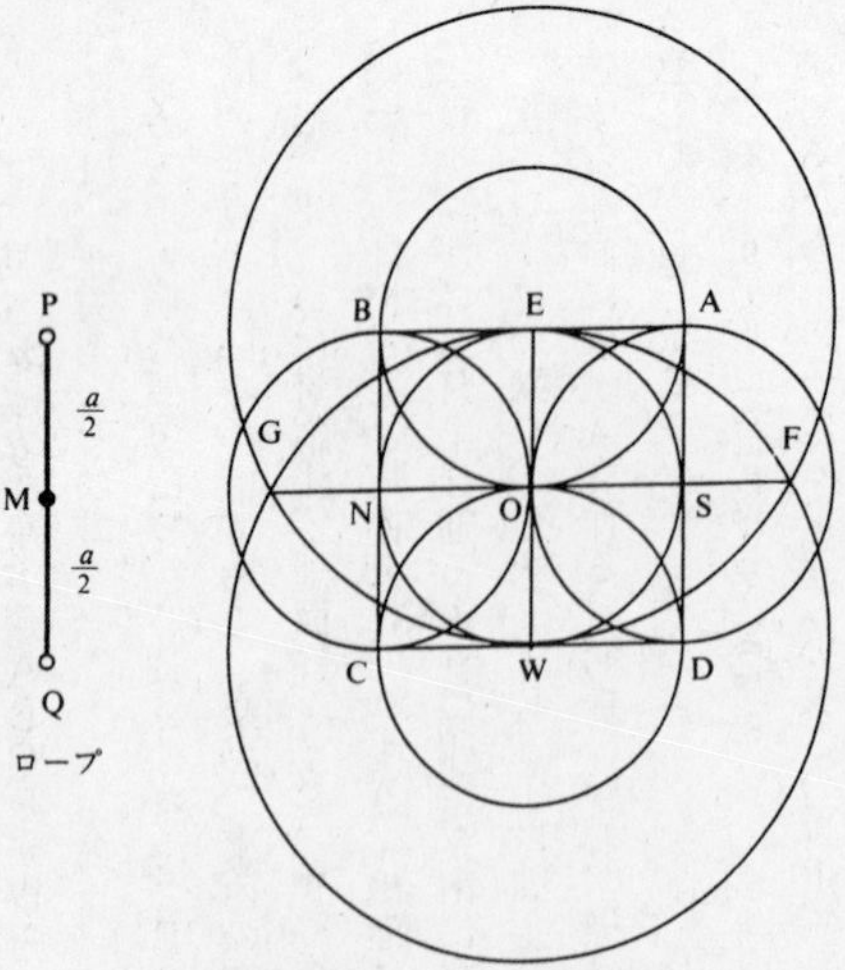

図2-6　正方形の作図

3b　正方形（A 8. 8–9. 1）

長さ1プルシャを越える竹を用意し、1プルシャの間隔のところに穴P、Qを開ける。またその中点にも穴Mを開けておく。竹を東西線上に置き、穴P、M、Qに対応する地面にクイA、O、Bを打つ。クイAに穴Pを掛け、穴Qに差したクイで円を描く。同様にクイBを中心として円を描き、先の円との交点に標識Fを作る。クイOに穴Pを掛け、竹が標識F上を通るように置き、穴Qの位置にクイGを打つ。次に竹の穴MをクイGに掛け、両端の穴P、Qが先に描いた円と交わるところに標識C、Dを作れば、一辺が1プルシャの正方形ABCDが得られる。

この方法は基本作図法としてではなく、アグニ祭壇の一部をなす正方形の作図法として教えられるが、ロープの代わりに竹を用いるのが特徴である。ロープを用いて行なってもよいが、そのときは、後で竹によって正当化しなければならない、とされる。

「あるいは、[竹を用いる計測法ではなく、] 綱を用いて計測を行ない、ウッタラヴェーディ計測の場合と同時に、[その後に] 竹を用いて [形式的に] 測定を行なう。」

(井狩訳『アーパスタンバ・シュルバスートラ』9.4)

これまで、シュルバスートラの作図が実際にどのように行なわれるかを、線分の直交性と平行性に関してやや詳しく見てきた。次に面積に関して見よう。実は、前に掲げた「基本作図法」の内容一覧からもわかるように、数学的観点から見た場合のシュルバスートラのモティーフは面積である。シュルバスートラの数学的問題の中心は、決められた平地面積を持つ様々な形の祭壇を作ること、という宗教的要請に関わっている。この面積重視の思想は、収穫が耕地面積に左右される農業に由来するといわれる。なお、シュルバスートラで「面積」に相当する語は、通常「大地」、「地面」を意味するブー(またはブーミ)である。

正方形の辺と面積の関係(A 3. 4–10)

『アーパスタンバ』(3. 4–10)によれば、単位の整数倍の長さを一辺とする正方形の面積(n^2)は、辺に沿って単位の個数(n)だけの単位正方形の列(ヴァルガ)を作ることによって「認識」(ウパラブディ)される(図2–7a)。この用法から語ヴァルガが平方を意味するようになった、と考えられている。また正方形の一辺の長さが整数でないとき、例えば($n+r$)とすると、その面積は、整数部分の正方形(n^2)の隣り合う二つの側辺に長方形(nr)を置き、さらに小正方形(r^2)を角に置くことによって認識される、という(図2–7b)。これは、恒等式$(n+r)^2=n^2+2nr+r^2$の幾何学的表現にほかならない。

三平方の定理（A 1. 4–5; B 1. 45, 48; K 2. 7–8; M 3. 1. 10）

いわゆる三平方の定理は、シュルバスートラでは、長方形および正方形の対角線と辺との関係として述べられる。述べられる位置や順序に違いはあっても、その表現は『アーパスタンバ』、『バウダーヤナ』（1. 45, 48）、『カーツヤーヤナ』（2. 7–8）の各シュルバスートラでほぼ同じである。

「長［四角］の対角線は、長辺と短辺とが別々に作る［四角形（正方形）の地面（面

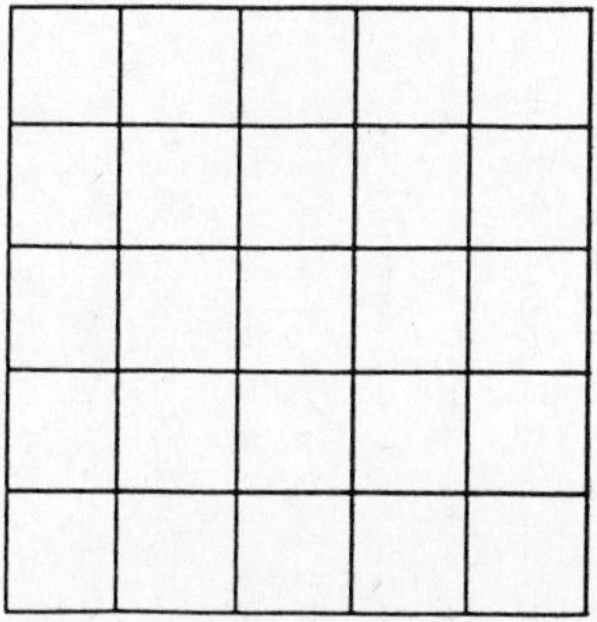

図 2–7a　正方形の辺と面積の関係（1）

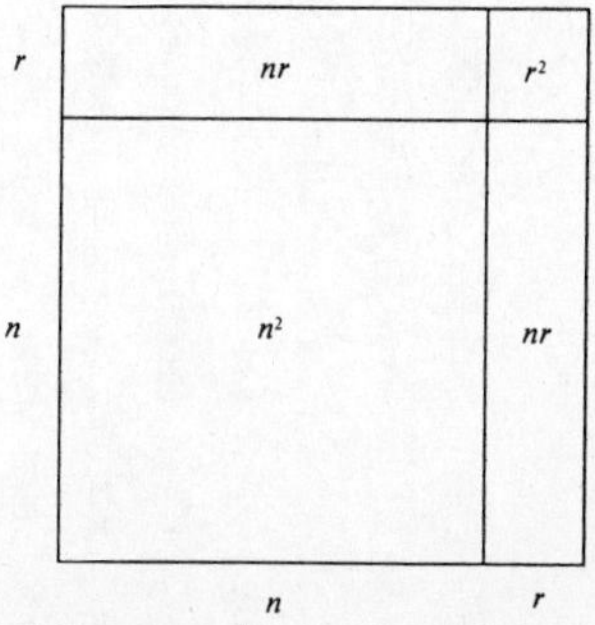

図 2–7b　正方形の辺と面積の関係（2）

積）の」両者を［合わせたものを］作る。これら（長辺、短辺、対角線の三者の長さ）が知られる場合に、［上述の長四角図形の］作図が述べられた。四角形（正方形）の対角線は、［その四角形の］二倍の大きさの地面（面積）を作る。［ゆえに、この対角線は］等［四角形（正方形）］の二倍を作るもの（2カラニー）［と呼ばれる］。」（井狩訳『アーパスタンバ・シュルバスートラ』1.4-5）

一方、『マーナヴァ』だけはこれとまったく違う表現をとる。

「長さには長さを掛け、幅には幅を［掛ける］。［両者の］和の平方根は耳である、とそれを知る人は知る。」（3.1.10）

これは三平方の定理そのものではなく、それから得られる対角線（耳）の計算法である。つまり、幾何学的な問題から算術的問題に変わっている。これは、後世の数学書の大多数に見られる傾向である。

『バウダーヤナ』（1.49）はまた、定理を述べた後、辺だけではなく対角線も整数値となりうる六つの長方形（いわゆるピタゴラス三角形に相当）をあげている。ただし、対角線そのものには言及しない。また、一番目と最後の長方形は同じ（相似）である。

(3, 4, [5]), (5, 12, [13]), (8, 15, [17]), (7, 24, [25]), (12, 35, [37]), (15, 36, [39])

正方形の対角線計算法（A 1.6; B 1.61–62; K 2.9）

「基準の長さを、その三分の一だけ増大すべし。さらに、それを、みずからの三十四分の一を減じた、［後者の］四分の一だけ［増大すべし］。［この全長が、基準の長さに対して］サヴィシェーシャ（差を伴うもの）［と名付けられる］。」（井狩訳『アーパスタンバ・シュルバスートラ』1.6）

すなわち、正方形の一辺をa、対角線をδとすれば、

$$\delta = a + \frac{a}{3} + \frac{a}{3}\cdot\frac{1}{4} - \frac{a}{3}\cdot\frac{1}{4}\cdot\frac{1}{34}$$

この計算式は、例えば等面積変換の場合に見られるようなシュルバスートラの通常の許容誤差と比較して桁違いに正確である。そのために、昔からその起源に関して様々な仮説、憶説が唱えられてきた。なかにはバビロニア起源説もある（Neugebauer）。しかし、私はティボーのいうようにシュルバスートラの数学の範囲内で導くことができたと思う。他の問題を見た後で、もう一度この問題に帰ろう。

なお、この規則の中の「ヴィシェーシャ」（差）という語が意味するものについては、二通りの解釈がある。

（1）正方形の一辺と対角線との差。

（2） 対角線の真値とここに与えられた近似値との差。

右の和訳は「ヴィシェーシャ」の他の用例に基づいて（1）の立場に立つが、後で述べるこの近似式の起源が正しいとすれば、（2）の解釈もあながち無謀ではないと思われる。ただし、（2）の立場に立ったうえで、これが、$\sqrt{2}$ の無理数性（通約不能性）の認識を示唆するとする解釈もあるが、説得力はない。通約不能性は、真値との差とはまったく別の問題である。

正方形の和と差

二つの正方形の面積の和あるいは差を面積として持つ一つの正方形を作ることが、ここでのテーマである。

和（A 2. 4; B 1. 50; K 2. 13; 図2–8）

これはもちろん三平方の定理から直接得られる。一辺がそれぞれ a, b $(a<b)$ の正方形の面積の和を面積とする正方形を作るには、大きい正方形CEFGの辺CE上に小さい正方形の辺長CDをとり、DGを一辺とする正方形DGHIを描けばよい。これは、『アーパスタンバ』と『バウダーヤナ』の方法である。

シュルバスートラには明記されていないが、この規則を繰り返し用いれば単位面積の整

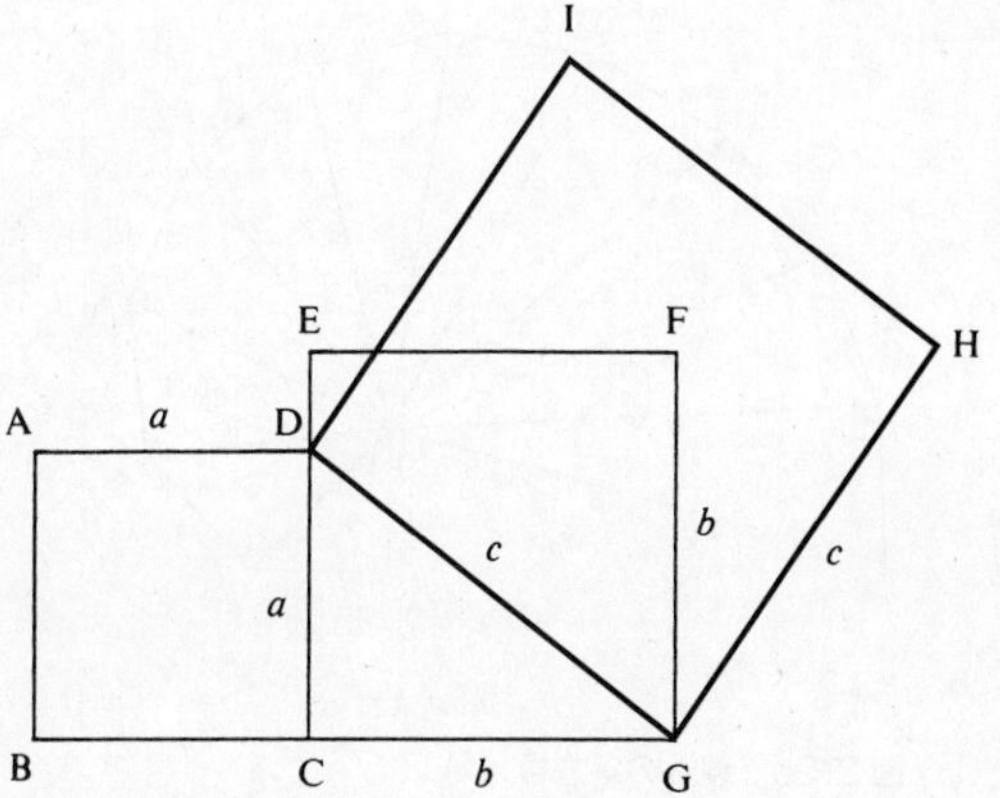

図2-8　正方形の和

数倍の正方形の一辺、すなわち任意の整数の平方根を長さとする線分を容易に描くことができる（図2-9a）。一方『カーツヤーヤナ』(6.7) は、底辺（$n-1$）、側辺（$n+1$)/2の二等辺三角形を描くことによって、一挙に同じ目的を達成している（図2-9b）。また『カーツヤーヤナ』の方法の一般化が『ブラーフマスプタシッダーンタ』(18.37) に見られる（第六章参照）。

差（A 2.5; B 1.51; K 3.1; 図2-10）

これも三平方の定理の応用である。一辺がそれぞれa, c ($a<c$) の正方形の面積の差を面積とする正方形を作るには、大きい正方形CEFGの中に、CD=GH=aとなるように線分DHをひき、そのDHを半径として弧HIを描き、最後に、CIを一辺とする正方形

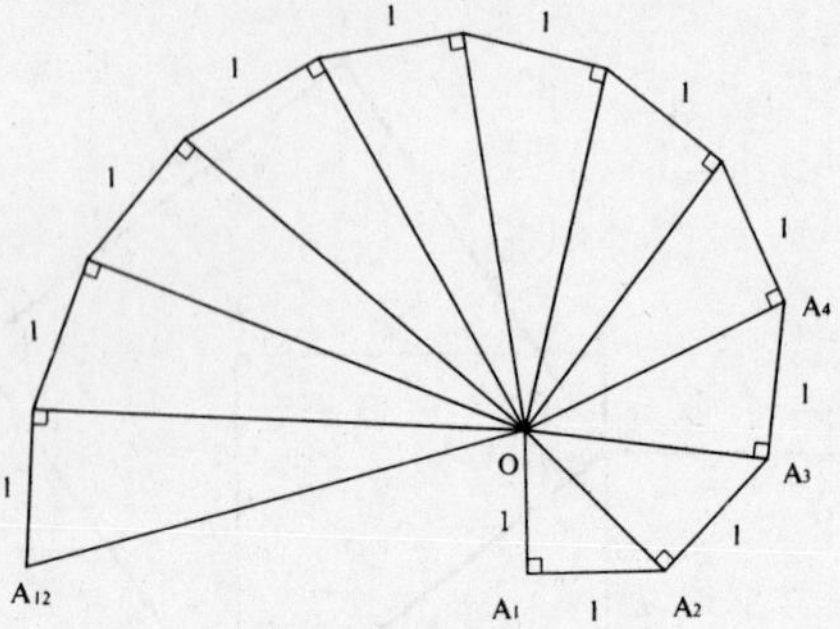

$OA_n = n$の平方根

図 2-9a　整数の平方根（1）

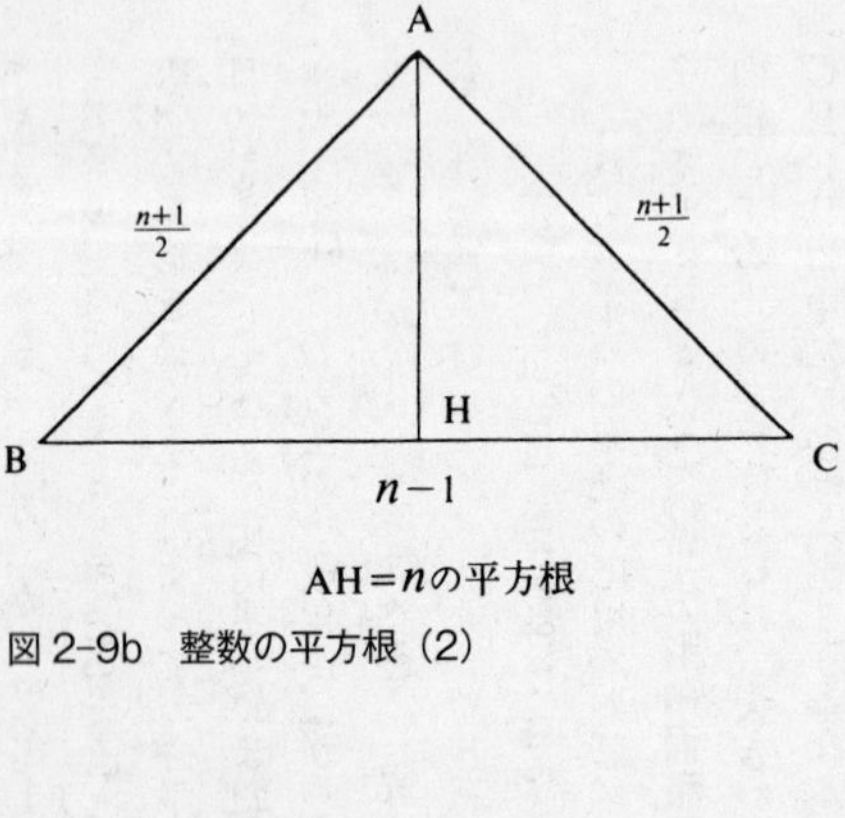

$AH = n$の平方根

図 2-9b　整数の平方根（2）

CIJKを描けばよい。

等面積変換

次に、シュルバスートラの「基本作図法」のハイライトともいうべき、等面積変換に関する規則をいくつか見よう。

(1) 長方形から正方形へ (A 2.7; B 1.54; K 3.2; 図2-11)

与えられた長方形を同じ面積の正方形へ変換する方法は二つのステップからなる。第一ステップでは、余分な正方形を含む少し大きめの正方形を仮に作る。第二ステップでは、その余分な正方形を除去する。

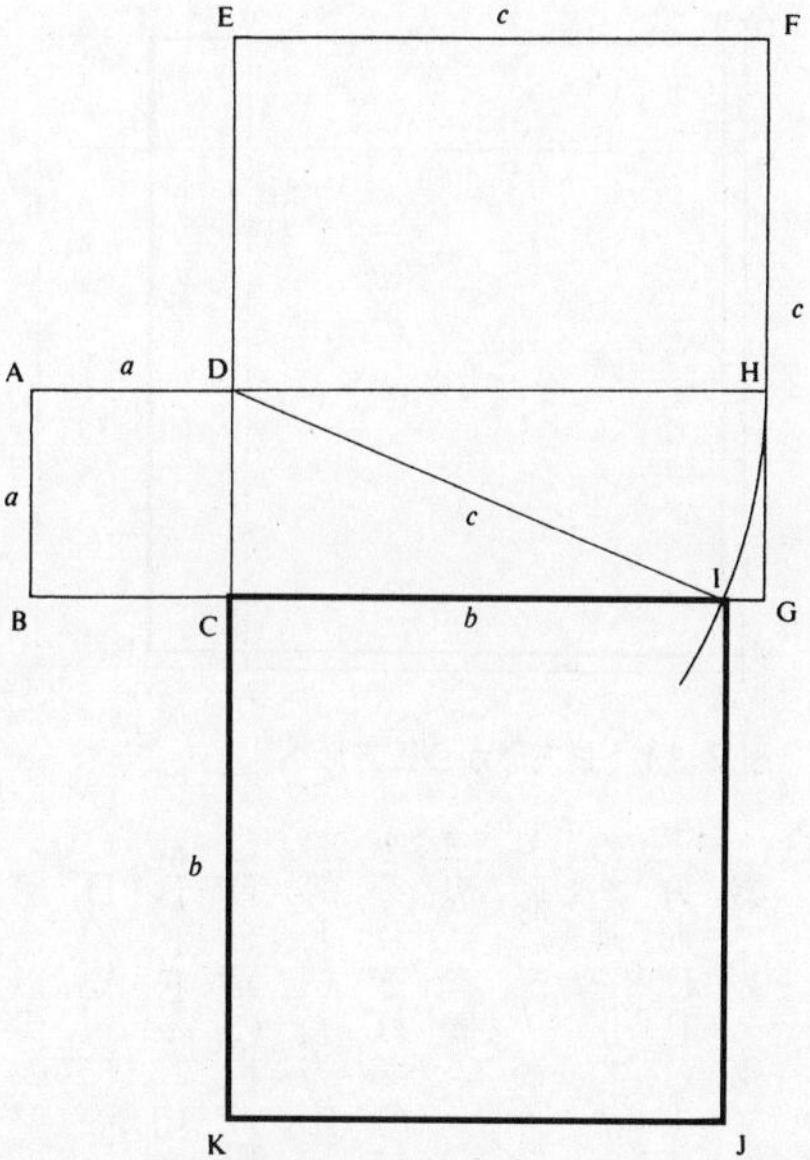

図 2-10　正方形の差

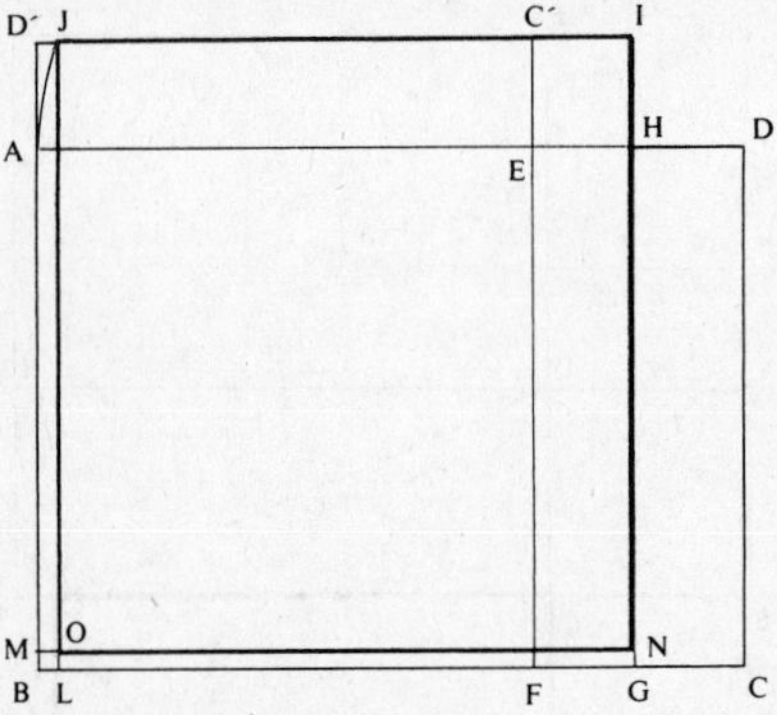

図2-11　長方形から正方形へ

第一ステップではまず、与えられた長方形ABCDの短辺に等しい長さを長辺上にとり、正方形ABFEを「切り取る」。次に、残った部分EFCDを元の長方形の短辺に平行な線分GHで二つの等しい長方形に「分割」し、その二つの長方形をそれぞれ、先に得た正方形ABFEの隣り合う二辺に「置く」。得られる図形D′BGHEC′はL字形（ギリシャ数学でいうノーモン）であるが、角の空隙を正方形C′EHIで補えば、全体が一つの正方形D′BGIになる。

第二ステップでは、正方形D′BGIの面積と正方形C′EHIの面積との差を面積とする正方形JONIを作ればよいが、これはすでに見た「正方形の差」の作図に他ならない。

（2）正方形から長方形へ（A 3.1; B 1.53; 図2-12a）

与えられた正方形ABCDを、同じ面積と与えられた短辺を持つ長方形に変換する場合、まずその短辺で正方形から長方形ABEFを切り取り、残りの部分をさらに適当に分割して長方形の短辺上に置く。ただし、『アーパスタンバ』も『バウダーヤナ』も、どのように分割するのか、明確に指示していない。図2-12aは、正方形の一辺と長方形の短辺の比が3：2の場合に対して、ある注釈者が伝える分割法である。

『バウダーヤナ』(B 1.52) と『カーツヤーヤナ』(K 3.4) はもう一つの方法を与えるが、それは、正方形の対角線に等しい長辺とその半分に等しい短辺を持つ長方形を得る方法で

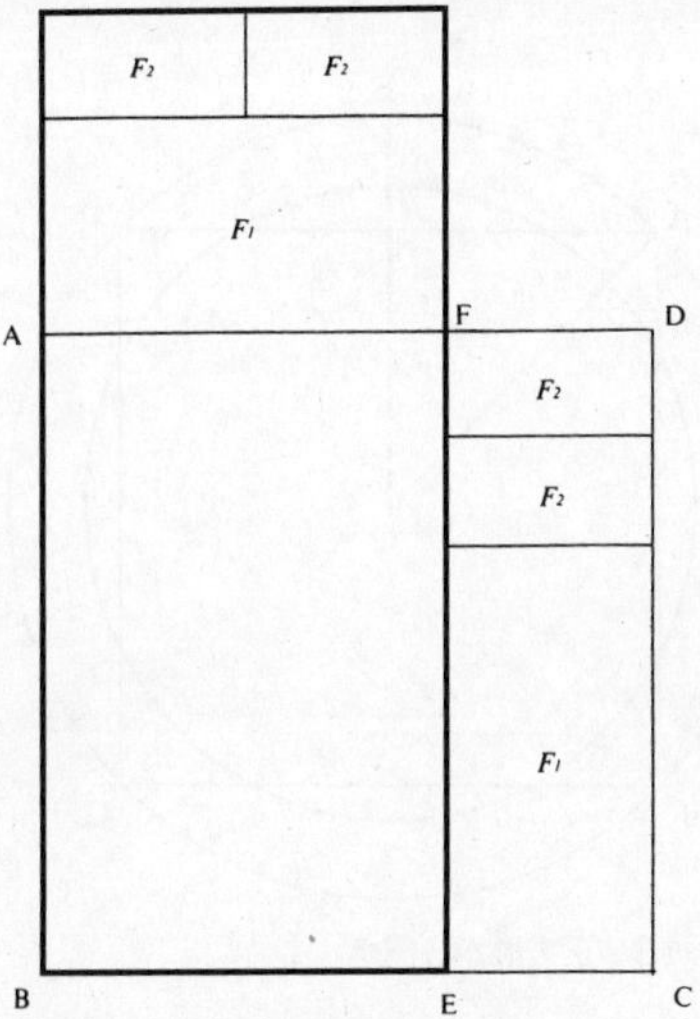

図2-12a　正方形から長方形へ (1)

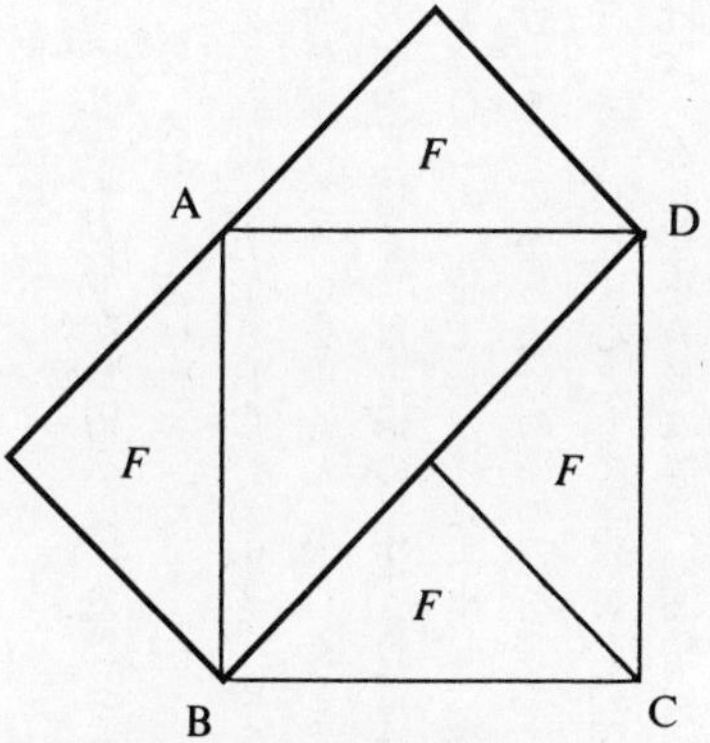

図2-12b　正方形から長方形へ (2)

ある（図2–12b）。

（3）正方形から円へ（A 3.2; B 1.58; K 3.13; 図2–13）

与えられた正方形ABCDの中心、すなわち対角線の交点Oを中心とし、OAを半径として円を描く。正方形の一辺ADに垂直な半径OEの、正方形からはみ出した部分EG上で、Gから三分の一の点をFとする。そこで、Oを中心として半径OFの円を描けば、それが正方形に等しい面積の円である。

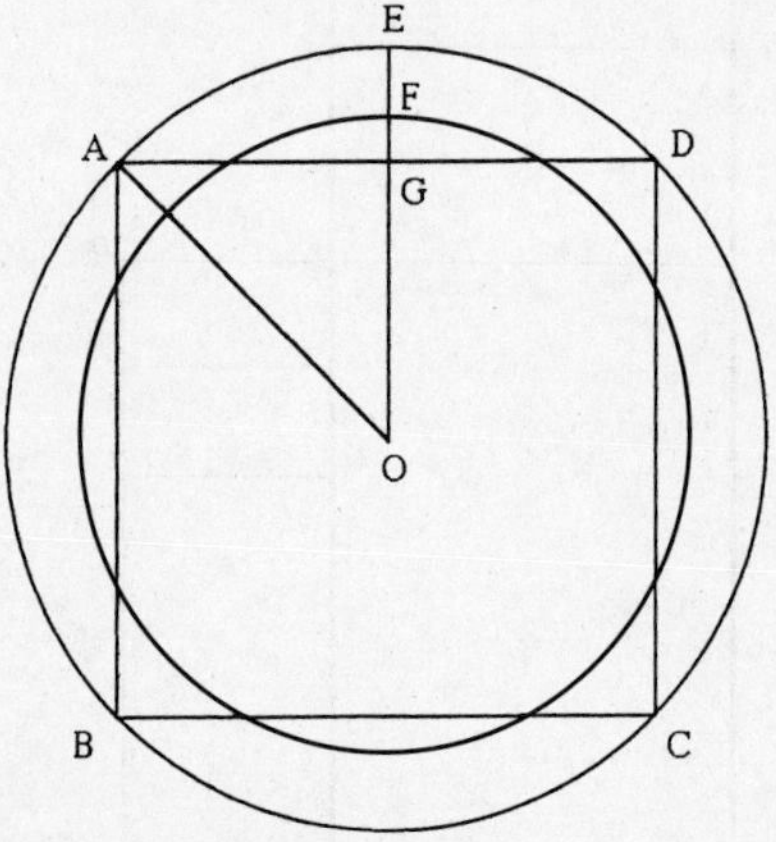

図2–13　正方形から円へ

この規則は、EGの三分の一をとるステップを除けば、幾何学的な規則であるが、与えられた正方形の一辺をa、求める円の直径をdとして、数量関係を代数的に表せば、次のとおりである。

$$\frac{d}{2}=\frac{a}{2}+\frac{1}{3}\left(\frac{\sqrt{2}a}{2}-\frac{a}{2}\right)$$ （誤差＋1.7%）

もちろん、正方形と円との間の厳密な意味での等面積変換は、ロープとクイ、すなわち定規とコンパスでは不可能である。したがって、シュルバスートラのこの規則も近似的なものである。

シュルバスートラの作者自身、その規則が近似的であることを知っていた、とするインドの伝統的注釈者もいる。それは、『アーパスタンバ』(3.2)にある一節、

「それ(結果)は[所与の正方形面積と]不変であり、円形[である]。」

(sā nityā maṇḍalam)

が、読み方によっては逆に、

「それは[所与の正方形面積と]不変ではなく、円形[である]。」

(sānityā maṇḍalam)

とも読めることに根拠を置く。確かにこの読み方自体は可能であるが、その直後に、

「欠けているだけ、それだけが付加部分である。」(A 3.2)

といって、円からはみだした正方形の角の部分と、正方形の外に付加された弓形の部分とが等しいとみなしていることを考えると、最初の読みのほうが作者の意図として自然である。

(4) 円から正方形へ (A 3. 3; B 1. 59–60; K 3. 12; M 3. 2. 10)

『アーパスタンバ』(3. 3)、『バウダーヤナ』(1. 60)、『カーツヤーヤナ』(3. 12) に共通する方法は、与えられた円の直径 (d) から、その一五分の二を引いた残りを、正方形の一辺 (a) とせよ、というものである。すなわち、

$$a = d - \frac{2d}{15} \quad \text{(誤差}-4.4\%\text{)}$$

この規則の表現は、古代エジプトの数学写本『リンドパピルス』(紀元前一六〇〇頃) で用いられている円の面積 A の計算法、

$$A = \left(d - \frac{d}{9}\right)^2 \quad \text{(誤差}+0.6\%\text{)}$$

を思い出させる。

『バウダーヤナ』(1. 59) は、同じ目的のために、次の規則も述べている。

$$a = d - \frac{d}{8} \cdot \frac{28}{29} - \left(\frac{d}{8} \cdot \frac{1}{29} \cdot \frac{1}{6} - \frac{d}{8} \cdot \frac{1}{29} \cdot \frac{1}{6} \cdot \frac{1}{8}\right) \quad \text{(誤差}-1.7\%\text{)}$$

ここで、シュルバスートラのこれら二つの規則はいずれも、幾何学的な操作ではなく、算術的計算式を述べているということに注意しておこう。シュルバスートラの他の等面積

変換がすべて幾何学的操作によって行なわれることを考えると、円から正方形への変換のためのこれら二つの規則だけが算術的である、ということは示唆的である。ただし、比較的遅く成立したと見られる『マーナヴァ』の一節（M 3. 2. 10）には、まだ写本による裏付けは欠くが、同じ目的のための純粋に幾何学的な規則が読み取れると私は考えている。それは、与えられた円の直径に等しい辺を持つ正三角形の垂線を正方形の辺とせよ（図2-14）、というものである。これによれば、次の関係がある。

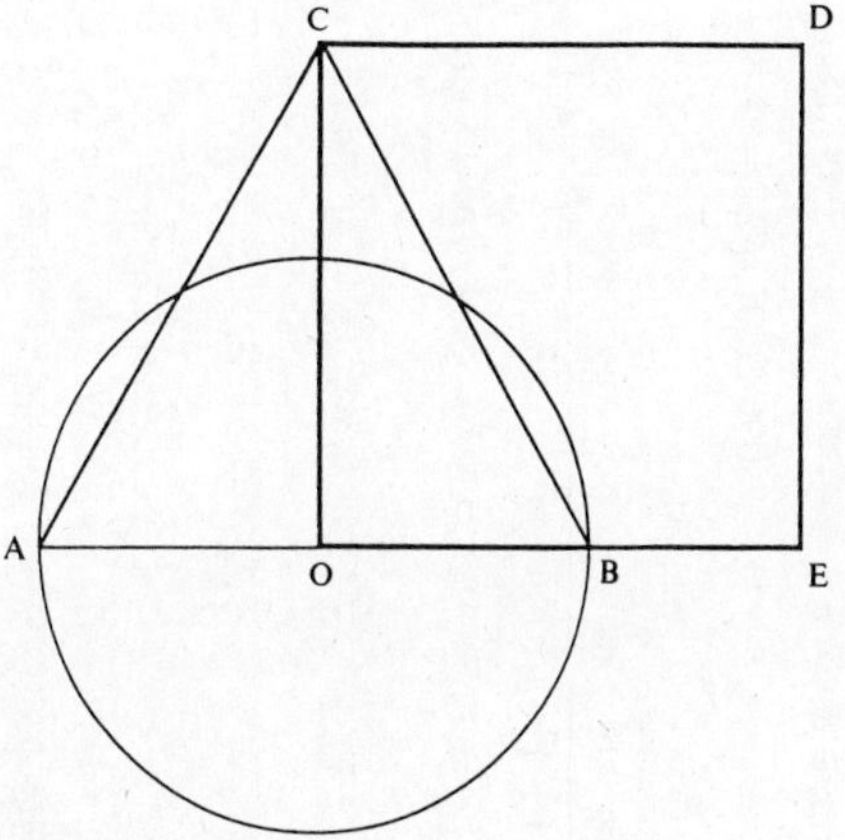

図2-14　円から正方形へ

$$a = \frac{\sqrt{3}d}{2} \quad (\text{誤差} -4.5\%)$$

また、三書に共通する計算式はまだしも、大きな分母を持つ『バウダーヤナ』の式の場合、ロープの上にその長さ（a）を実現することは至難の技であっただろう。興味深いことにその式は、ティボーが指摘した

ように、前述の正方形から円への変換規則の式、

$$\frac{d}{2}=\frac{a}{2}+\frac{1}{3}\left(\frac{\sqrt{2}a}{2}-\frac{a}{2}\right)$$

に、正方形の対角線の計算式、

$$\delta(=\sqrt{2}a)=a+\frac{a}{3}+\frac{a}{3}\cdot\frac{1}{4}-\frac{a}{3}\cdot\frac{1}{4}\cdot\frac{1}{34}$$

を代入することによって、算術的に導くことができる。すなわち、

$$a=d-\frac{d}{8}\cdot\frac{28}{29}-\left(\frac{d}{8}\cdot\frac{1}{29}\cdot\frac{1}{6}-\frac{d}{8}\cdot\frac{1}{29}\cdot\frac{1}{6}\cdot\frac{1}{8}\right)-\varepsilon$$

ただし、

$$\varepsilon=17d/10968960$$

であるが、これはdが小さいとき微小だから無視すれば、『バウダーヤナ』の式が得られる。このことは、この算術的計算に同値な何らかの方法によって一方の変換規則が他方から得られたか、あるいは両方の変換規則が共通の起源を持つことを示唆している。

前にも触れたように、そもそも円から正方形への変換は、実際の祭壇の作図にも、またその数学的根拠づけにも必要がない。

したがってそれは、正方形から円への変換の逆として純粋な数学的興味から導かれ、規則の対称性のためにシュルバスートラに述べられた可能性が大きい。

等面積変換は、与えられた平地面積を持つ様々な形の祭壇を作る、という、シュラウタ祭式のいわば宗教的要請と密接に結びついている。その目的を、シュルバスートラは正方形を基準として理論的に実現しようとしたと考えられる。例えば、与えられた面積の円を描く場合、面積から直接算術的に半径を求めてその長さのロープで円を描くのではなく(おそらくこれはできなかった)、同面積の正方形を描いてからそれを円に変換する、という方法をとった。他の図形の場合も同様である。

変換に詳しい『バウダーヤナ』は七つの変換を扱っているが、そのうち五つまでが正方形から他の図形への変換である。残る二つは、円から正方形への変換と、長方形から正方形への変換であるが、後者は、求める図形に変換されるべき正方形を描くために、与えられた面積の平方根を取る、というプロセスの幾何学的な表現と考えられる。もちろんこれは『アーパスタンバ』にもある。

このように、シュルバスートラの等面積変換規則は、本来、次の図式のような構想のもとに作られたものと思われる。そして、円から正方形への変換や、『カーツヤーヤナ』

(4.7–12)の、三角形から正方形へ、菱形から正方形へ、などの変換は、理論の対称性のために付加されたのではないかと考えられる。

与えられた面積を持つ長方形

↓

正方形

↓

円、長方形、台形、等

以上見てきたように、シュルバスートラは単なる祭壇構築のための実用的マニュアルの域を越えて、抽象性を備えた数学書に近づいている。少なくとも基本作図法は、マニュアルというより、祭壇構築と関わる幾何学問題を扱った理論書といってよいだろう。シュルバスートラの数学的知識がユークリッド（紀元前三〇〇頃）に先立ち、タレスやピタゴラスと同時代あるいはそれ以前に遡ることを考えると、たとえそれがユークリッド『原論』のような論証数学ではないとしても、数学史上の重要性は量り知れない。

5 正方形の対角線計算法の起源

ここで、すでに何回か登場した正方形の対角線の計算式の由来を考えよう。バビロニア

表 2.2. $2a^2+t=\Delta^2$をみたす数

a	t	Δ	Δ/a	a	t	Δ	Δ/a
1	2	2		7	2	10	
2	1	3	3/2	8	−7	11	
3	−2	4		9	7	13	
4	4	6		10	−4	14	
5	−1	7	7/5	11	14	16	
6	−8	8		12	1	17	17/12
				13	−14	18	

起源説も含めていくつかの仮説が提唱されているが、ティボーの説がもっとも自然に見える。彼のアイデアを元にして細部を若干変更したのが次の仮説である。

対角線の真値をdとすると、三平方の定理から、$2a^2=d^2$であるが、この関係を満たすa、dは、整数の範囲では（実は有理数の範囲でも）存在しない。そこで、$2a^2$にできるだけ小さな整数を加えるか引くかして、平方数を作ることを考えよう。

$$2a^2+t=\Delta^2$$

ここで、aを1、2、3、…、と変化させたときのt、Δを計算するのは難しいことではない（表2.2参照）。そのとき、

$$2+t/a^2=(\Delta/a)^2$$

であるから、aが大きく、tが小さいほど、Δはdに近くなり、Δ/aはd/aすなわち$\sqrt{2}$に近くなる。表2.2では、$|t|=1$に対してだけ、Δ/aの値を挙げてある。

そこで、3/2や7/5は近似値として粗雑過ぎるから、$\Delta/a=17/12$を選んだとしよう。すなわち、一辺が12の正方形の対角線の

近似値を仮に17とする（現代のシュラウタ祭でも祭場の測量で直角を得るためにこの近似的関係が用いられることがあるという——Staal）。このとき、

$$2 \cdot 12^2 = 288 = 17^2 - 1^2$$

であるから、「正方形の差」の作図法によって正方形を作図すれば、対角線の真値が線分として得られる。図2-11で、BG＝GI＝17, EH＝HI＝1としよう。このとき、線分ONが対角線の真値になる。ではその長さはどれだけか。ON＝LGだから、

$$d = BG - BL$$

線分BLはノーモンJBNの幅である。そしてそのノーモンの面積は、除去されるべき正方形EHIC′の面積に等しいから、

$$2 \cdot BL \cdot BG - \varepsilon = EH^2$$

ここで、εは正方形MBLOの面積であるが、小さいので無視すれば、近似的に、

$$BL = EH^2/2BG$$

である。そこで、BGとBLを正方形の辺12（＝a）を用いて表現すれば、

$$BG = 17 = 12 + 12/3 + (12/3)/4$$

$$BL = 1^2/(2 \cdot 17) = \{(12/3)/4\}^2/2\{12 + 12/3 + (12/3)/4\}$$

$$= \{(12/3)/4\}/(2 \cdot 17) = \{(12/3)/4\}/34$$

したがって、

$$\delta = \mathrm{BG} - \mathrm{EH}^2/2\mathrm{BG} = 12+12/3+(12/3)/4-\{(12/3)/4\}/34$$

$$= a + a/3 + (a/3)/4 - \{(a/3)/4\}/34$$

これは、シュルバスートラの対角線計算式である。

ところで、右でδを導く際、εすなわち正方形MBLOの面積を無視したために、δには真値dとの間に差が生じた。このことは、公式を導いた者にはわかっていたはずである。したがって『アーパスタンバ』(1.6)の規則にある「ヴィシェーシャ」(差)が、規則で与えられた値と真値との「差」を意図していた可能性は確かにある。

また、近似的なΔを導く際に用いた、

$$Px^2 + t = y^2$$

のタイプの不定方程式は、インドでは後にヴァルガプラクリティ(平方始原)と呼ばれ、ブラフマグプタ(西暦六二八)以降多くの数学者によって取り上げられている。

6 平方根の近似公式

いま対角線計算法を導く際に用いた図2-11は、実は与えられた長方形を等面積の正方形に変換する規則のためのものであった。正方形の一辺は面積の平方根であるから、等面

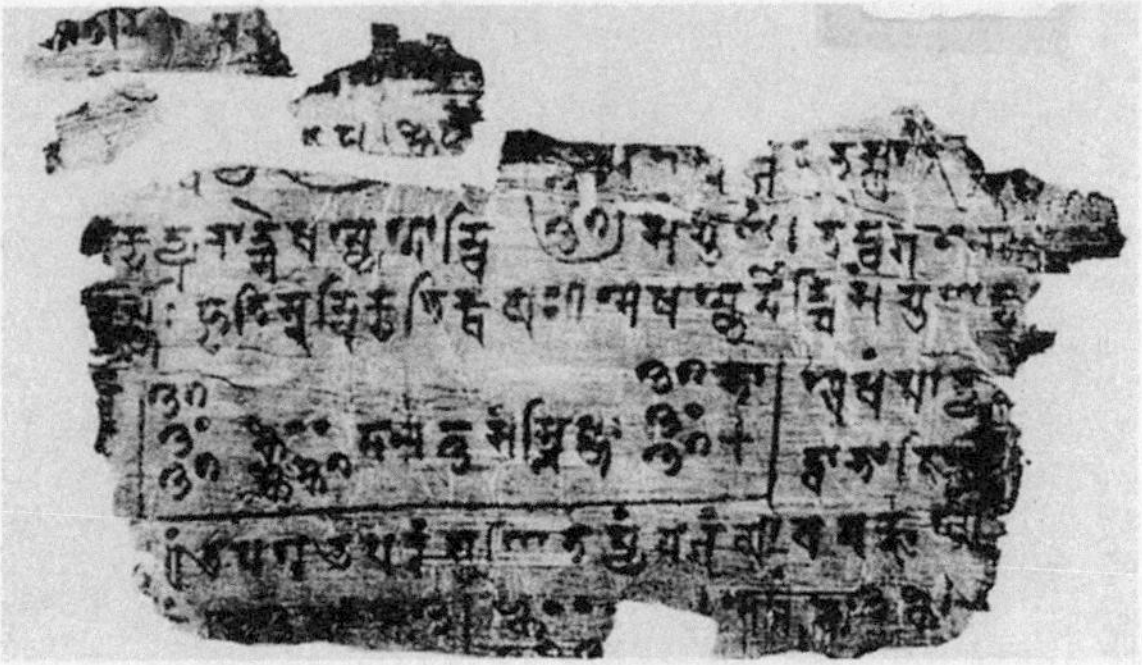

図 2-15　『バクシャーリー写本』の平方根近似

枠囲いは

21			21	bhā
20	400 dala 1 saṃśliṣṭhaḥ		20	
21	441	2	21	+

これは、$\sqrt{p^2+r}\simeq p+\frac{r}{2p}-\frac{1}{2}\left(\frac{r}{2p}\right)^2\div\left(p+\frac{r}{2p}\right)$ に基づく $\sqrt{481}$ の計算を表現する。$\sqrt{481}\simeq 21\frac{20}{21}-\frac{1}{2}\left(\frac{20}{21}\right)^2\div\left(21\frac{20}{21}\right)$

（G. R. Kaye, *The Bakhshālī Manuscript: A Study in Medieval Mathematics*, Archaeological Survey of India, 1927/33, fol. 56R）

積の正方形を描けば、与えられた面積の数値を幾何学的に開平したことになる。したがって、その規則を算術的に解釈すれば、平方根の計算法が得られるはずである。

図2-11で、長方形ABCDの面積をkとし、kの平方根への第一近似を$AB=p_1$とする。

$$k = p_1{}^2 + r$$

このとき、

$$FG = GC = r/2p_1$$

だから、

$$BG = p_1 + r/2p_1$$

$$(= p_2)$$

これを第二近似とする。不要な部分EHIC′に面積が等しいノーモンJBNを除去すれば、正確な平方根ONが幾何学的に得られるが、それを数量的に求めようとしたら、対角線の場合と同様、次のように考えるのが自然であろう。

$$2 \cdot BL \cdot BG - \varepsilon = EH^2$$

ここでεは正方形MBLOの面積であるが、小さいので無視すれば、近似的に、

$$BL = EH^2/2BG = (r/2p_1)^2/2p_2$$

だから、近似的に、

$$ON = BG - BL = p_2 - \frac{(r/2p_1)^2}{2p_2} = p_1 + \frac{r}{2p_1} - \frac{(r/2p_1)^2}{2(p_1 + r/2p_1)} \quad (= p_3)$$

これを第三近似とする。

ここに得られた第二近似と第三近似は、七世紀頃の著作と思われる『バクシャーリー写本』で実際に用いられている（図2-15）。第二近似はまた、西暦紀元前後のジャイナ教徒によっても用いられた可能性が大きい（第四章参照）。

これと同値な計算法は、アレクサンドリアのヘロンにも知られており、さらに古代バビロニア人が用いる正方形の対角線と辺の比（2の平方根）の近似値、

$1;24,51,10=1+24/60+51/60^2+10/60^3$
を求める際にも用いられた可能性が指摘されている（Neugebauer）。

7　シュルバスートラとシュラウタ祭式の関係

実際のシュラウタ祭式の祭場設営でシュルバスートラの作図法が果たした役割については不明な点もある。ここでは両者の関係を考えさせる一例を見ることにしよう。

シュラウタ祭式の祭場（図2-1）の半分以上を占めるのはマハーヴェーディと呼ばれる台形の区画であるが、その台形の四つの頂点を決めるのに、シュルバスートラではロープとクイを用い、(3, 4, 5)、(5, 12, 13) などの整数値を辺に持つ直角三角形（ピタゴラス三角形）を地面に作り出す（図2-4）。しかし、シュラウタスートラに記述された方法はこれと異なり、アドヴァリユ祭官が、基点（図2-4のE、W）から南北に十二歩、十五歩（プラクラマ）など、決められた歩数だけ「歩く」ことによって四頂点を決めることになっている。すなわち、シュルバスートラではピタゴラス三角形という数学的存在とロープによって、線分の長さを区切ることと同時に直交性も実現されているが、シュラウタスートラには直交性を得る方法が述べられていない。「南北」はどうやって決めたのか？

この疑問に答えてくれるのは一九七五年四月十二―二十四日に南インドのケーララで行

なわれたアグニチャヤナ祭の記録である（Staal）。それによれば、祭式の第三日、アドヴァリユ祭官は、あらかじめ計測してあったマハーヴェーディの区画を、決められた長さの計測棒でなぞって、儀式的な計測を行なったという（巻頭写真参照）。儀式的計測はシュルバスートラにもある。アグニ祭壇の一部となるべき正方形は本来竹で計測すべきだが、場合によってはロープによる計測のあと、竹でその図形をなぞることで形式的に認証してもよい、という前出の規定（A 9.4）などがそれである。シュラウタスートラの祭官が歩くのも儀式的な計測のためとすれば、南北への言及がないのもうなずける。

それにしても祭官が歩く前の実際の計測では、南北を決める必要がある。右のアグニチャヤナ祭の記録によれば、まず杭（シャンク）によってできる太陽の影の先端がその杭を中心とする円を横切る二点を利用して東西線が決定される（これは『カーツヤーヤナ』1.2にも述べられている）。しかし、寺院が近くにあればその向きを利用して東西線を決めるという。寺院は東西南北に面して建てられるからである（その東西もやはり杭の影などを利用して決める）。これに対して、南北を決める方法は二つある。一つは二つの円の交点を結ぶ線が、それらの中心を結ぶ線に直交するという性質を利用する方法、もう一つは（3.4.5）または（12.12.17）の直角三角形を利用する方法である（後者の直角三角形が近似的であることは計測者たちも知っている）という。いずれの方法をとるにしても、直交性は長さを得る手続きとは別に得ていることになる。

これはシュルバと異なる。シュルバが編纂された時点においてすでに、シュルバと実際のシュラウタ祭式に距離があったのか、それとも時とともに差が生じたのか？　二千年以上の時の流れを考えると後の可能性のほうが穏当かもしれないが、先に指摘したシュルバの理論性を考えると、前の可能性も無視できない。

この問題はシュルバスートラの歴史的位置づけにも関わってくる。それに関してはチャットーパーディヤーヤの仮説を紹介しておこう（Chattopadhyaya, *History of Science and Technology in Ancient India: The Beginnings*. Calcutta 1986）。まず彼は、シュルバスートラの数学（幾何学）はシュラウタ祭式で用いられる焼き煉瓦作りと不可分の関係にあった、と考える。ところがその煉瓦作りはシュラウタ祭式をとりしきる祭官たちエリートの仕事ではなく、職人たちの仕事であった。したがってシュルバの数学を担っていたのは祭官たちではなく職人たちである。実際、ブラーフマナ文献から浮かび上がる祭官たちの姿は数学的思考からかけ離れているが、シュルバにはそれがある。これは、まったく異なる階層に属していた数学的知識がバラモンたちのヴェーダの伝統に、シュルバスートラという形で取り込まれたことを意味する、という。

さらに彼によれば、シュルバの数学の起源を西方から侵入してきたアーリア人に求めることはできない。なぜなら、文献学と考古学が示すように、彼らの文明は焼き煉瓦を持っていなかったから。一方、インダス文明の都市が焼き煉瓦でできていたことはよく知られている。したがって、シュルバの数学はインダス文明に淵源する可能性が大きい、とする。

この仮説にはチャットーパーディヤーヤ自身が認めるように不十分な点も多い。彼は焼き煉瓦を重視するが、シュラウタ祭式で焼き煉瓦を用いるのはアグニチャヤナに限られる。確かにシュルバスートラにおいてアグニチャヤナの占める比重は大きいが、アシュヴァメーダ（馬祠祭）や他のソーマ祭も対象となる。また何よりも、インダス文明の数学が知られていない現状では、インダス文明とシュルバスートラを結びつける数学上のリンクがまったくない。しかし、インダス文明の数学的遺産が何らかの形で後世に伝わった可能性は、考えておく必要があると思われる。

第三章　社会と数学

パーリ語で伝えられた初期の仏典は、仏教徒、特に南方諸国の仏教徒にとっての宗教的聖典であるばかりでなく、紀元前数百年頃のインド社会を知るための貴重な学問的資料でもある。そこには、古代インド社会における数学のありかたを考えるうえでの重要な手掛かりもある。

1　ガナカ（計算士）

マッジマニカーヤ（中部経典）107『ガナカ・モッガッラーナ・スッタ』は、モッガッラーナという名のバラモンのガナカ（計算士）が、ブッダの話を聞いて仏教に帰依し、ウパーサカ（在家仏教徒）になるという話である。ブッダの話の要点は、涅槃に至る仏道の修行にも決められた順序があること、しかし教えられた順序に従って修行しても、望み通り涅槃を得る者とそうでない者とがいること、である。このブッダの話自体も興味深いが、さしあたり我々にとって重要なのは、むしろブッダの話を引き出すために、それに先立って語られるモッガッラーナの言葉である。彼は、四つの例をあげて、世間でなにかを成就するためには、「順序通りの学習（シッカー）、順序通りの行為（キリヤー）、順序通りのアプローチ（パティパダー）」が重要であるが、仏道の修行にもそれらがあるか、とゴータマ・ブッダに問いかける。

「ゴータマさん、例えばこの［あなたが今ご滞在の］ミガーラマートゥ講堂に［やって来るに］も順序通りの学習、順序通りの行為、順序通りのアプローチがあります。それは［この講堂の］西の階段に至るまでです。またゴータマさん、これらのバラモンたちにも順序通りの学習、順序通りの行為、順序通りのアプローチがあります。それは［ヴェーダの］学習においてです。またゴータマさん、これらの弓術士たちにも順序通りの学習、順序通りの行為、順序通りのアプローチがあります。それは弓［の修得］においてです。またゴータマさん、わたしたちのように計算（ガナナー）で生計を立てている計算士（ガナカ）たちにも順序通りの学習、順序通りの行為、順序通りのアプローチがあります。それは計算（サンカーナ）［の教育］においてです。というのも、ゴータマさん、わたしたちが住み込みの弟子（アンテーヴァーシン）をとると、まず次のように数えさせます。ひとつ、ひとつのもの、ふたつ、ふたつのもの、みっつ、みっつのもの、よっつ、よっつのもの、いつつ、いつつのもの、むっつ、むっつのもの、ななつ、ななつのもの、やっつ、やっつのもの、ここのつ、ここのつのもの、とお、とおのもの、というように、ゴータマさん、百［まで］も数えさせます。ところでゴータマさん、［あなたがお説きになる］この法（ダンマ）と律（ヴィナヤ）においてもまったく同様に、順序通りの学習、順序通りの行為、順序通りのアプローチを指摘することができますか。」

モッガッラーナのあげる四番目の例は、次の三点を示して興味深い。

（1）ガナカ（計算士、gaṇaka）は、ガナナー（計算、gaṇanā）で生計を立てる。

（2）ガナカは、アンテーヴァーシン（住み込みの弟子）をとり、サンカーナ（計算、saṅkhāna＝Skt. saṃkhyāna）を教える。（Skt.＝Sanskrit）

（3）弟子に最初に教えることは、一から百までの数詞と、数詞＋kaの形（一つのもの、二つのもの、等）である。

ここでモッガッラーナは「計算」に類する意味で「ガナナー」と「サンカーナ」という二つの語を用いている。前者は「群れ」を意味する語「ガナ」に、後者は「数」を意味する語「サンカー（サンキヤー）」に関係する。モッガッラーナがここで両語を使い分けているのかどうかはっきりしないが、数詞の暗記を含む「サンカーナ」のほうが「ガナナー」に較べて初歩的であった可能性もある。

当時、ガナナーを学ぶと安定した職につけたらしいことは、ヴィナヤピタカ（律蔵）の

『マハーヴァッガ』（1. 49. 1-2）の記事からも窺われる。ウパーリという少年の両親は、ウパーリが将来安楽に暮らすためには、どんな教育を施したらよいかと話し合う。もしウパーリがレーカ（書）を学べば、指を傷めるだろう、もしガナナーを学べば、（深く考え過ぎるので――注釈者）胸を患うだろう、もしルーパ（コイン鑑識）を学べば、目を傷めるだろう、と考えて、けっきょく両親は彼を僧団に入れてビック（出家仏教徒）にすることに決める。

これら、レーカ、ガナナー、ルーパの三教科が小児用の基礎科目ではなく、むしろ社会生活に密着した実用的技能を教える専門科目であったらしいことは、実在のカーラヴェーラ王（紀元前二または一世紀）がそれらを学んだとされる年齢と、同時に受けた教育科目からも類推できる。彼は、オリッサのウダヤギリにあるハーティーグンパーの人工洞窟に碑文を残しているが（Hathigumpha inscription. *Epigraphia Indica* 20）、それによると、まだ王子であった十六歳から二十四歳の間に、レーカ、ルーパ、ガナナー、ヴヤヴァハーラ（司法）、ヴィディ（宗教儀軌）に通暁したという。

ガナナーで生計を立てるガナカの中には町の名士もいたらしい。中央インドのキラーリーで出土した長さ四メートルを超える木柱（*Epigraphia Indica* 18）は、建立者も目的も不明だが、そこには他の名士らしき職名と並んで「ガナカ」ヘーアシ（Heasi）の名が記されている。そのリストは破損がひどく詳細は不明だが、ガナカ以外に警察官、将軍、門衛、資産家、蔵番、象乗り、馬乗り、戦車の馭者等が読み取れる。木柱の建立年代は二世紀頃と推定されている。

またバドラバーフの『カルパスートラ』によれば、ジャイナ教の始祖マハーヴィーラは最初、バラモン、リシャバダッタの妻デーヴァーナンダーの腹に胎児として宿り、その後八十余日にしてクシャトリヤ、シッダールタ王の妻トリシャラーの腹に移ったとされるが、そのシッダールタ王を取り巻く従者の中に、首長、顧問官、宰相、門衛長、国境守護官等にまじって、ガナカが含まれる（『カルパスートラ』1.61）。

これらの資料からはガナカの仕事の内容まではわからないが、インドの二大叙事詩の一つ『マハーバーラタ』（2.5.62; 15.20.7）で言及されているガナカは、レーカカ（書記、lekhaka）とともに王に仕え、王家の日常の収入支出を管理する会計士のような役人であった。例えば、ユディシュティラに対して政治学の権威ナーラダ仙が質問の形式をとりながら帝王学を説く場面に、次のような一文がある。

「収入と支出に従事するすべてのガナカとレーカカは、いつも午前中に収入と支出をあなたに報告しますか？」（2.5.62）

マキアヴェリにもたとえられる政治学のもう一人の権威カウティルヤも、その書『アルタシャーストラ』(1.19.9)において、王の日課のなかで朝一番に行なうべき仕事の一つとして、「収入と支出についての諮問」をあげている。その文脈に会計士は登場しないが、他所(2.1.7; 2.9.28; 2.9.30; 5.3.14)には会計士そのものに関する記述もある。ただしそれは「ガナカ」ではなく「サンキヤーヤカ」(saṃkhyāyaka)である。諸官庁の長官にはそれぞれに、サンキヤーヤカ、レーカカ、コイン鑑識官、残高受領官、監査官が付くとされる(2.9.28)。ちなみに、会計士と書記の俸給は、ともに五百パナである(5.3.14)。俸給の最高額は四万八千パナで、顧問官、宮廷祭官などの高級長官あるいは大臣クラスの他、皇太子、王妃が受ける(5.3.3)。また最低額は六十パナで、動物の世話をする召使、その他従者たちが受ける(5.3.17)。『アルタシャーストラ』にガナカへの言及はないが、国家の会計全体を「ガーナニキヤ」(gāṇanikya)と呼ぶ(2.7.16)。この語はガナナーに由来する。

多数の引用によって伝えられている法典『ブリハスパティ・スムリティ』(1.1.81-90)によれば、法廷は、王、裁判長、陪席判事、法典、ガナカ、レーカカ、金、火、水、執行吏、の十要素で構成される。この場合のガナカは金銭や資産を計算し、レーカカは判決文を書く。金、火、水は被告と証人の証言の真偽を判定するための神判に用いる。これら十要素を、人間の体の部位に対応させると、王は頭、裁判長は口、陪席判事は腕、法典は手、ガナカとレーカカは両腿、金と火は両目、水は心臓、執行吏は足であるという。

仏典ではしばしば「ガナカ大臣」(gaṇakamahāmātra)として登場する。ディーガニカーヤ(長部経典)30『ラッカナスッタンタ』8では、三十二相(超人的身体の特徴)を備えた如来は、出家すれば涅槃に至るが、俗世間では転輪王として、バラモン、資産家、町民、村民、ガナカ大臣、衛兵、門衛長、顧問官、廷臣、王、富豪、王子に囲まれる、とする。

ヴィナヤピタカ(律蔵)『チュッラヴァッガ』23では、日傘をさして遠くからやってくるビック(出家仏教徒)を見て、アージーヴィカの徒がウパーサカ(在家仏教徒)たちにいう。「あそこにあなたがたの尊師が日傘をさしてやって来ますよ。まるでガナカ大臣のようですね。」

また大乗仏教の書『ラリタヴィスタラ』(12章)では、ガナカ大臣が固有名詞で登場する。シュッドーダナ王の息子として生まれた菩薩(ブッダ)は成長してゴーパーとの結婚を望むが、その父ダンダパーニは、婿になる者は諸技術(シルパ)に優れていること、という条件を出す。そこで王は、シャカ族のなかの有能な者たちを集めさせて、文字(lipi)、数と計算(saṃkhyāgaṇanā)、武闘、弓、などを競わせる。数と計算に関しては、立会人(サークシン)としてアルジュナという名の「ガナカ大臣」が登場するが、菩薩の大数の知識と計算能力に驚嘆する(第一章参照)。

「大臣」は『アルタシャーストラ』にも登場する。諸官庁の「大臣」はまちがいなく決算報告をすべきだという（2.7.24）。また王は大臣たちを常にスパイによって監視しなければならないとする（1.13.1）。その大臣のリスト（1.12.6）は次の十八人からなる（上村訳による）。顧問官、宮廷祭官、将軍、皇太子、門衛長、王宮守備官、執事長、主税官（samāhartṛ）、守蔵官（saṃnidhātṛ）、司法官、軍司令官、都市の裁判官、工場長官、顧問官会議長官、軍管理官、城砦守備官、国境守備官、林住族長。ここに「ガナカ大臣」は含まれないが、主税官あるいは守蔵官がそれに近い。

このように古代インドには「計算士」（ガナカ、サンキャーヤカ）と呼ばれる職業が存在した。そして、『マハーバーラタ』、『アルタシャーストラ』、『ブリハスパティ・スムリティ』などから浮かび上がる計算士の仕事内容は、王家、諸官庁、法廷などにおける金の勘定であった。これから推量するとおそらく社会生活の様々なレベルでガナカは金勘定と関わりを持ったのであろう。

のちにガナカは主として占星術師を指すようになるが、今まで見てきた資料にはその意味でのガナカは姿を見せない。

古代からインドで占星術師および占師を指すもっとも一般的な語は「ダイヴァジュニャ」（天命を知る者、daivajña）あるいはそれに類する語であった。ダイヴァジュニャは

『マハーバーラタ』でもしばしば言及されている。また、西暦四〇〇年前後に活躍した詩聖カーリダーサの作品に登場する道化も、星（ナクシャトラ）の吉凶を占う占星術師を「天命を考える者」（devvacintaa = Skt. daivacintaka）と呼んでいる（『マーラヴィカーとアグニミトラ』第四幕）。

いつ頃から占星術にたずさわる者がガナカと呼ばれるようになったのかはっきりしないが、その変化はおそらくインドにおけるホロスコープ占星術の普及と無関係ではあるまい。メソポタミアに生まれ、ヘレニズム世界を通じて二、三世紀頃インドに伝来したホロスコープ占星術では、被験者の誕生時の諸惑星の位置を正確に知るために、細かい計算が要求される。また表面的な計算だけでなく、その背後にある理論を理解するためには、数理天文学を知る必要があった。それは当時のインドでもっとも高度な数学が要求される分野であった。したがってホロスコープ占星術師こそガナカの名にふさわしかったといえる。

だが六世紀の大占星術師ヴァラーハミヒラはまだガナカをその意味で用いてはいないようである。彼は占いの書『ブリハトサンヒター』（11.25）でガナカをただ一度、あるケートゥ（彗星）の名として用いるが、そのガナカの意味は不明である。彼は王にとっての占星術師または占師の重要性を強調しているが、彼らを指して用いる語は、「サーンヴァッツァラ」（年に関わる者）または「ダイヴァチンタカ」（天命考察者）または「ダイヴァジュニャ」もしくは「ダイヴァヴィッド」（天命知者）であって、ガナカではない。アマラシンハの語彙集『ナーマリンガアヌシャーサナ』（2.8.14）では、年に関わる者、星学士（ジュヨーティシカ）、天命知者、ガナカ、時刻士（マウフールティカ）、時刻知者（マウフールタジュニャーニン）、運命士（カールターンティカ）、が同一グループに属する語として、一つの詩節に列挙されている。ここでは明らかにガナカは占師の仲間であるが、同書の年代ははっきりしない。五世紀とも七世紀ともいわれる。

ブラフマグプタはその天文書『ブラーフマスプタシッダーンタ』（西暦六二八）の中でいう。

「私はこれから、ガナカの理知を増大させる質問の章を解答と共に述べよう。それらを知れば、理知あるタントラ通の中でも師と仰がれるだろう。」（13.1）

「タントラ」はここでは数理天文学の教義を意味する。また天文暦法に関する例題で、彼はしばしば「……を計算する者はガナカである」という定型句を用いる（15.1–17; 18.56–59, 61, 75–87, 91）。例えば、

「太陽の［黄経の］度数の余りに3を加えたものが分の余りに［等しく］なるのはいつの水曜日か。また、6、7、8、9［を加えた場合はどうか］。一年以内に計算する者はガナカである。」（18.56）

これらブラフマグプタのガナカは、必ずしも職業的肩書きとしてのガナカではなく一般に「数学のできる人」を指すとも受け取れるが、今やその「ガナカ」が数理天文学や暦法の計算と関わるようになったことは明白である。

時代が下って、ダーラーの王ボージャ（十一世紀）の百科全書的占術書『ラージャマールタンダ』4では、「女性と同様、たとえ苦労しても王が養うべき」ものとして、宮廷祭官、ガナカ、顧問官、医師をあげる。このガナカは、直前の詩節ではダイヴァジュニャと呼ばれている。

ソーマデーヴァ（十一世紀後半）の物語集『カターサリトサーガラ』(12.13) にも、占星術師としてのガナカが登場する。ヴァッツアの王ウダヤナはウッジャイニーの王チャンダマハーセーナの娘ヴァーサヴァダッターを妃にしたいと思う。一方チャンダマハーセーナも娘に相応しいのは彼だと思うが、元来敵である彼にやすやすとくれてやるのは誇りが許さない。そこで、トロイの木馬ならぬヴィンドヤ山の象を人工的に作って中に兵士を忍ばせ、象狩の好きなウダヤナを生け捕りにしようとする。その計略にのってウダヤナがいざ出発しようというとき、ガナカたちが、王の出発時の星の位置から、「王様は捕まり、娘を手に入れる」と予言する。ウダヤナはその予言に注意をはらわず出発し、けっきょく予言通りにことが運び、やがてヴァーサヴァダッターと結ばれる。

同書ではこのほか、王の結婚式の日取りの決定にもガナカが関わっている（31. 70, 79など）。また予言能力があるふりをするために、自分の息子が「七日後に死ぬ」と予言し、寝ている息子を自分の手で殺す愚かなガナカの話もある（61. 252）。

ヘーマチャンドラ（十二世紀）の辞書『アネーカアルタサングラハ』（3. 33）では、明確に「ガナカは惑星を知る者の意である」とされる。

しかしこの時代になってもガナカが占星術師に限定されてしまったわけではない。帝王学の書『マーナサウッラーサ』（2. 2. 125）では、国庫の長官が「国庫のガナカ」とも呼ばれている。また『ヤージュニャヴァルキヤ法典』（1. 336）に対する注釈者ヴィジュニャーネーシュヴァラ（十二世紀）も、徴税によって人民を苦しめる「カーヤスタ」を説明して「レーカカとガナカである」という。

このように職業としてのガナカ（計算士）は、古い時代にはもっぱら会計士を指していたが、七世紀頃までには占星術師も意味するようになり、次第にそちらが主になっていったと思われる。しかし、その仕事内容を判断することの難しい場合もある。

パーリ仏典よりさらに古い時代に属すると見られる『ヴァージャサネーイサンヒター』（30. 20）と『タイッティリーヤブラーフマナ』（3. 4. 15）では、プルシャメーダ（人身御供）の際に様々な神格に捧げられる犠牲者のリストにガナカが含まれる。前者ではガナカは海獣の神格に捧げられる。これまでこのガナカも占星術師と解されてきたが、その根拠は不明である。同書ではすでに（30.10）「ナクシャトラダルシャ」（ナクシャトラを見る者、または指し示す者）と呼ばれる占星術師が知恵の神格に捧げられている。『タイッティリーヤブラーフマナ』ではヴィーナー弾き（弦楽器奏者）とともにガナカは歌の神格に捧げられる。歌とガナカの結び付きは奇異な感じもするが、「シュルティ（ヴェーダ文献）の音節や章などの計算を知る人」とする注釈者もいる。

確かにインドでは、詩の韻律や音楽のメロディーとリズムに関連して順列組合せの数学的理論が発達し、『チャンダハスートラ』を初めとする韻律学書や『サンギータラトナーカラ』などの音楽理論書の一部を占めるようになるが、その理論化がいつごろ始まったのかは不明である。

『マハーバーラタ』と並ぶインドの二大叙事詩の一つ『ラーマーヤナ』（1.13.7）では、大掛かりなアシュヴァメーダ（馬祠祭）のためにダシャラタ王がヴァシシュタ仙に集めさせた人々の中にガナカが含まれる。そのリストに含まれるのは、「祭典の執行に練達した長老のバラモンたち、建築の術に長けた工匠、職人、技術屋、大工、土工たち、ガナカ、工芸家、踊りの師匠たち、論典に通暁した博識の人々」（ガナカ以外は岩本裕訳による）である。注釈者たちの多くは、このガナカを「星学を知るガナカ」すなわち占星術師とするが、祭場設営に関するシュルバスートラの数学的知識を持つ人であった可能性もある。

2　ムッダー・ガナナー・サンカーナ（三種の算術）

ガナカ・モッガッラーナが「計算」に類する意味で「ガナナー」と「サンカーナ」の二語を用いていることは前に見たが、パーリ仏典ではこれらに「ムッダー」（muddā＝Skt. mudrā）を加えた三語が一組で用いられる場合がしばしばある。

マッジマニカーヤ（中部経典）13『マハードゥッカカンダスッタ（苦蘊大経）』は、素性の正しいものが生活の糧を得ている技術の諸分野（sippaṭṭhāna＝Skt. śilpasthāna）として、ムッダー、ガナナー、サンカーナ、農業、商業、牧畜、弓術などをあげる。ただし『スッタ』は、これらが苦の原因になるとして否定的である。

ディーガニカーヤ（長部経典）1『ブラフマジャーラスッタ（梵網経）』（1.25）と同2『サーマンナパラスッタ（沙門果経）』60では、位の高い沙門やバラモンたちのなかにも、様々な種類の占いや予言によって生計をたてている者がいるが、ビックはそのような邪悪な生活手段を断つべきである、とする。その邪悪な術のなかに、ムッダー、ガナナー、サンカーナ、詩術、順世論（ローカーヤタ）が含まれる。

「ムッダー」は、サンスクリットのムドラー（印）に対応し、通常は印章、指輪、指のポーズなどを意味するが、ガナナー、サンカーナとともに用いられた場合は、やはりある種の計算を指すらしい。このことは、サンユッタニカーヤ（相応部経典）44『アヴヤーカタサンユッタ（無記説相応）』（1. 13–14）のケーマーの言葉が明瞭に示している。

ある王が、ビックニー（女性出家仏教徒）であるケーマーに、「如来は死後存在しますか、それともしませんか?」と尋ねると、彼女は逆に問い返す。「あなたのガナカ、ムッディカ、あるいはサンカーヤカで誰か、ガンガー河の砂がいくつあるか数えられる者がいますか?」王が、いないと答えると、彼女はさらに、大海の水の量を測ることのできるガナカ、ムッディカ、あるいはサンカーヤカがいますか、と問う。そして、如来は大海の水のように深く測りがたいのです、という。ガナカ、ムッディカ（muddika）、サンカーヤカ（saṅkhāyaka）は、それぞれガナナー、ムッダー、サンカーナを行なう者である。

『サーマンナパラスッタ』14では、ブッダに対するアジャータサット王の質問のなかに、様々な技術（シッパ）を持つ人々が登場する。その中にガナカとムッディカは含まれるが、サンカーヤカへの言及を欠く。「象乗り、馬乗り、戦車の馭者、……（中略）……、奴隷、料理人、床屋、……（中略）……、籠作り、陶工、ガナカ、ムッディカ、その他。」

ムッダー、ガナナー、サンカーナに、レーカー（書）が加わることもある。『ミリンダ王の問い』3では、修練によって眼識が意識を生ずるようになることを、ムッダー、ガナナー、サンカー（saṅkhā）（＝サンカーナ）、レーカーの技術分野において修練によって巧みさが増すことに喩える。

レーカーが加わるかわりに、サンカーナへの言及を欠く場合もある。ヴィナヤピタカ（律蔵）『スッタヴィバンガ（経分別）』パーチッティヤ（2.2）では、種、名、姓、行、技術、病、などの、それぞれのカテゴリーには卑貴の二種があるという。技術の場合、卑技は籠技、陶技、などであり、貴技はムッダー、ガナナー、レーカーなどであるという。

ムッダー、ガナナー、サンカーナなどの技術（シッパ）の優劣について、仏教徒が議論することもあったらしい。クッダカニカーヤ（小部経典）『ウダーナ』3（ナンダ）9では、ビックたちが集まって、ある者は象術こそ技術の筆頭であるといい、またある者は馬術こそ技術の筆頭であるという。このようにして順に話題にのぼる技術は、象術、馬術、車術、弓術、剣術、ムッダー術（muddāsippa）、ガナナ術（gaṇanasippa）、サンカーナ術（saṅkhānasippa）、レーカー術（lekhāsippa）、詩術、順世術、田相術、である。そこへ世尊が来て、このような議論はビックにふさわしくない、ビックに必要なのは、法の談話と尊き沈黙である、と諭す。

このように、パーリ仏典のムッダー、ガナナー、サンカーナはいずれも技術（sippa＝Skt. śilpa）の一分野（thāna＝Skt. sthāna）であった。それらを得意とするガナカ、ムッディカ、サンカーヤカが三者三様に計算技術と関わっていたこと、また王に仕えるムッディカ、ガナカ、サンカーヤカがいたこと、などがサンユッタニカーヤのケーマーの言葉から推論されるが、三者の相違ははっきりしない。日本では（南伝大蔵経など）、

ムッダー＝印算、指算、暗算、符号術

ムッディカ＝手算家、説印者、印契者、印章づき指輪製造人

ガナナー＝算術、暗算

ガナカ＝計理士、主財官、算数家、司暦官

サンカーナ＝目算

サンカーヤカ＝説教者

などと訳されており、定まらない。リス・デイヴィッズは『ミリンダ王の問い』を英訳しながら、

ムッダー＝指の節をしるしとして計算する技術

ガナナー＝純粋な（指を用いない）算術

サンカーナ＝穀物の収穫量をあらかじめ推量する技術

とし、ムッダーは古い技術、ガナナーは新しい技術であり、ちょうど旧術から新術への移行期かもしれないと考える（Sacred Books of East, vol. 35, pp. 91–92）。

確かに、手の指を用いて計算する技術は、少なくともエジプトの古王国時代以来、世界中の様々な民族に知られていたから（G. Ifrah, *The Universal History of Numbers from Prehistory to the Invention of the Computer*, John Wiley, 2000, pp. 47-61.）、ムッダー＝指算はおおいにありうる。ただ、このムッダーという語自体を除けば、古代インドで指算が用いられていたことを証する資料が他にないように思われる。

リス・デイヴィッズがサンカーナに与えた解釈は一見奇異に映るかもしれないが、確かにそれに類する技術が古代インドに存在したことは、『マハーバーラタ』（3.70）から知られる。アヨーディヤーの王リトゥパルナは、ヴィダルバに向けて馬車に乗っているとき、何千何万という実をつけたヴィビータカの木（Terminalia belerica）を見て馭者バーフカ（実はナラ王）にいう。

「見なさい。私にはサンキヤーナに関する最高の能力もある。」

そして、その木の二本の枝になる実の数が二〇九五個であることを、直接数えることなく即座に予言する。バーフカがその枝を切り落として数えてみると、確かに王の言うとおり二〇九五個の実がなっていた。驚くバーフカに王はいう。

「私を、サイの目（アクシャ）の真髄を知る者にして、サンキヤーナに精通した者と心得なさい。」

ここには確かに、大きな数の計算を暗算で行なう技術がある。そしてそれはおそらく、限られたサンプルから全体量を推測する技術とも結び付いている。その意味でこれは「目算」と呼んでいいかもしれない。しかし、サンキヤーナ＝目算かどうかは疑問である。なぜならリトゥパルナは、ムドラー、ガナナーと対比してサンキヤーナという語を使っているわけではない。サンキヤーナは多くの場合むしろ計算を意味する普通の語であり、例えばカウティルヤによれば、髪結い式を終えた王子は他の学問や技芸を習う前に、リピ（文字）とサンキヤーナ（計算）を学ばなければならなかった（『アルタシャーストラ』1.5.7）。これは、いわゆる「読み書きそろばん」に相当するものであろう。また後で見るように（第四章）、ジャイナ経典『ターナンガ』の言及するサンカーナも「基本演算」に始まる十種のトピックから成る算術を指す。したがってせいぜい言えることは、リトゥパルナのサンキヤーナが目算を含むということである。

インドの数学史家ダッタも、ムッダーとガナナーに関してはリス・デイヴィッズの説を受け入れながら、サンカーナは「穀物の収穫量をあらかじめ推量する技術」ではなく、ムッダーとガナナーより高度な算術を指す、とする（*American Mathematical Monthly* 35, 1928, 525）。しかし、本章の冒頭で引用したガナカ・モッガッラーナのサンカーナが初歩的な数詞の暗記から始まっていたことを思い出せば、この解釈にも疑問が残る。

さらに事態を混乱させるのは、『ミリンダ王の問い』7のナーガセーナの言葉である。それは、ムッダーが、指だけではなく文字記号と結び付く可能性も示唆する。尊者ナーガセーナは、記憶が想起、ムッダー、ガナナーなどの十六の形（アーカーラ）で生ずることをミリンダ王（紀元前二世紀にパンジャーブ地方を支配したギリシャ系の王メナンドロスをモデルとする）に説明していう。

「（前略）……どのようにムッダーから記憶が生ずるのか？ 文字（リピ）を訓練した者は、この字（アッカラ）の直後にはこの字をつくるべきであると知る。このようにムッダーから記憶が生ずる。どのようにガナナーから記憶が生ずるのか？ ガナナーを訓練したガナカはたくさんのものも数えることができる。このようにガナナーから記憶が生ずる……（後略）」

ここでは、ムッダー＝文字なのか、それともムッダー＝指の仕草であって、それが文字の記憶に利用されたのか、はっきりしない。もし前者だとすれば、パーリ仏典に関する限り、次のような解釈も不可能ではない。

サンカーナ＝数詞の暗記に始まる初等算数
ガナナー＝算術一般
ムッダー＝筆算、あるいは文字記号を用いる数学しかしいぜんとして、これら三語が一組で用いられたときのそれぞれの正確な意味は不明である。

3 ガニタ（数学）

後世、数学を意味するもっとも一般的な語は「ガニタ」（gaṇita）である。これもガナナーと同じく「群れ」を意味する「ガナ」に由来するが、本来は「計算された」という意味の過去分詞である。

『カターサリトサーガラ』（6.32）には、一匹の死んだ鼠を資本とすることから出発して、やがて富を得た商人の話がある。彼は小さいとき、先生について「文字とガニタ」を学んだとされる。これは「読み書きそろばん」であり、カウティルヤの「文字とサンキヤーナ」に対応するものであろう。

「ガニタ」という語は、いつ頃から過去分詞あるいは形容詞としてだけではなく、計算という意味の名詞として、さらには、算術あるいは数学という学問分野の名として用いられるようになったのだろうか。

ウパニシャッドはヴェーダ文献の最終段階に位置し、精妙な哲学的問題を扱うものも少なくないが、最古層のウパニシャッドの一つ『チャーンドーギヤウパニシャッド』7では、ナーラダがサナトクマーラに教えを請うと、あなたがすでに学んだことは何ですか、それ以上のことを教えましょう、という。そこでナーラダは十八の学術分野を列挙する。そのリストは、『リグヴェーダ』などの四ヴェーダに始まり、史話古伝承（イティハーサプラーナ）、ヴェーダ中のヴェーダ（文法）、祖霊に関すること（ピトリヤ）、天命などとともに、「ラーシ」（度量衡？、rāśi）、「ナクシャトラヴィドヤー」（天文学または占星術？、nakṣatra-vidyā）などを含むが、ガニタもサンキヤーナもない。

カウティルヤの『アルタシャーストラ』（2.7.10: 2.21.15）では、商取引に伴う秤や枡（度量衡）に関連した計算をガニタと呼んでいる。同書によれば、王子は髪結い式のあと「文字とサンキヤーナ」を学び、入門式（十歳頃）が終わって十六歳までに四つの学術、すなわち哲学、ヴェーダ学、実学、政治学、を学ぶとされる（『アルタシャーストラ』1.2-5）。そこには合計十八分野が含まれるが、ガニタはない（表3.1）。

『マハーバーラタ』（1.2.19）では、比例計算のできる人たちを「サンキヤー（数）やガニタの真理を知る人々」と呼んでいる。

『ムリッチャカティカー（土の小車）』の著者シュードラカ（四、五世紀頃）もガニタを学んだとされるが、その取り合わせは一風変わっている。

「リグヴェーダ、サーマヴェーダ、ガニタ、諸学芸（カラー）、象学を知り、シャル

表 3.1.『アルタシャーストラ』の学問分類（王子の課程）

- 学術（vidyā）
  - 哲学（ānvīkṣikī）
    - サーンキヤ（sāṃkhya）
    - ヨーガ（yoga）
    - ローカーヤタ（lokāyata）
  - ヴェーダ学（veda）
    - リグヴェーダ（ṛgveda）
    - サーマヴェーダ（sāmaveda）
    - ヤジュルヴェーダ（yajurveda）
    - アタルヴァヴェーダ（atharvaveda）
    - 史話（itihāsa）
    - ヴェーダ補助学（vedāṅga）
      - 音韻論（śikṣā）
      - 祭事学（kalpa）
      - 文法学（vyākaraṇa）
      - 語源学（nirukta）
      - 韻律学（chandas）
      - 天文学（jyotiṣa）
  - 実学（vārttā）
    - 農業（kṛṣi）
    - 牧畜（pāśupālya）
    - 商業（vāṇijyā）
  - 政治学（daṇḍanīti）

ヴァ（シヴァ神）の恵みで曇りなき両目を得、王としての息子を見（息子に跡を取らせ）、このうえなく立派な馬祀祭（アシュヴァメーダ）を執り行ない、百年と十日の寿命を得、シュードラカは火に入った（葬られた）。」（1.4）

ジャイナ教の伝説上の初代ティールタンカラ（救世主）リシャバは、人々に七二の学芸（カラー）、六四の女性の徳目（マヒラーグナ）、一〇〇の技術（シッパ）、三つの仕事（カンマ）を教えたという。「七二の学芸」

の内容は、「レーカを初めとし、ガニヤを主要なものとし、鳥の鳴き声［による占い］を最後とする。」（『カルパスートラ』1.211）。これは『ジャンブー大陸の知識』（37）の他、ジャイナ経典の中でも中核をなす『サマヴァーヤンガ』（72）にもあり、古くからの伝承らしい。そこでは、七二学芸の最初の三つがレーハ（＝レーカ）、ガニヤ（＝ガニタ）、ルーヴァ（＝ルーパ）とされる。パーリ仏典のレーカ、ガナナー、ルーパに対応するものであろう。

パーリ仏典のガナカに相当するのが百科全書的なジャイナ経典『アヌオーガッダーラ』（496）のガーニアであろう。「言葉（サッダ）を知る者はサッディカ、ガニヤを知る者はガーニア、前兆（ニミッタ）を知る者はネーミッティア、時間（カーラ）を知る者はカーラナーニー、医学（ヴェッジャ）を知る者はヴェッジヤ」であるという。

『アヌオーガッダーラ』と同様に百科全書的な『ナンディー』（45）には、ジャイナ教から見た世間の「邪説」のリストがある。それは二大叙事詩『マハーバーラタ』、『ラーマーヤナ』に始まり、四つのヴェーダで終わる約30項目から成るが、仏教などとともに「レーハ、ガニヤ、鳥の鳴き声」が含まれる。

『カルパスートラ』には、サンカーナへの言及もある。リシャバダッタというバラモンは、マハーヴィーラが自分の妻デーヴァーナンダーの腹に宿ったことを、彼女の見た夢から知って、その子が若くして学ぶであろう学術分野を予想する。そのリストは、四つのヴェーダや六つのヴェーダ補助学など、いわゆるバラモンの学問が中心であるが、中にサンカーナを含む（『カルパスートラ』1.10）。

さらに後で見るように、十二聖典の一つ『ターナンガ』でも、サンカーナとガニヤへの言及がある。それによれば、サンカーナは十種のトピックから成り、ガニヤはバンガ（分類）すなわち順列組合せとともに十種の繊細で精妙なものの中に数えられる（第四章参照）。サンカーナとガニヤの違いもガニヤの意味するものもはっきりしないが、十種のトピック、すなわち下位区分を持つサンカーナは学問分野と考えてよい。

アールヤバタの天文書『アールヤバティーヤ』（西暦四九九）では、数学を対象とする第二章を「ガニタに関する四半分」と名付けている（第五章参照）。六世紀のヴァラーハミヒラは星学（ジョーティヒシャーストラ）を、数理天文学（ガニタまたはタントラ）、ホロスコープ占星術（ジャータカまたはホーラー）、および吉凶占い一般（サンヒター）の三つの幹（スカンダ）からなるものとした（『ブリハトサンヒター』2.(2)）。

以上見てきたように、インドでは紀元前四、五世紀から紀元後の四、五世紀にかけて計算技術すなわち算術を指す語として、ムッダー（ムドラー）、ガナナー、サンカーナ（サンキヤーナ）、ガニヤ（ガニタ）があった。

それぞれの意味するものは必ずしも明瞭ではないが、これらの中で最後のガニタが五世紀頃までに、学問分野としての数学を意味するようになる。次章で見るように、そのガニタの初期の発達にジャイナ教徒が重要な役割を果たした可能性が大きい。

第四章　ジャイナ教徒の数学

ジャイナ教は仏教の開祖ゴータマ・ブッダと同時代のヴァルダマーナ・マハーヴィーラによって開かれた宗教で、仏教以上に厳しい不殺生戒を持ち、徹底した禁欲苦行主義で知られる。その厳格な不殺生戒は在家信者の職業に影響を与え、田畑の虫を殺す恐れのある農業や魚を捕る漁業などの一次産業に従事する者は少なく、金融業を含む商業や手工業につく者が多かったといわれる。

ヴェーダの祭式に関連した数学的知識は、その担い手が祭官たちであったか職人たちであったかは別として、祭場設営のためのシュルバスートラに結実したが、ヴェーダの祭式を否定したジャイナ教徒の数学的知識は、哲学と宇宙論の中に活路を見いだすことになる。哲学には無限論、2を底とする指数法則などの数論的知識が、また宇宙論には円や弧の測量、三角形の相似を利用した計算、などの幾何学に加えて数列の知識が見られる。さらに、これはジャイナ教徒に限らず古代インド文化一般に言えることであるが、彼らの知的活動全般を通じて、順列組合せ列挙の問題への強い関心が窺われる。

ジャイナ経典の多くはプラークリット（俗語）で伝承されているが、本章では書名以外は原則として対応するサンスクリットに置き換える。

三世紀（一説には四―五世紀）の作とされるジャイナ教の準経典『アヌオーガッダーラ（aṇuogaddāra）』（探求の門）によれば、ジャイナ聖典（アーガマ、シュルタ）の言葉を正しく理解するための手順を示すものとして、次のような四つの「門」があった。

1 概論（ウパクラマ）：検討の対象となる様々な概念を分類整理する。
2 設定（ニクシェーパ）：個々の言葉に意味を設定するいくつかの方法を検討する。
3 随伴（アヌガマ）：聖典の文章（文脈）に沿って言葉の意味を検討する。
4 観点（ナヤ）：一つの言葉や問題を異なる観点から検討する。

その第一の門である「概論」は、さらに六つの門に分かれる。すなわち、順序（アーヌプールヴィー）、名称（ナーマン）、基準（プラマーナ）、教え（ヴァクタヴヤター）、論題（アルターディカーラ）、包摂（サマヴァターラ）、の各門である。これらのうち、「順序の門」と「基準の門」が特に興味深い。「順序の門」には順列の数に関する知識が、また「基準の門」には様々な単位名称のほか、「無限」を含む数の分類が見られる。

1 順列組合せ列挙

「順序の門」では、名称、措定（スターパナー）、質料（ドラヴヤ）、場（クシェートラ）、時間（カーラ）など十種の概念に関する順序が扱われるが、それらのうち質料に関して述べられる順列の数の計算法を見よう。

ジャイナ教の存在論では、実在体（アスティカーヤ）はまず霊魂（ジーヴァ）と非霊魂（アジーヴァ）に分かれ、非霊魂はさらに運動条件（ダルマ）、制止条件（アダルマ）、空間（アーカーシャ）、物質（プドガラ）に分かれる。さらにこれらに究極の時間単位サマヤを加えた六つのカテゴリーを「質料」とするが、これら六つのカテゴリーには次の三種の順序があるとする（『アヌオーガッダーラ』131）。

1 最初からの順序（運動条件、制止条件、空間、霊魂、物質、サマヤ）

2 最後からの順序（サマヤ、物質、霊魂、空間、制止条件、運動条件）

3 無順序

そして「無順序」といわれるものの個数の計算を次のように教える。

「1を初項とし1を公差とする項数6の数列で、互いに掛け合わせ、2を引くと、無順序［の個数］である。」（134）

ここで2を引くのは、「最初からの順序」と「最後からの順序」を別にしているからであって、それらも含めたら、異なるn個のものを一列に並べる順列の数が、

$1\cdot 2\cdot 3\cdot \cdots \cdot n$

表 4.1.1. 3人の住人を7層のナラカに割り当てる法(1)3人一緒

宝石奈落	砂利奈落	砂奈落	泥奈落	煙奈落	闇奈落	暗闇奈落	番号
3							(1)
	3						(2)
		3					(3)
			3				(4)
				3			(5)
					3		(6)
						3	(7)

表 4.1.2. 3人の住人を7層のナラカに割り当てる法(2)1人と2人

宝石奈落	砂利奈落	砂奈落	泥奈落	煙奈落	闇奈落	暗闇奈落	番号
1	2						(1)
1		2					(2)
1			2				(3)
1				2			(4)
1					2		(5)
1						2	(6)
2	1						(7)
2		1					(8)
2			1				(9)
2				1			(10)
2					1		(11)
2						1	(12)
	1	2					(13)
	1		2				(14)
	1			2			(15)
	1				2		(16)
	1					2	(17)
	2	1					(18)
	2		1				(19)
	2			1			(20)
	2				1		(21)
	2					1	(22)
……………………中略 ……………………							
				1	2		(37)
				1		2	(38)
				2	1		(39)
				2		1	(40)
					1	2	(41)
					2	1	(42)

表 4.1.3. 3人の住人を7層のナラカに割り当てる法(3)全部別

宝石奈落	砂利奈落	砂奈落	泥奈落	煙奈落	闇奈落	暗闇奈落	番号
1	1	1					(1)
1	1		1				(2)
1	1			1			(3)
1	1				1		(4)
1	1					1	(5)
1		1	1				(6)
1		1		1			(7)
1		1			1		(8)
1		1				1	(9)
……………………中略……………………							
	1	1	1				(16)
	1	1		1			(17)
	1	1			1		(18)
	1	1				1	(19)
……………………中略……………………							
			1	1	1		(32)
			1	1		1	(33)
			1		1	1	(34)
				1	1	1	(35)

であることを、右の文章の著者が知っていたことは明らかである。

ジャイナの十二聖典の一つ『バガヴァティー（Bhagavatī）』(9. 32) には、組合せの数を扱った箇所がある。そこでは、ラトナプラバー（宝石の輝き）などの名で呼ばれる七層のナラカ（奈落）に一人、二人、三人……十人、可算人、不可算人などの人数の住人を割り当てる仕方がそれぞれ何通りあるかを論じている。その数えかたにはまだ素朴な面もあり、数学的に洗練されているとはいえないが、可能な場合の数を漏れなくかつ重複なく列挙する方法に習熟していたことは確かである。その列挙順序は、六世紀のヴァラーハミヒラが吉凶占いの書『ブリハトサンヒター』(76. 22cd)とホロスコープ占いの書『ブリハッジャータカ』(13. 4cd)で教えている「土塊(標識)による展開(ローシュタカプラスターラ)」と呼ばれる方法で得られる順序と同じである。

例えば、三人の住人を七層のナラカに住まわせるには、

(1) 三人一緒
(2) 一人と二人
(3) 全部別

の三通りの場合がある。『バガヴァティー』はそれぞれの場合を言葉で列挙しているが、それを表にしたのが表4.1.1~3である。

2 基準の門

前に掲げた「概論」の六つの門のうち、三番目の「基準の門」には四種あるという。質料の基準、場の基準、時間の基準、状態(バーヴァ)の基準である。

最後を除く三つの「基準」にはそれぞれ理論的なものと現実的なもの二種類がある。理論的な「質料の基準」と「場の基準」はプラデーシャと呼ばれる空間の究極の単位であり、それは一個の原子(パラマーヌ)が占める位置に対応する。理論的な「時間の基準」は、

時間の究極の単位サマヤである。

現実的な「質料の基準」は重量単位が主であるが、個々の量られる物質と密接に結びついた長さの単位、例えば家に対するハスタ、いた長さの単位、例えば家に対するハスタ、土地に対するダンダ、なども含まれる。さらには、お金という物を数えるときに必要だからという理由で、一(エーカ)から一千万(コーティ)までの数詞も「質料の基準」に入れられる。

原子論

仏教徒と同様、ジャイナ教徒も精緻な原子論を発達させた。物質世界を構成する究極の微粒子が極微(パラマ・アヌ)すなわち原子である。『バガヴァティー』(5.7)などによると、一個の原子には部分はなく、ただ全体があるのみである。原子は質料の究極の単位であるが、一個の原子が占める空間が、場の究極の単位プラデーシャである。

原子は二個以上結合して、二原子分子などの分子(スカンダ)となる。n個の原子が結合してn原子分子が作られるとき、その分子が占める空間は、一プラデーシャからnプラデーシャまで様々であるが、一プラデーシャのとき、その結合を凝集(サンコーチャ)または精緻な変換(スークシュマ・パリナーマ)といい、二プラデーシャ以上のとき分散(ヴィコーチャ)または粗な変換(バーダラ・パリナーマ)という。

一個の分子は、どんなに多くの原子から作られていても、一プラデーシャに凝集している場合、目に見えない。可視となりうるのは二プラデーシャ以上に分散しているときである。また、一個の原子あるいは一プラデーシャの分子の有する性質は、一つの色、一つの匂い、一つの味、二つの感触（粗いか滑らかか、冷たいか熱いか）に限られる。ジャイナ教徒が物質に認める全性質（五色、二香、五味、八触）が現われうるのは、二プラデーシャ以上を占める分子である、という。

長さの単位

長さの諸単位は、「場の基準」の中で詳しく与えられる。それによれば、長さの基本単位であるアングラ（指）には、「自分のアングラ」、「高さのアングラ」、「基準のアングラ」の三種がある。

「自分のアングラ」は文字通り、各自の指の幅であり、人によって異なる現実的な単位である。それに対して「高さのアングラ」は、一個の原子から出発して一連の定義の系列によって与えられる理論的な単位である（表4.2）。ここでは、微細（スークシュマ）な原子と現実的（ヴヤーヴァハーラ）な原子を区別する。また、デーヴァクル国などは実在のバーラタ国（インド）などとともにジャンブー大陸を構成するとみなされた想像上の国であ

表 4.2. 長さの単位(高さのアングラ,『アヌオーガッダーラ』339-344)

無限倍の無限個の微細な原子=1 個の現実的原子

無限個の現実的原子=1 極微細分子(ウッチュラクシュナシュラクシュニカー)

8 極微細分子=1 微細分子(シュラクシュナシュラクシュニカー)

8 微細分子=1「上方の塵」(ウールドヴァレーヌ)

8「上方の塵」=1「動く塵」(トラサレーヌ)

8「動く塵」=1「車の塵」(ラタレーヌ)

8「車の塵」
=1「デーヴァクル国とウッタラクル国に住む人の毛の先端(バーラアグラ)」

8「デーヴァクル国とウッタラクル国に住む人の毛の先端」
=1「ハリ国とラムヤカ国に住む人の毛の先端」

8「ハリ国とラムヤカ国に住む人の毛の先端」
=1「ハイマヴァタ国とハイランヤヴァタ国に住む人の毛の先端」

8「ハイマヴァタ国とハイランヤヴァタ国に住む人の毛の先端」
=1「東ヴィデーハ国と西ヴィデーハ国に住む人の毛の先端」

8「東ヴィデーハ国と西ヴィデーハ国に住む人の毛の先端」
=1「バーラタ国とアイラーヴァタ国に住む人の毛の先端」

8「バーラタ国とアイラーヴァタ国に住む人の毛の先端」=1 虱の卵(リクシャー)

8 虱の卵=1 虱(ユーカ)

8 虱=1「大麦(ヤヴァ)の実の横幅」

8「大麦の実の横幅」=1「高さのアングラ」

る。「基準のアングラ」は、このように定義された「高さのアングラ」の千倍とされる(空衣派では五百倍)。そして、これら三種のアングラのそれぞれの上に、パーダからヨージャナまでの単位が定義される(表4.3)。

これら三つの長さの単位系は、それぞれ用途が異なる。「自分のアングラ」系列は日常の計測に用いられる。それに対して「高さのアングラ」系列と「基準のアングラ」系列は、非日常的、宇宙論的単位系である。前者は主として上界、中界、下界に住む生き物の身体の大きさを、また後者は大陸、海、山脈、国などの地理的大きさを表現するのに用いられる。

表 4.3. 長さの単位(3系列共通名称,『アヌオーガッダーラ』335,345,359)	
6アングラ=1パーダ(足)	2ククシ=1ダヌス(弓)
2パーダ=1ヴィタスティ(スパン)	2000ダヌス=1ガヴユーティ
2ヴィタスティ=1ラトニ(ひじ)	4ガヴューティ=1ヨージャナ(結ぶこと)
2ラトニ=1ククシ(腹)	

さらに三種のアングラのそれぞれには、次元に応じて、線形(スーチー)、面状(プラタラ)、固形(ガナ)の三種のアングラがあるという。線形アングラは長さ一アングラのプラデーシャ(場の単位)の列である。そこには無限個のプラデーシャが一アングラの長さだけ一列に並んでいる。一面状アングラは一線形アングラの一線形アングラ倍であり、一固形アングラは一面状アングラの一線形アングラ倍である。したがって、面状アングラは線形アングラの、固形アングラは面状アングラの、無限倍であるとされる。

時間の単位

理論的な時間の基準であるサマヤは、興味深い喩えを用いて説明される。要約すれば次のような話である(『アヌオーガッダーラ』366)。

ある仕立て屋の息子がいたと思いなさい。彼は、若く強く健康で、ターラの木のような太くて屈強な腕を持っている。また賢く学問があり細かい仕事にも有能である。要するに肉体的にも精神的にも申し分がない。その彼が、大きな綿布あるいは絹布から、一瞬のうちに一ハスタの長さの部分だけ引きちぎったとしよう。それに要する時間がサマヤだろうか？　いや、そうではない。綿布や絹布は可算個だが多くの糸がよりあわされてできている。上の糸を切っているとき、下の糸はまだ切れていない。だからそれは複数の時を含むからサマヤとはいえない。では上の糸一本を切るのに要する時間がサマヤだろうか？　いや、そうではない。一本の糸は可算個だが多くの繊維でできている。上の繊維が切られているとき、下の繊維はまだ切れていない。だからそれは複数の時を含むからサマヤとはいえない。では上の繊維一本を切るのに要する時間がサマヤだろうか？　いや、そうではない。一本の繊維は無数の分子からできている。上の分子一個が壊されているとき、下の分子はまだ壊されていない。だからそれは複数の時を含むからサマヤとはいえない。サマヤは、それよりもはるかに微細である。およそこのような話である。

他の単位は、この理論的な単位サマヤから出発して順に定義されるが、途中からムフールタなどの日常的、現実的な時間単位が現われ、やがて再びプールヴァアンガなどの非日常的、宇宙論的な時間単位になる（表4.4）。

さらには、喩えによってしか表現できないような時間単位もある。「穀倉の喩え（パルヤウパマ）」および「海の喩え（サーガラウパマ）」と呼ばれる時間単位がそれである（『アヌオーガッダーラ』368–426）。

表 4.4. 時間の単位系（『アヌオーガッダーラ』367）

無限個のサマヤ=1アーヴァリカー（列）
可算個のアーヴァリカー=1呼気
=1吸気
1呼気+1吸気=1呼吸
7呼吸=1ストーカ（微量）
7ストーカ=1ラヴァ（小片）
77ラヴァ=1ムフールタ
30ムフールタ=1昼夜
15昼夜=1翼（半月）
2翼=1月
2月=1季節
3季節=1行（太陽は夏至から冬至まで南行し，冬至から夏至まで北行する）

2行=1年
5年=1ユガ
20ユガ=1百年
10百年=1千年
100千年=1十万年
84十万年=1プールヴァアンガ
84十万プールヴァアンガ=1プールヴァ（以下，まったく同じ換算率で，トゥリヤアンガ，トゥリヤ，アララアンガ，アララ，アパパアンガ，アパパ，など26の単位が続く．最後は，）
84十万シールシャプラヘーリカーアンガ=1シールシャプラヘーリカー（したがって，1シールシャプラヘーリカー=$8{,}400{,}000^{28}$年）

直径一ヨージャナ、高さ一ヨージャナの円筒形の穀倉（パルヤ）がある。その中に、生えて七日以内の若い毛髪の先端をぎっしりつめる。もちろん、それは風でとんだり腐ったりしない。その毛髪の先端を一サマヤに一個の割合で取り出すとき、その穀倉を空にするのに要する時間を「抽出穀倉の喩え」（ウッダーラパルヤウパマ）、また一〇〇年に一個の割合で取り出すとき、穀倉を空にするのに要する時間を「時穀倉の喩え」（アッダーパルヤウパマ）という。正確に言うとこれらはそれぞれ、「現実的」抽出穀倉の喩え、「現実的」時穀倉の喩えであり、その毛髪の先端がさらに無限個に分割されている場合を、「観念的」抽出穀倉の喩え、「観念的」時穀倉の喩えという。また、毛髪の先端そのものではなく、それらによって占められている空間の究極の単位プラデーシャを一サマヤに一個の割合で取り出す場合を、現実的「場」穀倉の喩えという。さらに、毛髪の先端を無限個に分割したうえで、それらによって占められているプラデーシャと占められていないプラデーシャ（要するにすべてのプラデーシャ）を取り出す場合を、「観念的」場穀倉の喩え、という。このように、穀倉の喩えには六種類ある。

「海の喩え」は「穀倉の喩え」の10^{14}（コーターコーティ）倍と定義される（10^{15}倍のときもある）。したがって、どの「穀倉の喩え」を基準にするかによって、「海の喩え」にも、抽出、真、場の区別と、現実的、観念的の区別が生ずる。

3　数の分類

さて、最後の「基準」である状態の基準には、性質（グナ）の基準、観点（ナヤ）の基準、サンキヤー（saṃkhyā）の基準、の三種類があるとされる。そしてそのサンキヤーの基準はさらに八種類に分かれるという。すなわち、名称、措定、質料、比較（アウパムヤ）、範囲（パリマーナ）、知識（ジュニャーナ）、勘定（ガナナー）、本性（バーヴァ）、の各々に関するサンキヤーである。これらの中で、「勘定に関するサンキヤー（数）」は様々な「無限」をも含み、数学的に興味深い。それは次のように分類される（『アヌオーガッダーラ』497–519）。

まず、ジャイナ教徒は1を「勘定に関するサンキヤー」に含めない。なぜなら、私たちは一個のものは数えず、数える（ガナナー）という行為は二個のものから始まるからである。したがって、「勘定（ガナナー）に関するサンキヤー」は2から始まる。周知のように、古代ギリシャでも1は「単位（モナス）」であって、単位の集まりである数（アリトモス）は2から始まるとされていた。

2以上の数、すなわち「勘定に関するサンキヤー」は、大きく三つの集合に分かれる。可算（saṃkhyeya）すなわち数えられる数、不可算（asaṃkhyeya）すなわち数えられない数、無限（ananta）すなわち限りのない数、の三種がそれである。不可算はさらに、限定不可算（parīta-）、固有不可算（yukta-）、不可算的不可算（asaṃkhyeya-asaṃkhyeya）、の三種に分かれ、無限はさらに、限定無限、固有無限、無限的無限（ananta-ananta）、の三種に分かれる。そして、可算、三種の不可算、三種の無限のそれぞれの集合には最低値（jaghanya）と最高値（utkṛṣṭa）があるとされ、それらは表4.5のように定義される。ただし、最後の無限的無限の集合には最高値がない。

これら、可算、不可算、無限のシステムは、全体として限定不可算の集合の最低値（a）に依存している。つまり、この値を起点として、固有不可算、不可算的不可算、などの最低値（b,c,d,e,f）が順に定まり、それらから1を引くことによって、先行する集合の最高値が定まる、という仕組みになっている。

限定不可算の最低値（a）は、喩えによって説明される。その喩えは『アヌオーガッダーラ』などの古い文献では細部が不明瞭であるため、後世、少しずつ異なる解釈を生みだしている。したがって手順の細部に曖昧さは残るが、数学的にはおそらく次のように解釈してよいだろう。

四つの穀倉（パルヤ）があり、それらは不定穀倉、棒穀倉、毎棒穀倉、大棒穀倉と名付けられている。ここではそれらを順に、A、S、P、M、としよう。それらは四つとも同じ大きさの円筒形であり、直径十万ヨージャナ、高さ千ヨージャナであるという。十万ヨージャナはジャンブー大陸の直径

表4.5.勘定に関するサンキヤー(数)

可算		最低	2
		中間	$3,4,\cdots,a-2$
		最高	$a-1$
不可算	限定不可算	最低	a
		中間	$a+1,a+2,\cdots,b-2$
		最高	$b-1$
	固有不可算	最低	$b=a^a$
		中間	$b+1,b+2,\cdots,c-2$
		最高	$c-1$
	不可算的不可算	最低	$c=b'^{b'}\ (b'=b^2)$
		中間	$c+1,c+2,\cdots,d-2$
		最高	$d-1$
無限	限定無限	最低	$d=c^c$
		中間	$d+1,d+2,\cdots,e-2$
		最高	$e-1$
	固有無限	最低	$e=d^d$
		中間	$e+1,e+2,\cdots,f-2$
		最高	$f-1$
	無限的無限	最低	$f=e'^{e'}\ (e'=e^2)$
		中間	$f+1,f+2,\cdots$
		最高	存在しない

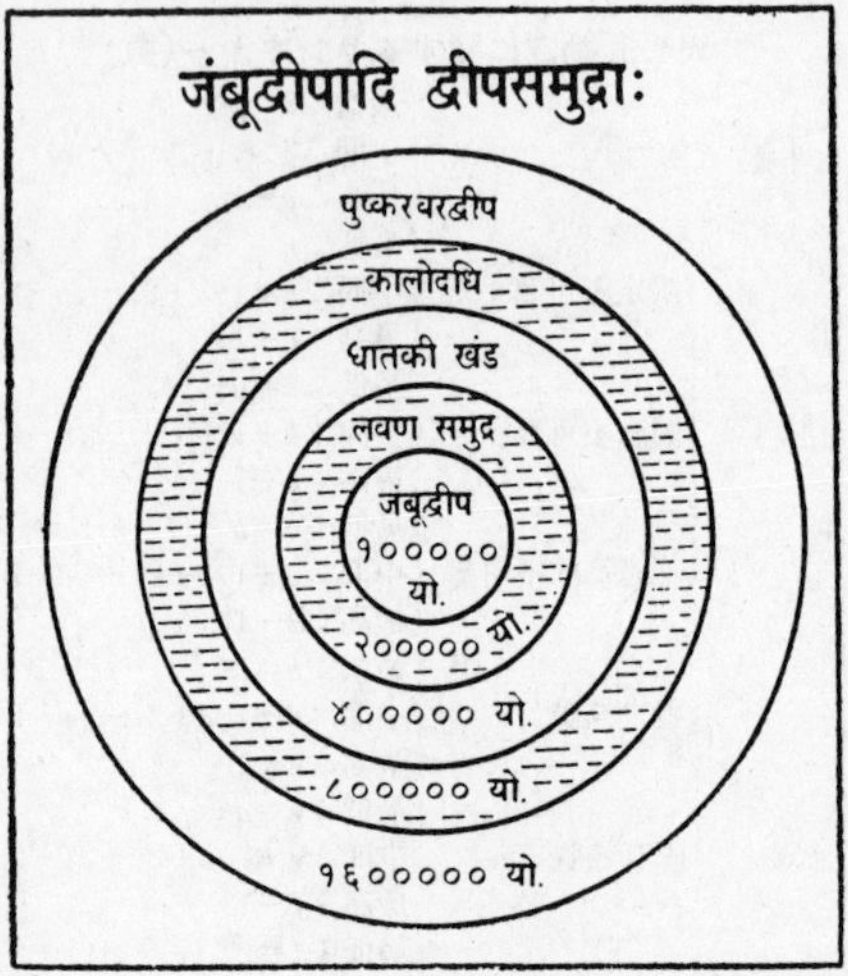

図4-1　ジャイナ教宇宙論の大陸と海　中心から順にジャンブー大陸、ラヴァナ海、ダータキー大陸、カーラ海、プシュカラヴァラ大陸（*Jambūdvīpa-laghusaṅgrahaṇī*, Khambhat, 1988, p. 13）

に等しい。

ジャイナ教の宇宙論では、世界の中央にジャンブー大陸という円盤状の大陸があり、その中心には宇宙の軸としてのメール山（須弥山）がそびえ、南端には弓形をしたバーラタ国すなわちインドがある。ジャンブー大陸は、幅二十万ヨージャナのラヴァナ海（塩の海）に取り囲まれている。大陸と海はこれだけではない。そのラヴァナ海は、幅四十万ヨージャナの大陸に取り囲まれ、その大陸は、さらに幅八十万ヨージャナの海に取り囲まれ、というふうに、初項十万、公比2の等比数列で増大する幅を持った大陸と海が、同心円状に限りなく続く（図4-1）。

さて今、その不定穀倉（A）に白辛子の種（シッダールタカ）をいっぱいに詰めたとき、種の数がNであったとする。次にその種を、ジャンブー大陸を初めとする大陸と海に、内側から順に一つずつ置いてゆけば、Nが奇数なら大陸で終わり、偶数なら海で終わる。そこで、その最後の種が置かれた大陸または海の外周を底面の周とし、高さを千ヨージャナとする円筒形の穀倉を作り、それに白辛子の種をいっぱいに詰める。これもまた不定穀倉と呼ぶ。ここではその穀倉をA_1とし、その中の種の数をA_1としよう。そこで、次の操作を行なう。

（1）第i番目の不定穀倉A_iの中のA_i個の種を、ジャンブー大陸を初めとする大陸と海に内側から順にひとつずつ置いてゆく。

（2）A_iが空になったとき、棒穀倉（S）に白辛子の種を一個投ずると同時に、A_iの最後の種が置かれた大陸または海の外周を底面の周とし、高さを千ヨージャナとする円筒形の穀倉（A_{i+1}）を作り、それに白辛子の種をいっぱいに詰める。

（3）これら（1）と（2）を繰り返し、Sがいっぱいになったら、毎棒穀倉（P）に種を一個投ずるとともに、最初にAに対して行なったと同様、Sの中の種をジャンブー大陸を初めとする大陸と海に投じ、再び（1）と（2）を繰り返す。

（4）これら（1）、（2）、（3）を繰り返し、Pがいっぱいになったら、大棒穀倉（M）

表 4.6. 四つの穀倉の種子の個数の変化

A	S	P	M
A_1	1	0	0
A_2	2	0	0
・	・	・	・
A_N	N	0	0
A_{N+1}			
A_1	1	1	0
・	・	・	・
A_N	N	1	0
A_{N+1}			
A_1	1	2	0
・	・	・	・
A_N	N	2	0
A_{N+1}			
………中略………			
A_1	1	N	0
・	・	・	・
A_N	N	N	0
A_{N+1}			
A_1	1	0	1
・	・	・	・
A_N	N	0	1
A_{N+1}			
A_1	1	1	1
・	・	・	・
A_N	N	1	1
A_{N+1}			
………中略………			
A_1	1	N-1	N
・	・	・	・
A_N	N	N-1	N
A_{N+1}			
A_1	1	N	N
・	・	・	・
A_N	N	N	N
A_{N+1}			

に種を一個投ずるとともに、Pを空にし、再び（1）、（2）、（3）を繰り返す。

（5）これら（1）、（2）、（3）、（4）を繰り返し、Mがいっぱいになったら、そこで操作を終わる。

このようにして、最後に満杯になった穀倉S、P、M、の中の種、および途中に生じたすべての不定穀倉にいったん詰められた種を合計すると、限定不可算の最低値（a）になる、という。

Mの中の種の個数は0からNまで変わるが、その各々に対して、不定穀倉A_1、……、A_{N+1}が（N+1）回作られるから、全体では、

$$a = (A_1 + A_2 + A_3 + \cdots\cdots + A_{N+1})(N+1)^2 + 3N$$

ところで、Aの直径をDとすれば、A_iの直径D_iは、

$$D_i = D + 4D + 8D + 16D + \cdots\cdots + 2^{A_{i-1}}D = (2^{A_{i-1}+1} - 3)D$$

$$(D = 100{,}000 \text{ ヨージャナ})$$

ただし、$A_0 = N$である。A_iの高さはすべてAの高さに等しいから、A_iとAの体積の比、すなわち含まれる種の個数の比、は直径の平方の比に等しい。

したがって、

$$A_{i+1} = N({D_{i+1}}^2/D^2) = N(2^{A_i+1} - 3)^2$$

によって順次$A_1 \cdots\cdots A_{N+1}$をNで表すことができる。

以上の解釈が正しいとすれば、このようにして得られる限定不可算の最低値(a)は、それがいかに途方もなく大きいとしても有限の値であるから、それの冪《べき》などによって定義される種々の「不可算」や「無限」も、実際はみな可算かつ有限ということになる。しかし穀倉や喩えはあくまで比喩であって、その意図するところは、今日の言葉でいえば、自然数全体の個数に等しい「可算無限」($\aleph_0$)であったかもしれない。

ジャイナ教徒の用いるこの比喩は、アルキメデスの『砂粒を数える者』を思い出させる。その中で彼は、ジャイナ教徒とよく似た、宇宙に砂粒を満たすという主題を扱っているが、

彼の論点はジャイナ教徒の場合と正反対に、宇宙いっぱいに詰められた砂粒でさえも有限であるから、適当に階層的な数名称を設定すれば簡単に表現できる、という点にある。

4 宇宙論

ここで、『ジャンブー大陸の教え（Jambuddīvapaṇṇatti）』、『三界の教え（Tiloyapaṇṇatti）』などによって、ジャイナ教の宇宙論と数学の関わりを見よう。『ジャンブー大陸の教え』は、『太陽の教え（Sūriyapaṇṇatti）』、『月の教え（Caṃdapaṇṇatti）』などとともに、伝統的にジャイナ教の開祖マハーヴィーラに帰される経典である。その内容のどれほどが実際にマハーヴィーラのものか疑問であるとしても、遅くとも五世紀後半のヴァラビーで行なわれた第三回結集までには今日見られる形になっていたと考えられる。また『三界の教え』の著者ヤティヴリシャバも五、六世紀頃（一説には二世紀）の人である。ただし九世紀初頭に至る後世の挿入もわずかながら含まれるとされる。

ジャイナ教の宇宙論は、当然のことながら日本でよく知られている仏教やヒンドゥー教の宇宙論と共通の文化的基盤に立脚するので、それらと多くの類似点をもっているが、太陽、月、その他の天体をそれぞれ複数個ずつ考えるという点と、きわめて数量的であるという点で際だっている。

表 4.7. 長さの単位(『三界の教え』1.102-106;114-116)

無限倍の無限個の原子(paramāṇu)=1 アヴァサンナーサンナ分子
8 アヴァサンナーサンナ分子=1 サンナーサンナ分子
8 サンナーサンナ分子=1 トルタレーヌ(分散塵)
8 トルタレーヌ=1 トラサレーヌ(動く塵)
8 トラサレーヌ=1 ラタレーヌ(車の塵)
8 ラタレーヌ=1 ウッタマボーガブーミバーラアグラ(高享受地での毛の先端)
8 ウッタマボーガブーミバーラアグラ=1 マドヤマボーガブーミバーラアグラ(中享受地での毛の先端)
8 マドヤマボーガブーミバーラアグラ=1 ジャガンヤボーガブーミバーラアグラ(低享受地での毛の先端)
8 ジャガンヤボーガブーミバーラアグラ=1 カルマブーミバーラアグラ(業地での毛の先端)
8 カルマブーミバーラアグラ=1 リクシャー(虱の卵)
8 リクシャー=1 ユーカ(虱)
8 ユーカ=1 ヤヴァ(大麦)
8 ヤヴァ=1 アングラ(指)
6 アングラ=1 パーダ(足)
2 パーダ=1 ヴィタスティ(スパン)
2 ヴィタスティ=1 ハスタ(腕)
2 ハスタ=1 キシュク(腕)
2 キシュク=1 ダヌス(弓)またはダンダ(杖)
2000ダヌス=1 クローシャ(叫び)
4 クローシャ=1 ヨージャナ(結ぶこと)

ジャイナ教では空間（アーカーシャ）を世界空間（ローカ・アーカーシャ）と非世界空間（アローカ・アーカーシャ）に分ける。世界空間は、霊魂、運動条件、静止条件、空間、物質、時間などの質料によって満たされており、その周りを限りのない非世界空間、すなわち空間以外の実体の存在しない純粋空間がとりまく。厳密にいうと、世界空間と非世界空間の間には、三層の静止した風の帯（ヴァータヴァラヤ）があるといわれる。

三界

『三界の教え』(I. 133-266) その他によれば、世界空間は、上界(ウールドヴァローカ)、中界(マドヤローカ)、下界(アドーローカ)の三つに分かれる。高さは順に、七ラッジュ引く十万ヨージャナ、十万ヨージャナ、七ラッジュ、したがって合計十四ラッジュである。つまり、上界と中界を合わせると下界と同じ七ラッジュであり、中界は上界の下にはりついた形となっている。ヨージャナは日常的な距離の単位であるが、ラッジュ(通常「ロープ」を意味する)は長さの単位としては珍しい。

宇宙論のラッジュは次のように定義される。例えばある書では、神は人間が瞬《まばた》きをする間にジャンブー大陸の直径に等しい十万ヨージャナ進むことができるが、その神が六カ月間で進む距離が一ラッジュである、という。あるいはまた、神が千バーラの重さの熱せられた鉄球を投下したとき、六カ月、六日、六プラハラ、六ガティカーの間に飛ぶ距離が一ラッジュである、という(Kapadia, *Ganitatilaka*, intro., p. 46)。バーラは約百キログラム、プラハラは昼と夜をそれぞれ四等分したもの、ガティカーは一日の六十分の一である。

さて空衣派の三界では、南北の長さはどこでも七ラッジュであるが、東西の幅は高さに応じて異なる。下界の底面の幅は七ラッジュであり、そこから次第に狭くなり、下界の上面では一ラッジュになる。それは中界の底面でもある。そこから再び広がり始め、中界の上面、すなわち上界の底面を過ぎても広がり続け、三・五ラッジュ上がった所で上界の最大幅五ラッジュに至り、そこから次第に狭くなり、上界の上面では再び一ラッジュになる（図4-2）。三界合わせた体積は三四三立方ラッジュである。このように、空衣派の世界空間は断面が台形の三つの角柱を横にして重ねたものだが、白衣派のそれは三つの円錐台を重ねたものであり、裾の広がったスカートをはき、ときにパラソルを手に持った女性の姿によって象徴的に表現されることもある。歴史的には後者が古いらしい。

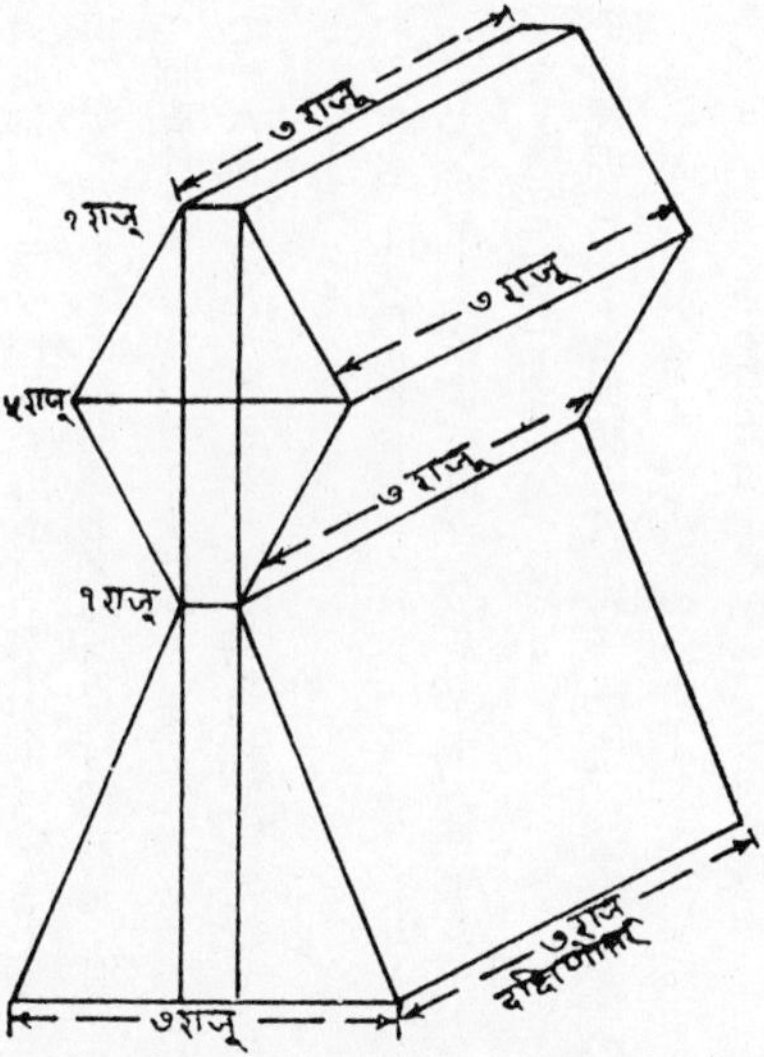

図4-2　ジャイナ教空衣派の三界（*Tiloyapaṇṇattī* ed. by C. Pāṭanī, Koṭā: Digambara Jaina Mahāsabhā, 1984, p. 38）

　中界には、無数の大陸と海が交互に同心円状に並んでいるが、その中央にジャンブー大陸という円形の大陸があり、その南端にバーラタ国すなわちインドがある。またジャンブー大陸の中央にはメール山（須弥山）がそびえ、その周囲を大地と平行に太陽、月、その他の天体がそれぞれの高さと半径で回転する。ジャンブー大陸の各地方に昼をもたらす太陽は二つあり、メール山をはさんで一八〇度離れたままそれぞれが二日で一回転する。夜をもたらす月も同様である。

ジャンブー大陸の幾何学

ジャンブー大陸は、直径（d）が十万ヨージャナの円盤である。

d = 100,000 ヨージャナ

その周囲（c）と面積（A）は、『ジャンブー大陸の教え』(3; 158) 等の経典によれば、

c_1 = 316227 ヨージャナ 3 クローシャ 128 ダヌス 13 1/2 アングラ強

A_1 = 7905694150 ヨージャナ（平方単位）

であり、『三界の教え』(4.50–57; 4.58–64) によれば、

c_2 = 316227 ヨージャナ 3 クローシャ 128 ダンダ 13 アングラ 5 ヤヴァ 1 ユーカ 1 リクシャー 6 カルマブーミバーラアグラ 7 マドヤマボーガブーミバーラアグラ 5 ウッタマボーガブーミバーラアグラ 1 ラタレーヌ 3 トラサレーヌ 2 サンナーサンナ分子 3 アヴァサンナーサンナ分子、余り 23213/105409

A_2 = 7905694150ヨージャナ 1クロージャ 1553ダンダ 13アングラ 6ヤヴァ 3ユーカ 3リクシャー 2カルマブーミバーラアグラ 7ジャガンヤボーガブーミバーラアグラ 3マドヤマボーガブーミバーラアグラ 7サンナーサンナ分子 1アヴァサンナーサンナ分子、余り 48455/105409（平方単位）

である。A_1は端数を省いた近似値である。それ以外の詳細な数値がどのようにして得られたのか、『ジャンブー大陸の教え』には記されていないが、幸いなことに、『三界の教え』や『タットヴァアルタアディガマスートラ注解』には公式が与えられている。

『タットヴァアルタアディガマスートラ（諦義証得経）』は、パータリプトラのウマースヴァーティがサンスクリットで著したジャイナ教哲学の綱要書である。年代は、一世紀や六世紀など諸説あるが、五世紀後半とする説が有力である。その『注解』は後世の人の手になるとする見解もあるが、彼自身が書いたとするのが一般的である。

その『注解』（3.11）に、次の公式を述べる詩節が与えられている。

「直径の平方の十倍の根は円周である。それに直径の四半分をかけたものは面積である。」

これを式で表せば次のようになる。

円周：$c = \sqrt{10d^2}\ (= \sqrt{10}\,d)$

面積：$A = cd/4$

ジャイナ教徒は、『太陽の教え』を初めとして伝統的に円周率を$\sqrt{10}$としている。またこの面積の公式は、次章で見るように『アールヤバティーヤ』（詩節7）に述べられているのと同じである。開平計算もアールヤバタ（詩節4）が教えるような方法で行なったと思われる。

ではこれらの公式を用いれば、『ジャンブー大陸の教え』や『三界の教え』に述べられている値が得られるだろうか。実は、平方根を何らかの方法でヨージャナ以下の単位まで計算したとしても、それでは得られない。例えば円周は、「316227ヨージャナ 3クロージャ 128ダヌス 13アングラ」より小さくなってしまう。そこで問題は、余りのでる開平計算をどのように処理したかであるが、ジャイナ教徒が平方根の近似公式、

$$\sqrt{p^2+r} \simeq p + r/2p$$

を知っていたと仮定すると、すべての数値を説明できる。つまり、

$$c = \sqrt{100{,}000{,}000{,}000}$$
$$= \sqrt{316227^2 + 484471}$$
$$\simeq 316227 + 484471/(2\cdot 316227)\ \text{ヨージャナ}$$

としてから、この分数部分を、単位の換算率に従って順に下位の単位になおしてゆけばよ

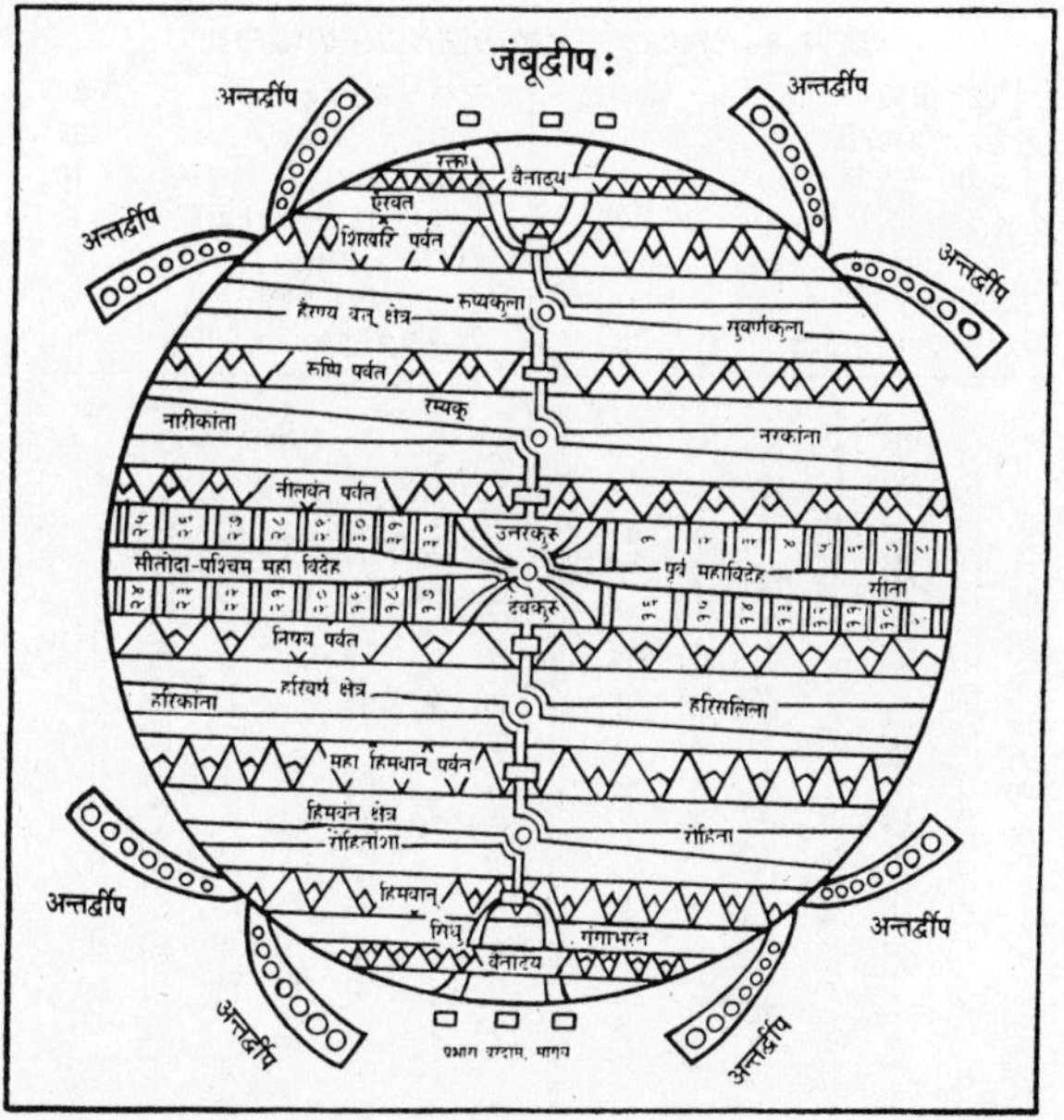

図 4–3　ジャンブー大陸（*Jambūdvīpalaghusaṅgrahaṇī*, Khambhat, 1988, p. 14）

い。これによれば、『三界の教え』が与える面積の値（A_2）の中で、

「3マドヤマボーガブーミバーラアグラ」と「7サンナーサンナ分子」の間の、

7ウッタマボーガブーミバーラアグラ　4ラタレーヌ　2トラサレーヌ　3トルタレーヌ

が脱落していることが指摘されている

表 4.8．ジャンブー大陸の国と山脈の幅の比

国と山脈	幅の比		
アイラーヴァタ国	1	マハーヴィデーハ国	64
シカリー山脈	2	ニシャダ山脈	32
ハイランヤ国	4	ハリ国	16
ルクミ山脈	8	マハーヒマヴァト山脈	8
ラムヤカ国	16	ハイマヴァタ国	4
ニーラヴァト山脈	32	ヒマヴァト山脈	2
		バーラタ国	1

(Gupta)。

ここで仮定した平方根の近似公式は、第二章で触れたように、インドを含む古代世界でよく知られていた。

さて、ジャンブー大陸は東西に走る六つの山脈によって七つの国（ヴァルシャ）に分かれる（図4-3）。それらの国と山脈の幅は、ジャンブー大陸の南北両端から中央へと等比数列で大きくなる（表4.8）。『ジャンブー大陸の教え』などには、これらの国と山脈それぞれに関する寸法が細かく与えられているが、ここでは南端に位置するバーラタ国（インド）の場合だけを見よう（図4-4）。

バーラタ国は弓形（ADG）であるが、その弦（AG）、すなわちヒマヴァト山脈の南端に平行に走るヴァイタールヤ山脈（BCEF）によって、南部と北部に分かれる。南部は再び弓形（CDE）となり、北部は二本の弦に挟まれた帯状（ABFG）になる。ヴァイタールヤ山脈の幅（IJ）は五十ヨージャナという前提である。このときさらにつぎの数値が与えられる（『ジャンブー大陸の教え』10–12）。

DH = 526 6/19 ヨージャナ

DJ = HI = 238 3/19 ヨージャナ

CE = 9748 12/19 ヨージャナ

CDE = 9766 1/19 強ヨージャナ

BC = EF = 488 16/19 ヨージャナ

BF = 10720 12/19 ヨージャナ

BDF = 10743 15/19 ヨージャナ

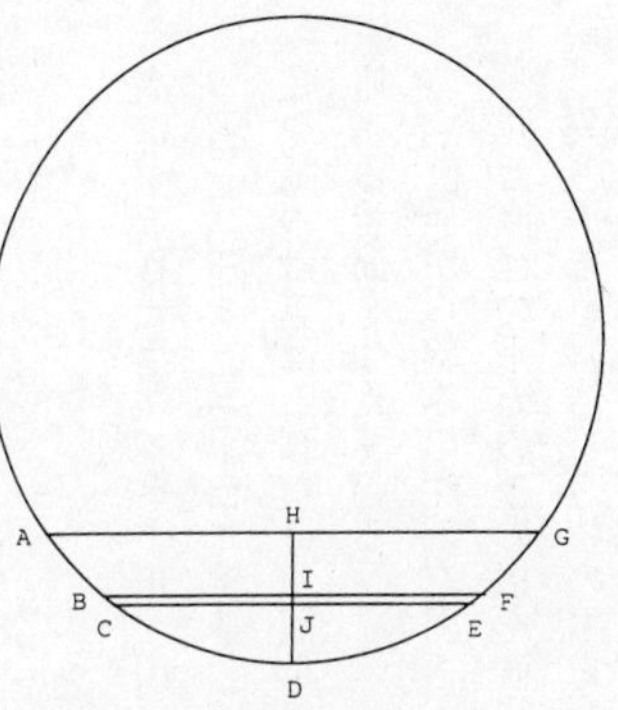

図 4-4　バーラタ国の計算

これらの数値はすべて分数を伴う。このことは、それらが計算によって得られたことを暗示している。それに対して、整数値で与えられている国と山脈の幅の比、およびヴァイタールヤ山脈の幅は、あらかじめ決められている前提であり、計算によって得られたものではない。まず、バーラタ国の幅、すなわち弓形の矢（DH）は、ジャンブー大陸の直径と、国と山脈の幅の比から、比例によって容易に得られる。

DH = 100000・1/(1＋2＋4＋8＋16＋32＋64

$+32+16+8+4+2+1)$

$=100000/190=526\ 6/19$ ヨージャナ

次に、これとヴァイタールヤ山脈の幅から、バーラタ国の南部と北部の幅が得られる。

$DJ=HI=(DH-IJ)/2=(526\ 6/19-50)/2=238\ 3/19$ ヨージャナ

弦や弧の計算はこれらほど簡単ではないが、ウマースヴァーティはそれらのための公式を述べる詩節を与えている。

「直径から望みの沈みを引き、沈みをかけ、四倍したものの根は弦である。
弦と直径の平方の差の根を直径から引く。残りの半分は矢である。
矢の平方を六倍し、弦の平方を加えたものの根は、弓の弧である。
弦の平方の四分の一を矢の平方に加え、矢で割れば、
その元の円の直径である。
北の弓の弧から南のを引き、残りを半分にすれば、腕である。」

（『タットヴァアルタアディガマスートラ』3.11注解）

ここで、円の直径をd、「沈み（avagāha）」あるいは「矢（iṣu/śara）」と呼ばれているものをh、それに対する弦と弧をそれぞれa、bとすれば（図4-5）、

$$a=\sqrt{4(d-h)h}$$

$$h = (d - \sqrt{d^2 - a^2})/2$$

$$b = \sqrt{a^2 + 6h^2}$$

$$d = (a^2/4 + h^2)/h$$

また平行な二つの弦に対応する弧をb_1、b_2とするとき、それら二つの弦に挟まれる「腕」の長さb'は、

$$b' = (b_1 - b_2)/2$$

これらの公式を用いれば、『ジャンブー大陸の教え』などに与えられているバーラタ国の弦や弧が得られる。

弧（b）を求める公式は、

$$b = \sqrt{a^2 + (\pi^2 - 4)h^2}$$

のタイプの近似式で$\pi = \sqrt{10}$の場合に相当する。インドでは同じタイプの弧の近似式が他にもいくつか知られているが、このウマースヴァーティの公式とまったく同じ式が、江戸時代初期の和算書にも見られるのは興味深い。これについては、第

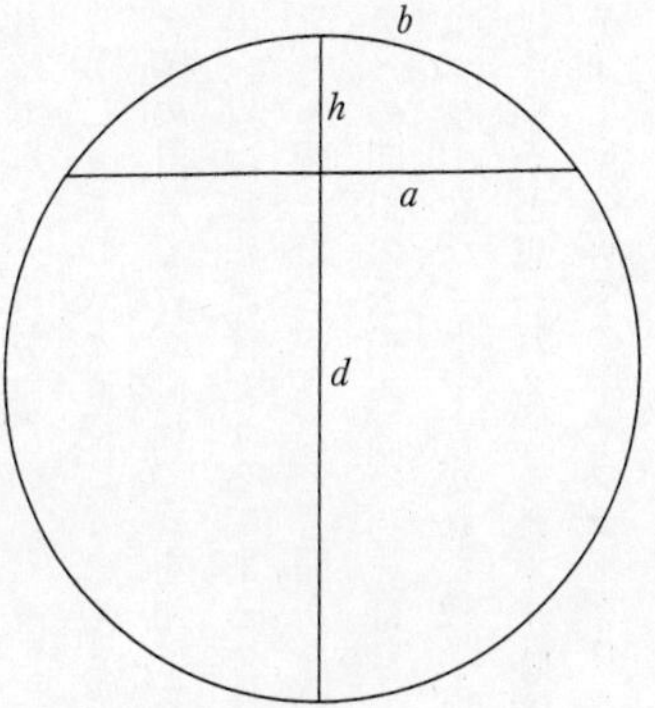

図 4-5　径弧矢弦の計算

八章でもう一度触れたい。

矢（h）の式と直径（d）の式は弦（a）の式の変形にすぎない。その上、ジャンブー大陸の計算では、直径の式を用いる状況は考えられない。どんな円でも、ここでは計算の出発点は常に直径だからである。またウマースヴァーティ自身は哲学者であって、彼が数学書を著したということも聞かない。このような状況を考え合わせると、ウマースヴァーティの四つの公式（「腕」の式は除く）は、ワンセットで他書から引用されたもの、あるいはプラークリットで書かれた数学書からワンセットでサンスクリットに翻案されたものではないかと思われる。それを示唆するかのように、七世紀のバースカラは、『アールヤバティーヤ注解』の中でプラークリットで表現されたいくつかの数学公式を引用しているが、その中にはウマースヴァーティのものと同じ円周の式と弦の式が含まれる。

なおジャイナ教徒の書では $\sqrt{10}$ の他に316/100と19/6も円周率として用いられることがあるが、これらはいずれも $\sqrt{10}$ の近似値であると思われる。

$$\sqrt{10} = \sqrt{100000}/100 \approx 316/100$$

$$\sqrt{10} = \sqrt{3^2+1} \approx 3+1/(2\cdot 3) = 19/6$$

前の近似法は八世紀のシュリーダラ（『パーティーガニタ』118）以降の数学書に見える。

5　バースカラが言及するジャイナ教徒の数学

バースカラは六二九年、ヴァラビーで『アールヤバティーヤ注解（Āryabhaṭīyabhāṣya）』を著した。

北西インドのグジャラート州南部には、アラビア海に突き出したスラーシュトラ半島がある。その南端を東へ回り込んでキャンベイ湾を少し北上した所には現在バーヴナガルという町があるが、そこから北西方向に一五キロほど入った内陸に、ヴァラビーという町があった。八世紀頃まで栄えたあと、侵入者によって滅ぼされたと言われる。キャンベイ湾をはさんで対岸にはギリシャやローマにもその名を知られた貿易港ブリグカッチャ（またはバルカッチャ、現在のバルーチ）があった。

中国の玄奘《げんじよう》は、バースカラが『注解』を書いたその同じ年（六二九年）に国禁を犯してインドへ求法の旅に出た。彼の『大唐西域記』によれば、帰国を数年後にひかえた六四〇年頃このヴァラビーないしはその近辺に立ち寄っている。ヴァラビーは大変豊かで億万長者も多く、町には珍しいものがあふれている、と彼は記している。また百を超える仏教僧院があって多くの仏教僧が学び、さらに仏教徒以外の異教徒も多く住んでいたという。それら仏教徒から見た「異教徒」はヒンドゥー教徒だけではなくジャイナ教徒も含んでいたであろう。ヴァラビーは、四世紀から五世紀にかけてジャイナ教の聖典結集が二回行なわれ、西インドにおけるジャイナ教の中心地となっていたからである。

バースカラの『アールヤバティーヤ注解』は、数学と天文学の分野では、現存する注釈書としてもっとも古いものの一つである。散文で書かれているため、韻文と比べて情報量も多く、六、七世紀頃のインドの数学に関して貴重な資料を提供してくれる。バースカラにはまた、『マハーバースカリーヤ（Mahābhāskarīya）』、『ラグバースカリーヤ（Laghubhāskarīya）』と呼ばれる天文書もあるが、その天文学もアールヤバタの伝統を引いている。

バースカラの引用する数学規則

バースカラが『アールヤバティーヤ注解』で出典を明記せずに引用する公式のうち、次の五つはプラークリットの詩節で表現されている。

$c=\sqrt{10d^2}$　（円周）

$a=\sqrt{4h(d-h)}$　（弦）

$A=\sqrt{10}ah/4$　（弓形の面積）

$\sqrt{10x^2}+\sqrt{10y^2}=\sqrt{10(x+y)^2}$　（無理数計算）

$x-(-y)=x+y$　（負数の引き算）

次の三つはサンスクリットで表現されている。

$b=\sqrt{10(a/4+h/2)^2}$ （弧）

$A=3(d/2)^2$ （円の面積）

$V=9(d/2)^3/2$ （球の体積）

これら八つの公式のうち、最初の二つは前に見たウマースヴァーティの与える公式と同じである。そして、円周、弓形の面積、弧の公式にはジャイナ教徒の円周率$\sqrt{10}$が用いられている。九世紀のジャイナ教徒マハーヴィーラも、バースカラが引用するのと同じ円周と弓形の面積公式を精密な公式として採用する（『ガニタサーラサングラハ』6.60; 6.70）。

バースカラは最後の二つの公式を、アールヤバタの公式に比べて実用的（ヴヤーヴァハーリカ）なものとして引用している。特に球の体積に関しては、アールヤバタの公式、

$V=A\sqrt{A}$ （『アールヤバティーヤ』2.7）

は「余すところなく」正確であるいっぽう、

$V=9(d/2)^3/2$

は「実用的」であるとしている。ところが次章で見るように、実際はアールヤバタの公式のほうが誤差が大きい。興味深いことに、九世紀のマハーヴィーラも、同じ二つを「実用的」な公式として教えている（『ガニタサーラサングラハ』6.19）。

円周率$\sqrt{10}$の批判

バースカラが円周率$\sqrt{10}$を用いた公式を引用したのはそれらを批判するためだった。彼がどのように批判しているかを次に見よう（『アールヤバティーヤ』2.10注解）。

まず、円周の式に関しては、次のような問答形式をとる。ここでBとしたのはバースカラであり、Jは対論者、おそらくジャイナ教徒を想定している。

B「ここでも単に「1を直径とするもの（円）にとって10のカラニー（平方根）が周である」という伝承（アーガマ）があるのみであって、証明（ウパパッティ）がない。」

J「いや、直接知覚（プラトヤクシャ）で量るとき、1を直径とする図形の周は10のカラニーである、と考えられる。」

B「それではだめである。カラニー（平方根）というものは、その大きさが明言されないものだから。」

J「1と3を幅および長さとする長方形の耳（対角線）がすなわち10のカラニーであって、それによってそれ（1）を直径とする周をとりまくとき、それ（周）はその（耳の）大きさを持つものとなる。」

B「それもまた、定められなければならない。」

直接知覚は、インドの諸哲学学派がいずれも正しい認識手段の一つとして認めるものである。そこでバースカラはそれに直接反論することを避け、反論としてはいささか的外れであるが、$\sqrt{10}$ の精確な数値表現（分数表現）が不可能な点をつく。これに対し対論者は、$\sqrt{10}$ が図形的に線分の長さとして存在することを指摘するが、もちろんバースカラも要求するように、それが直径1の円周に等しいという主張はあらためて証明されなければならない。

バースカラがここで $\sqrt{10}$ を用いた諸公式を批判するのは、アールヤバタの円周率、62832/20000 の優秀性を強調するためである。しかし、バースカラは $\sqrt{10}$ の証明を要求しながら、自らアールヤバタの円周率の証明は与えていない。

次に、弓形の面積公式に対してバースカラは反例をあげる。直径10の円に内接する6×8の長方形を考える。その場合、向かい合う一対の弓形の矢は1であり、他の一対の矢は2である。したがって、弓形の面積公式を用いて、

円＝2対の弓形＋長方形＝$2\cdot\sqrt{10}\cdot 6\cdot 1/4+2\cdot\sqrt{10}\cdot 8\cdot 2/4+6\cdot 8=11\sqrt{10}+48$

バースカラはここまで計算したあと、これら二つの項は「統合できない（アサンクシェーパター）」といって議論を終える。ジャイナ教徒によれば、

円＝$cd/4=\sqrt{10}\cdot 10\cdot 10/4=25\sqrt{10}$

だから、すくなくとも$\sqrt{10}$の項一つだけにならなくてはおかしい、というのがバースカラの意図であろう。

弧の公式に対しても彼は反例をあげる。直径52の円で長さ2の「沈み」(矢)をもつ弦の長さは20である。そこで弧の公式を適用すれば、

弧 $= \sqrt{10(20/4+2/2)^2} = \sqrt{360}$

一方、弦$=20=\sqrt{400}$だから、弦よりも対応する弧のほうが小さくなってしまうが、そんなことはありえない。したがって、確かに弧の公式は正しくない。

バースカラの言及する数学者

バースカラは、ラータデーヴァ、プラバーカラ、シンハラージャ、ガルガ、スプジドゥヴァジャ、などの著名な天文学者に加えて、他書では見かけないマスカリ、プーラナ、ムドガラ、プータナ、という名前の数学者(数学書の著者)たちに二度言及している。一度は彼らに「公式と例題からなる書物」があるといい、もう一度はたぶん彼らの書物からと思われる検算に関する一詩節を引用する(第六章第4節参照)。六、七世紀には、今日に伝わらない多くの数学書があったものと思われる。

彼らの名前は、時代は違うが、仏教経典に六師外道として登場するマッカリゴーサーラ

とプーラナカッサパを連想させる。前者は、唯物論、運命論で知られるアージーヴィカ派の開祖であり、もともと、やはり六師外道の一人にあげられるマハーヴィーラと同じ道を歩んだが、やがて袂を分かったといわれる（マッカリ＝マスカリはゴーサーラの父の名に由来）。またそのアージーヴィカ派にも影響を与えたといわれるプーラナカッサパは、嘘、略奪、姦通、殺人も悪ではないとする徹底した道徳否定論者として知られている。インドには十四世紀頃までアージーヴィカ教徒がいたといわれる。

バースカラの言及するマスカリ、プーラナらがジャイナ教徒であったか否かは別としても、ウマースヴァーティやバースカラによって引用された公式は、五、六世紀頃、すなわちアールヤバタ（西暦四七六年生まれ）と前後する時代に、ジャイナ教徒が数学と深く関わっていたことを窺わせるに十分である。そしてその関わりはさらに時代を遡る可能性が大きい。

6 『ターナンガ』に言及された数学

ジャイナ経典の一つ、『ターナンガ』は、10種の繊細で精妙な（スークシュマ）ものの中に数学（ガニヤ＝ガニタ）と分類（バンガ）を含める。この分類というのは、順列組合せ列挙に相当すると考えられている。

「十種の繊細なものが知られている。すなわち、息、パナカ、種子、ハリタ、花、（虫の）卵、（虫の）巣、愛情、数学、分類、である。」（716）

パナカもハリタも植物の一種である。また同書は、算術（サンカーナ＝サンキャーナ）の10個のトピックを列挙していう。

「十種の算術が知られている。すなわち、基本演算、実用算（または手順）、ロープ、量、分数の同色化、ヤーヴァッターヴァット、平方、立方、平方の平方、選択、である。」（747）

これはしばしば言及される有名な詩節であるが、この「算術」が前の「数学」とどういう関係にあるのか、また個々のトピックの内容はどのようなものであったのか、など、まだ不明な点が多い。

「基本演算（パリカルマン）」と「実用算または手順（ヴヤヴァハーラ）」とは後にインド数学の二大分野の一つ、パーティーを構成する二つの大きな柱となる。その内容がここでそのままあてはまるかどうかわからないが、おそらくここでも両者は対を成している。

「ロープ（ラッジュ）」は、後世の数学書には見られない術語である。前に見たように、ジャイナ教ではこの語が宇宙論的距離の単位として用いられることがあるが、それがここにあてはまるか疑わしい。むしろシュルバスートラの作図用具としてのラッジュのほうがこの文脈に近いかもしれない。そうだとすれば、これはおそらく後世の「図形（クシェートラ）」に対応し、四番目の「量（ラーシ）」と対を成して、図形数学と量数学の二大区分を意図していると考えられないことはない。

五番目の「分数の同色化（カラー・サヴァルナ）」は、後世の数学書でもよく用いられる術語であり、通分などの分数計算を意味する。

「ヤーヴァッターヴァト」以下の四つは、バースカラが八種の実用算を生みだすものとして列挙する四つの「種子」の名前を連想させる。それらに関してはマスカリ、プーラナ、ムドガラらによる数学書があったという。詳細は不明だが、おそらくこれらは方程式と関係している（第六章第2節参照）。

最後の「選択（ヴィカルパ）」は、前出の「分類」と同様、順列組合せに相当する。これがジャイナ教徒の得意とするトピックであったことは、本章で見てきたとおりである。

第五章　アールヤバタの数学

1　アールヤバタ

天文学者として、また数学者として後世に名を残すことになるアールヤバタ（Ārya-bhaṭa）は、西暦四七六年、アシュマカ地方に生まれた。その時期は、サンスクリットを言語媒体として北インド一帯に文化芸術の花を咲かせたグプタ朝がいくらか衰退に向かい始めた頃であり、インドの歴史区分では古代も終わりに近かった。

彼が生まれたアシュマカは、西インド、ボンベイの北東にあって、ナルマダー河とゴーダーヴァリー河にはさまれた地方であるが、著作活動をしたのは、東インドで、グプタ王朝の花の都と謳われたガンガー河下流域の町、パータリプトラ、すなわち現在のビハール州の州都パトナ近郊であった。近く（南東約九〇キロ）には有名な仏教僧院ナーランダーがあり、そこでは仏教学を中心としながらもそれだけにとどまらず、幅広い研究と教育が行なわれていた。またその辺りはかつてブッダやマハーヴィーラが説法をして回った地域でもある。

彼はそのパータリプトラで、四九九年（一説には五一〇頃）、数学の章を含む天文学書を著した。これは彼の名にちなんで、『アールヤバティーヤ（Āryabhaṭīya）』（アールヤバタのもの）、『バタのタントラ』（アールヤバタの教義）などと呼ばれている。

『アールヤバティーヤ』の天文学は一日が日の出（午前六時）から始まるとする「日の出説」に基づくが、彼は夜半から始まるとする「夜半説」に基づく天文書も書いたといわれる。現存しないが、七世紀のバースカラが『マハーバースカリーヤ』でその一端を伝える。

2　『アールヤバティーヤ』

『アールヤバティーヤ』は次の四つの章から成る。

第一章　ギーティからなる四半分（ギーティカーパーダ）
第二章　数学に関する四半分（ガニタパーダ）
第三章　時の計算に関する四半分（カーラクリヤーパーダ）
第四章　天球に関する四半分（ゴーラパーダ）

グプタ朝以降のインドでは、他の学術分野と同様、数学や天文学でも、オリジナルな作品はサンスクリットの韻文（詩）で著され、それに対する注釈書の類は散文で著されることが多かった。『アールヤバティーヤ』もその例に漏れず、全文、詩である。

第一章は、一ユガ（四三二万年からなる周期）における惑星の公転数などの天文定数を、独特な数表記法を用いることにより、わずか十個のギーティ（またはギーティカー）と呼ばれる詩節で、きわめて簡潔に表現する。天文学書に不可欠な数表を韻文化したものである。

第二章は、三三個のアールヤーと呼ばれる詩節からなり、数学を扱う。第三章は、二五個のアールヤー詩節によって、天球上の黄道に沿った日月五惑星の運動を論ずる。また第四章では、五十個のアールヤー詩節によって地平座標による球面天文学を論ずる。

このように、四つの章（四半分）からなるとはいえ、第一章は他の章とは性格を異にする。そのことは、詩の形式からも、内容からもいえる。実際、第一章は第二章以下に対して付録のように取り扱われることもあった。例えば、ニーラカンタ（Nilakantha）（一五四〇年頃）は、第一章を第一部、第二章から第四章までを第二部とし、第二部だけに詳しい注釈を書きながら、「第一部の内容は、第二部を説明することによって自ずと明らかになるだろう」と言っている。また、第二章以下は合計すると百八個のアールヤー詩節からなるので、それだけで「百八アールヤー集」と呼ばれることもある。百八という数は、古来インドではなにがしかの意味のある数であり、例えばカウティルヤの『アルタシャーストラ』（14. 3. 41）は、「一切のものを眠らせる」ためには、呪文とともに百八本のカディラ樹の薪を焼く、とする。

第一章で数学的に興味深いものの一つは、サンスクリット音素を利用した数表記法であるが、これは第一章で用いられるだけであり、第二章以下では普通の数詞が使われる。おそらくそれは、アールヤバタの天文定数を表現することだけを目的に考案された数表記法だったのであろう。他の天文学者によって採用されることもなかったようである。

第一章に関してはまた、そのすべてがアールヤバタの作かどうか疑問を持つ人もいる。しかし、たとえ後の人の手が加えられているとしても、遅くともバースカラの『アールヤバティーヤ注解』(六二九)が書かれた七世紀には、第一章も含めて現在の形になっていた。

インドには少なくとも紀元前四〇〇年頃まで遡る『ヴェーダーンガジョーティシャ(Vedāṅgajyotiṣa)』(ヴェーダの手足としての星学)が今に伝えられている。これは、五年をユガ(周期)とし、太陽と月の見せる算術的周期性のみに注目した素朴な暦の書である。それに対して『アールヤバティーヤ』は、四三二万年というそれこそ天文学的時間をユガとするいっぽう、ギリシャから伝わったと考えられる幾何学的な周転円と離心円の理論に基づく、精緻な天文暦法の書である。

同書はまた、地球の自転を明確に唱えていることでも知られる。

「船にのって順行している人には、不動のものが逆行しているように見える。ちょうどそのように、ランカーでは不動の恒星が真西へ動いているように見える。」(矢野道雄訳『アールヤバティーヤ』4.9)

ランカーは、叙事詩『ラーマーヤナ』ではラーマの妃シーターをさらったラーヴァナの支配する南方の島ということになっているが、天文学ではウッジャイニー(現在のウッジャイン、東経75.43度、北緯23.09度)を通る経線が赤道と交わる点を指し、そこが緯度経度ともに0度の地点であるとされた。

インドの諸思想家は一般に地水火風空の五大元素を説くのに対して、アールヤバタは空を除く四元素のみを認める(『アールヤバティーヤ』4.6)。時代は遡るが、仏教徒のいう六師外道の一人で霊魂を否定した唯物論者、アジタケーサカンバリンも地水火風の四元素のみを認めたといわれる。

『アールヤバティーヤ』は革新的な天文学書であったが、古い要素もある。例えば、ユガの中に組み込まれた宇宙論的時間概念であるウトサルピニー(上昇期)とアパサルピニー(下降期)などがそうである(表5.1)。これらはジャイナ教の宇宙論では重要な概念であるが(表5.2)、アールヤバタのユガ理論の中では異質に見える。ジャイナ教徒のユガは、『ヴェーダーンガジョーティシャ』と同じく五年であった(表4.4)。

表5.1.『アールヤバティーヤ』(3.9)の宇宙論的時間

ユガ	ウトサルピニー（上昇期）	ドゥッシャマー（凶）	1080000年
		スシャマー（吉）	1080000年
	アパサルピニー（下降期）	スシャマー（吉）	1080000年
		ドゥッシャマー（凶）	1080000年

表5.2. ジャイナ教の宇宙論的時間
（『ジャンブー大陸の教え』24-25）

	区分名称	継続時間	
アヴァサルピニー↓	スシャマスシャマー（吉吉）	4kS	↑ウトサルピニー
	スシャマー（吉）	3kS	
	スシャマドゥッシャマー（吉凶）	2kS	
	ドゥッシャマスシャマー（凶吉）	1kS−42000Y	
	ドゥッシャマー（凶）	21000Y	
	ドゥッシャマドゥッシャマー（凶凶）	21000Y	

k＝コーターコーティ(数詞)＝$(10^7)^2=10^{14}$, Y＝年
P＝パルヤウパマ(「穀倉の喩え」という 意味の時間単位，第四章参照)
S＝サーガラウパマ（海の喩え）＝$10kP=10^{15}P$
アヴァサルピニー＝ウトサルピニー＝$10kS=10^{15}S=10^{30}P$

アールヤバタは自分の天文理論と本質的に抵触しないところでは、伝統と妥協していたようであるが、その伝統がジャイナ教のものを含むのは興味深い。学問的にジャイナ教の宇宙論に共感を持ったのだろうか。それとも、宗教的にジャイナ教とも関係があったのだろうか。パータリプトラは古来ジャイナ教の学問的中心地の一つであり、紀元前四世紀にはここで聖典結集が行なわれたとい

われる。ウマースヴァーティがジャイナ哲学の綱要書『タットヴァアルタアディガマスートラ』を認《したた》めたのもこの地である。その年代ははっきりしないが、アールヤバタとほぼ同じ五世紀後半とする説が有力である。アールヤバタがジャイナの学者に接触する機会は十分あったと思われる。

またアールヤバタと前後する時代にジャイナ教徒が数学の分野で活躍していたことは、前に見たとおりである。だから、アールヤバタが数学でもジャイナ教徒の影響を受けていた可能性は否定できないが、その証拠は今のところない。

3 数学の章

構　造

『アールヤバティーヤ』第二章の「数学に関する四半分」では、つぎのようなトピックが扱われる。詩節番号のあとのａｂｃｄは、その詩節を4分割したものを表わす。

詩節1　帰命頌
詩節2　位取り名称
詩節3　平方と立方
詩節4　開平算法
詩節5　開立算法
詩節6　三角形の面積と四面体の体積
詩節7　円の面積と球の体積
詩節8　台形の落下線の長さと面積

詩節9ab　一般の平面図形の面積
詩節9cd　円周の六分の一に張る弦
詩節10　円周率
詩節11　正弦値の幾何学的計算法
詩節12　部分正弦値の漸化的計算法
詩節13　図形の決定
詩節14　シャンク影円
詩節15　影の長さ
詩節16　二本のシャンクの影
詩節17ab　三平方の定理
詩節17cd　径矢弦の公式
詩節18　交わる二つの円の矢
詩節19　等差数列の和
詩節20　等差数列の項数
詩節21　自然数列の和数列の和
詩節22　平方数列の和と立方数列の和
詩節23　二数の積
詩節24　積の分解
詩節25　利息
詩節26　三量法
詩節27ab　分数の三量法
詩節27cd　分数の通分
詩節28　逆算法
詩節29　多元一次方程式（の特例）
詩節30　一元一次方程式
詩節31　会合時間（旅人算）
詩節32-33　一次不定方程式
（abは詩節の前半を、cdは後半を指す）

これらの規則は、一見するとただ雑然と並べられているように見えるが、内容を吟味すると、実はそれなりの構造を持っていることに気がつく。まず大きな枠組みとしては、冒頭の帰命頌を除くと、全体が、基本演算（パリカルマン）、図形（クシェートラ）、数量（ラーシ）、の三つのセクションに分かれる。そして図形のセクションと数量のセクションの間には、それらの両方に属しうる中間的なものが置かれている。

基本演算に関する規則……………詩節2－5
図形に関する規則…………………詩節6－18
中間的規則…………………………詩節19－24
数量に関する規則…………………詩節25－33

ここで、その中間的なものの存在に注目したい。それは、著者アールヤバタが、図形に関する規則から数量に関する規則へと、いわば滑らかな移行を意図していたことを暗示する。その意図はまた、各セクション内部での規則の連続性にもある程度反映しているように思われる。例えば図形のセクションでは、最初に面積と体積に関する規則がまとめて置かれ、次に線分が扱われる。また数量のセクションでは、最初に実用的な利息計算や三量法が述べられ、そのあとで、より理論的な方程式が扱われる。

このように『アールヤバティーヤ』の数学の章の諸規則は、ユークリッドの『原論』に見られるような厳密な論理的順序は持たないが、関連するものどうしを近くに置くという程度の、ゆるやかで滑らかな連続性を持っていると言えよう。このような性格は、多かれ少なかれ他の数学書にもあてはまると考えてよい。

インド数学では、図形（クシェートラ）と数量（ラーシ）は対立しつつ相補しあう二つの概念として話題になることがある。十二世紀のバースカラは、数学規則の証明（ウパパッティ）には、図形に依存するものと数量に依存するものとがあるという（『ビージャガニタ』93p3）。しかし、『アールヤバティーヤ』のように数学の諸規則を図形的か数量的かによって分類して数学書を構成することは、後世では（バースカラの書も含めて）見られない。これが『アールヤバティーヤ』独自のものか、それとも当時一般的だったのかは、資料が不十分でわからない。

確かに七世紀のバースカラも『アールヤバティーヤ』に対する注釈書で、「数学には二種類ある。量数学（ラーシガニタ）と図形数学（クシェートラガニタ）である」（p. 44）という他者の言葉を引用し、数列や無理数計算の帰属問題を論じているが、これはむしろ一般的概念としての量数学と図形数学を述べたものであって、数学書の構造の話ではあるまい。彼がこの二分法を持ち出すのは、「増加（ヴリッディ）と減少（アパチャヤ）、この二種［の演算］によって全数学は満たされている」（p. 43）というもう一つの二分法の解説の延長としてである。

後世の数学書と異なる『アールヤバティーヤ』のもう一つの重要な性格は、計算のアルゴリズムではない一般的命題がいまだその存在価値を失っていない、ということである。詩節9、10、17などがその例である。

平方、開平などの基本演算の規則を述べながら、基本演算に当然含まれるべき加減乗除の四則が述べられていない、ということも注目してよい。それらはここでは予備知識として読者に要求されているわけだが、このことは、それら初歩的な算術を教える書物なり人なり機関なりが当時存在したことを意味する。第三章冒頭で引用したガナカ・モッガラーナの言葉が思い出される。

それでは、『アールヤバティーヤ』第二章の各詩節を見てゆこう。

帰命頌

詩節1 「ブラフマー神、地球、月、水星、金星、太陽、火星、木星、土星、恒星、に帰命して、[私]アールヤバタは、ここ花の都(パータリプトラ)で尊重されている知識を語る。」

ブラフマー神(梵天)は、文字や数字を初めとしてあらゆる学問の祖とされる神格であるから、帰命の対象としてふさわしいともいえるが、ブラフマー神に対する帰命頌は比較的珍しい。後世では、シヴァ、ヴィシュヌなど特定の宗派の守護神を別にすれば、様々な

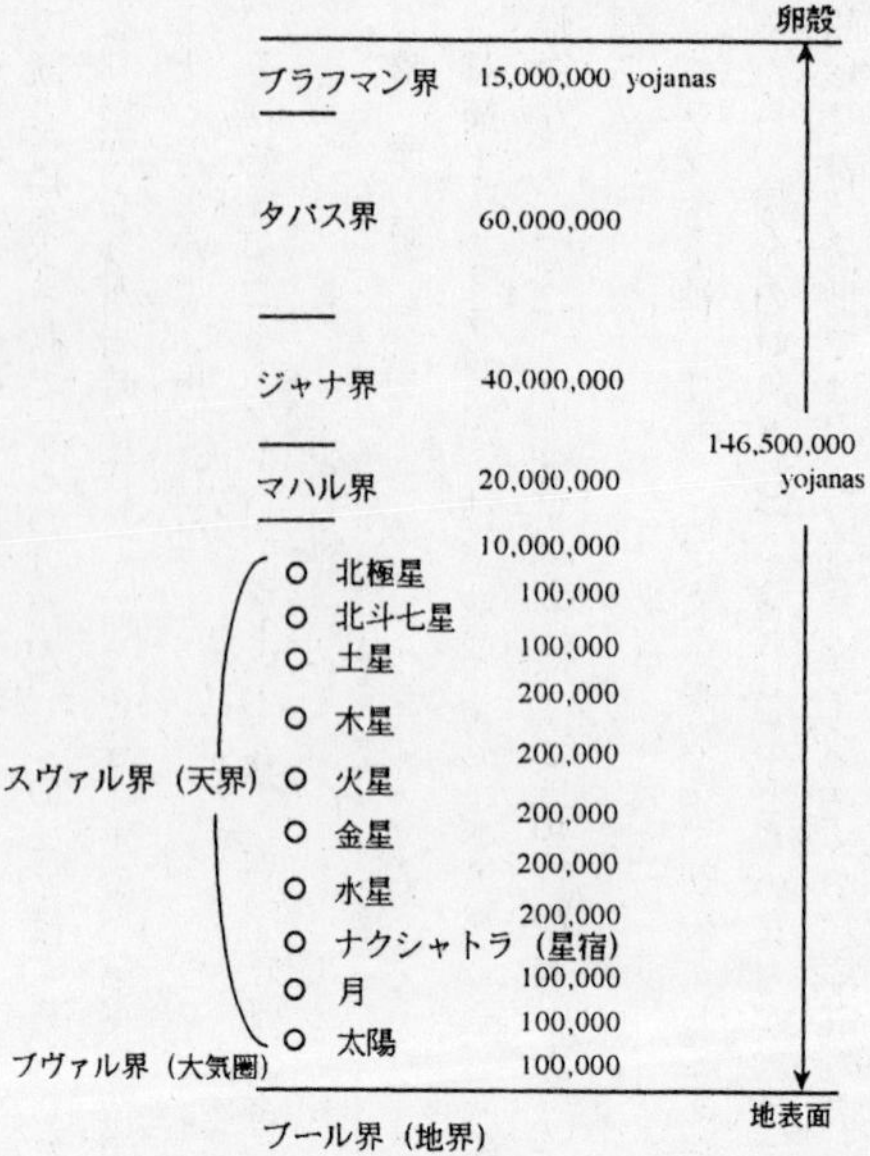

図5-1　伝統的七界と天体の配置（『ヴァーユ・プラーナ』101.129-143による）

障壁を取り除いてくれるとされる象の頭を持つ神、ガネーシャ神の人気が高い。アールヤバタはまた自分の天文学がスヴァヤンブー、すなわちブラフマー神に由来するとも言っている。

「正しい知識と誤った知識の「入り交じった」海から、ブラフマー神の恩寵により、沈んでいた正しい知識という至高の宝珠を、私は自分の知恵という船によって引き上げた。その名は「今や」アールヤバティーヤであるが、かつてはスヴァヤンブーのものであって、常に永遠不滅である。これを剽窃するものは、善業と寿命と

を失う。」（『アールヤバティーヤ』4.49-50）

帰命の対象に神格以外のものを含めることも珍しい。詩節1に述べられている地球から恒星に至る天体の配列順序は、当時西方のヘレニズム世界で考えられていたものの一つに等しく、プラーナ（古譚）などに伝承されているインド古来のものとは異なる（図5-1）。

なお、『アールヤバティーヤ』を初めとする数学書の冒頭に帰命頌があるという理由でインドの数学を宗教的であるとしたり、インドの数学書は宗教書の一部であるとしたりする書があるが、どんなものか。日本では高層ビルを建てるに際しても神道のお祓いをする。これをもって日本の現代建築学は宗教の一部だといえるだろうか。

基本演算に関する規則

詩節2（位取り名称）「エーカ（1）、ダシャ（10）、シャタ（10^2）、サハスラ、アユタ、ニユタ、さらにプラユタ、コーティ、アルブダ、ヴリンダ（10^9）。位から位へと十倍になる。」

ヴェーダ文献に比べて、ここではむしろ名前の個数は減っている。しかし、第一章で述べたように、ヴェーダ文献では位取りとは無関係な十進数詞にすぎなかったものが、ここでは十進法位取り表記における「位（スターナ）」の名前になっている。

例。25431849の開平。規則に明記されていないが、アルゴリズムの出発点は最大の平方位(5)である。したがってこの場合、25から平方数を引くが、それができるだけ大きなもの(25)であることも規則にはない。その根(5)は、根の列に置く。

431849　　根の列:5

次に、隣の非平方位(4)を根の列の2倍(10)で割る。この場合、商がゼロであるから、根の列にゼロを置き、隣の平方位(43)から商の平方(0)を引く。

431849　　根の列:50

次に、隣の非平方位(431)を根の列の2倍(100)で割り、商(4)を根の列に置く。

31849　　根の列:504

商の平方(16)を次の平方位(318)から引く。

30249　　根の列:504

次に、隣の非平方位(3024)を根の列の2倍(1008)で割り、商(3)を根の列に置く。

9　　根の列:5043

商の平方(9)を次の平方位(9)から引く。

0　　根の列:5043

最終的に根の列に得られたもの(5043)が、求める平方根である。

詩節3（平方と立方）「平方とは［図形的には］等四辺形（正方形）のことであり、［数量的なその］果（面積）は等しい二つの［量の］積である。立方とは［数量的には］等しい三つの［量の］積であり、［図形的には］十二稜体（立方体）のことである。」

ここで明らかにアールヤバタは、図形的、数量的という二つのカテゴリーを意識して、平方（ヴァルガ）と立方（ガナ）の定義を与えている。数量的定義はまた計算法も意図する。

詩節4（開平算法）「常に平方根の二倍で非平方［位］を割るがよい、平方［位］から平方［数］を引いて。［割り算の］商は別の位における根［の一部］である。」

きわめて簡潔な表現であるが、アルゴリズムのポイントは押さえている。開平されるべき数を十進法位取り表記で表したとき、右端の一の位から数えて奇数番目の位を平方位、偶数番目を非平方位という（右枠内は例題）。

詩節5（開立算法）「第二非立方［位］を、立方［数］の根の平方の三倍で割るがよい。平方に3と前のものをかけ、第一［非立方位］から引くがよい。立方［位］からは立方［数］を［引く］。」

立方根を求めるべき数を十進法位取り表記で表したとき、右端の一の位から数えて三つずつの組を作り、それぞれの組で最小の位を立方位、その次を第一非立方位、その次を第二非立方位と呼ぶ。

かつてはこれら二つの詩節（4、5）は、位取りとは関係なく単に恒等式、

$$(a+b)^2=a^2+2ab+b^2,\ (a+b)^3=a^3+3a^2b+3ab^2+b^3$$

の逆演算を述べただけである、とする解釈もあったが、今ではこれらが位取り表記を用いた開平、開立であることを疑う研究者はいない。

図形に関する規制

詩節6（三角形と四面体）

三角形の底辺、高さ、面積をそれぞれ、a、h、Aとするとき、

$$A = (a/2)h$$

四面体の底面の面積、高さ、体積をそれぞれ、A、p、Vとするとき、

$$V = Ap/2$$

アールヤバタは詩節3で立方体を十二稜体と表現し、ここでは四面体、すなわち三角錐を六稜体といっている。

四面体の体積は、$V = Ap/3$であるから、アールヤバタの公式はまちがっている。彼は、おそらくその外形から、二次元の三角形と三次元の三角錐とが同じ規則に従うものと推論し、その底面を三角形の底辺に見たてて、三角形の面積公式からこれを導いたものと思われる。このいわば次元を超えた類推は、彼の球の体積公式（詩節7）を導く際にも用いられているらしい。

不思議なことは、注釈者たちの誰一人としてこの公式の誤りを指摘していないことである。円錐や四角錐などの錐体の体積が、同じ底面と高さを持つ柱の体積の三分の一であることは（ただし「堀（カータ）」としてであるが）、七世紀のブラフマグプタ（『ブラーフマスプタシッダーンタ』12.44）以来、みな正しく述べているにもかかわらず、である。

この詩節6の後半は、四面体の体積ではなく体積と表面積の関係を与えたものである、

とする解釈もある。それはインドの注釈者たちも考え及ばなかった奇抜な解釈であるが、サンスクリットの読み方に無理があるように思われる。

詩節7（円と球）

円の直径、円周、面積をそれぞれd、c、A、また球の体積をVとすると、

$A = (c/2)\cdot(d/2)$,　$V = A\sqrt{A}$

初めの公式は紀元前三世紀にアルキメデスが証明付きで与えている。インドではどのようにして求めたのかわからない。後の注釈者たちによれば、中心を通る無数の直径で円を分割し、上下から尖った先端を嚙み合わせることによって、長さ$c/2$、幅$d/2$、の長方形を作ったとされ、後に述べられる詩節9abとの関連が指摘されている。

二つめの公式のAは球の中心を通る断面（大円）の面積である。アールヤバタは、この公式によって得られた値は「残りがない」、すなわち正確である、というが、正確とはいいがたい。この公式では、

$V = \pi\sqrt{\pi}(d/2)^3 \simeq 5.57(d/2)^3$

であり、いっぽう真値は、

$V = (4/3)\pi(d/2)^3 \simeq 4.19(d/2)^3$

であるから、誤差は三〇パーセント以上に達し、近似公式としての実用性も疑わしい。

アールヤバタはこれを、四面体（詩節6）のときと同じように、次元を超えた類推によって得たものと思われる。つまり、面積Aの円を面積一定のまま正方形に変形すれば、その一辺は$\sqrt{A}$である。そこで、球も体積を変えずに立方体に変形すれば、その一辺はやはり$\sqrt{A}$である、と考えたのではないだろうか。

四面体の場合もそうだったが、この球の体積公式が誤っていることを指摘した注釈者が見当たらないのは不思議である。七世紀のバースカラはこの詩節7を注釈して、「この計算法によれば何も残らない（誤差がない）。［いっぽう］他の計算法で球の体積を導くとき、球の体積は残りがなくはならない。その計算法は実用的なものだから」といい、「他の計算法」の例として、

$$V = (9/2)(d/2)^3$$

という公式を読んだアールヤー半詩節を引用する。しかし、実際はむしろこの実用的とされた公式のほうがアールヤバタの公式より真値に近い。また同時代のブラフマグプタは、円には触れるが、球に関しては沈黙している。これらのことから、七世紀にはまだ正しい球の公式は知られていなかったと考えられる。しかしおそらく八世紀のシュリーダラ（『トリシャティカー』規則56）、遅くとも十二世紀のバースカラ（『リーラーヴァティー』201）には知られていた。にもかかわらず一五一〇年頃になってもまだニーラカンタは、アール

ヤバタの公式を何の論評も加えず敷衍するだけである。彼は、『アールヤバティーヤ』の数多くの注釈者たちのなかでも特に優れた注釈者であった。というより、彼自身が一級の数学者であった。例えば、円周と直径とが通約不能であることを見抜き、明瞭な言葉で述べている（第七章参照）。その彼がアールヤバタの公式の誤りに気づいていなかったとは考えられない。数学的真理に勝る他の行動原理（宗教的、倫理的など）が作用したのだろうか。

なおこれらの誤った公式は、インドの数学と天文学がギリシャの影響を受けていない証拠としてあげられることがある。ギリシャでは紀元前三世紀のアルキメデスによって球の体積を含む多くの求積公式が正しく得られていたから、少なくとも球と四面体に関してその影響がなかったことだけはいえる。ただ、円周率（22/7）や円の面積公式のような初歩的なものを除けば、アルキメデスの数学は、直接ギリシャ文化の影響を受けたヘレニズム世界でさえ、それほど普及していたわけでもなさそうだから、アルキメデスないしギリシャの数学の影響を完全に否定できるほどの説得力はその議論にない。同時にまた、ギリシャの数学がインドの数学に影響を及ぼしたことを積極的に支持する証拠もない。

詩節8（台形の落下線と面積）

落下線（パータレーカー）というのは、対角線の交点から上底（a）と下底（b）に下

ろした垂線（x、y）のことである。台形の高さをh、面積をAとすると、

$$x = ah/(a+b),\quad y = bh/(a+b),\quad A = h(a+b)/2$$

詩節9ab（一般の平面図形の面積）「どんな図形でも、二つの脇（辺）を打ち立てれば、それらの積が果（面積）である。」

注釈者たちによれば、これは面積というものの一般原理であると同時に計算法でもある。実際、アールヤバタの与える三角形（詩節6）、円（詩節7）、台形（詩節8）の面積公式はこれによって得られる。さらに原理的にはどんな不規則図形でも、面積一定のまま適当な長方形に変換すれば、面積が計算できる。等面積変換の考え方はシュルバスートラの幾何学を思い出させる。ただ現実に実行しようとすると、多くの場合、近似的にならざるをえなかったはずである。

七世紀のバースカラがこの規則の例題としてあげる図形の中に、象牙形と呼ばれるものがある。象牙の縦の断面のように、あるいは三日月の半分のように、一つの短い線分（a）の両端から二つの弧（b、c）が発してその先端が交わっているとしよう。その面積をバースカラは、

$$A = (a/2)\cdot(b+c)/2$$

と計算している。つまり、象牙形を底辺a、高さ$(b+c)/2$の三角形で近似していること

になる。その三角形は、詩節9abに従って、幅$a/2$、長さ$(b+c)/2$の長方形に変換される。

この規則はまた検算を意図したものであるという解釈もあった。これについては第六章で見よう。

詩節9cd（円周の六分の一に張る弦）「周の六分の一［に対応する］弦、それは、半径に等しい。」

つまり、円に内接する正六角形の一辺は円の半径に等しい。

詩節10（円周率）「四大きい百の八倍と、六十二の千は、直径二万に対する近似的な円周である。」

つまり、円の直径（d）が20000のとき、その周（c）は近似的に62832であるという。

$c/d \approx 62832/20000$

アールヤバタがこの円周率（62832/20000＝3927/1250＝3.1416）をどのようにして得たかについては、いくつかの仮説がある。一つは、アールヤバタ自身が、円に内外接する正768角形を利用して求めたのではないか、とするものである（Whish）。

また、ギリシャからもたらされたとする説もある。その一つは、天文学者プトレマイオスが用いる円周率3;8,30＝377/120＝3.14166…に由来するというものである（Heath）。確かによく似てはいるが、同時に我々はその違いも無視できない。仮にプトレマイオスの円周率を用いて、アールヤバタの基準円の直径、20000に対する円周を求めれば、62833.33…となり、これを62832とするのはちょっと苦しい。また、直径を1250とすれば、周は3927.08…であるから、これを3927としても確かにおかしくはない。実際、この比（3927/1250）は十二世紀のバースカラが採用している。しかし、なぜ直径を1250にとったのか説明するのは難しい。

もう一つは、ロードスのヒッパルコスあるいはペルゲのアポロニオスの円周率が彼らの三角法とともにインドにもたらされたとする説である（Toomer, van der Waerden）。これは、アールヤバタの正弦表（詩節11、12参照）で前提にされている基準円の半径3438が、復元されたヒッパルコスの弦の表でも用いられていたらしいことに基づく。アールヤバタはその正弦表で四分円を24等分した弧の長さを225とする（それに対する正弦値も近似的に225とする）。このことは、円周として彼が、

$$225 \cdot 24 \cdot 4 = 225 \cdot 96 = 21600 = 360 \cdot 60$$

を考えていたことを意味する。これにアールヤバタの円周率を用いれば、半径は、

$$d/2 = (21600/2)/(62832/20000) = 4500000/1309 = 3437.73\cdots \approx 3438$$

となる。もちろん、近似値として3438を得るためには必ずしもアールヤバタの円周率で

なくてもよいが、ある程度の精度が必要であり（真値は3437.746…）、例えば22/7では、3436.36…となってだめである。このことは確かに、アールヤバタのこの円周率と彼の三角法が密接に関連していることを示しており、その3438を基準円の半径とする三角法がヒッパルコスあるいはアポロニオスに発するものであるならば、円周率もその可能性が大きい、とする議論は傾聴に値する。

アールヤバタ以前の時代に円周率として用いられた3や$\sqrt{10}$に較べるとアールヤバタの値は格段に優れており、後にインドで代表的な算術の教科書となったバースカラの『リーラーヴァティー』（西暦一一五〇）も、22/7とともにその値（3927/1250）を採用している。しかしアールヤバタ以降も、3や$\sqrt{10}$が捨て去られたわけではなく、『ブラーフマスプタシッダーンタ』（西暦六二八）、『シッダーンタシェーカラ』（西暦一〇四〇頃）などの天文書の中の数学の章や、『トリシャティカー』（西暦七五〇頃）、『ガニタサーラサングラハ』（西暦八五〇頃）、『ガニタカウムディー』（西暦一三五六）などの数学書で用いられている。したがってこの点に関しては、アールヤバタの後世への影響はそれほど大きくなかったともいえる。

アールヤバタがジャイナ教の宇宙論の影響を受けていることは前に触れたが、ここで、逆にアールヤバタの円周率が、少なくとも間接的に、ジャイナ教徒に影響を与えている例を紹介しよう。ジャイナ教ディガンバラ派の経典の一つにプシュパダンタとブータバリによって著された『六部経典（Ṣaṭkhaṇḍāgama）』があるが、それに対する注釈書（七八〇頃）の中でヴィーラセーナは、世界の大きさを計算するために、直径から円周を導く次の公式を引用する（注釈はプラークリットの散文、引用された公式はサンスクリットの韻文）。

$$c = 3d + (16d + 16)/113$$

これは、円周が直径に比例することに反する変わった公式であるだけでなく、その特異性の原因となっているカッコ内の定数16を取り除けば、

$$c = (355/113)d$$

となり、アールヤバタの値より真値に近い円周率になるので、はやくから注目されていた。しかし、その公式の発明者がなぜ16という定数を付け加えたのかは謎だった。ところがこれは、次のように説明できることが最近わかった。

公式の発明者が何らかの方法で、円周率355/113を得たとしよう。彼はまたアールヤバタの円周率も知っていたと仮定する。それらの大小関係は、

$$\pi < 355/113 < 62832/20000$$

である。ところが彼は、自分の値がアールヤバタの値より真値に近いことを知らないで、少しでもアールヤバタの値に近づけようと考えた。彼が、アールヤバタの基準円の直径

20000に対して、自分の円周率で円周を計算してみると、

c = 20000・(355/113) = 7100000/113 = 62831 + 97/113

であった。いっぽうアールヤバタによれば、これは62832になるはずである。そこでそうするために彼は、16/113を加えた、と考えられるのである。

ではその355/113はどのようにして得られたのか。実はそれ自体がアールヤバタの円周率への近似値として説明できる。なぜなら、

62832/20000 = 3 + 2832/20000

2832/20000 = 177/1250 = 1/(7 + 11/177)

11/177 = 1/(16 + 1/11)

であるから、最後の1/11を無視してこの計算を逆向きにたどれば、62832/20000のかわりに355/113が得られる。アールヤバタの円周率を知っていた者が、どうしてその「近似値」を求める必要があったのか、といえば、おそらくケタ数を小さくすることが狙いだったのだろう。実際この方法は、インドの天文学者が、文字どおり天文学的なケタ数になる天文定数の比を、少ないケタの数の比で近似するときにしばしば用いた方法である。

さて再び『アールヤバティーヤ』に話を戻して、ここで注意しておきたいことは、これまで見てきた詩節9ab、9cd、10、それにあとで見る17ab、17cdは、もちろんそこから何

らかの計算法を導くことはできるが、それ自体、決して計算のアルゴリズムではなく、幾何学的な事実を述べているにすぎない、ということである。シュルバスートラにも、そのような、計算法ではない一般的命題が述べられていることは、すでに第二章で見たとおりである。ところがこれはせいぜい『ブラーフマスプタシッダーンタ』までで、それ以降はほとんど見られなくなる。インド数学が七世紀のブラフマグプタを経てパーティーとビージャガニタの二大分野を確立してゆくに伴い、数学書から姿を消してゆくのである。

次の二詩節は三角法に関するものである。三角法の理論は、ギリシャのヒッパルコスあるいはアポロニオスによって始められ、メネラオス、プトレマイオス等によって発展させられたが、彼らが扱ったのは弧に張る弦そのものであり、それを今日のような半弦、いわゆる正弦の理論に変えたのはインド人であるとされている。なお古代にあっては、単位円ではなく一定の長さの半径（R）を持つ円で弦や正弦を考えるのが普通である。そこでその正弦（$R\sin\theta$）を便宜上、大文字のSで始まる $\mathrm{Sin}\,\theta$ で表すこともある。

このトピックはアールヤバタ以降、「弦の生成（ジュヤーウトパッティ）」の名前で天文学の文脈において扱われるようになり、数学書や天文学書の数学の章でとりあげられることはほとんどなくなる。

詩節11（正弦値の幾何学的計算法）「正円の周の四分の一を、三辺形と四辺形によって分割するがよい。[そうすると] 半径の上に、等しい弧（単位弧）[の和] に対する半弦が、望むだけ [得られる]。」

この詩節は、四分円上で幾何学的に正弦値を求めるための基本的な考え方を示したものである。計算法を示唆する言葉は、唯一「[三辺形と四辺形によって分割するがよい」だけであるが、注釈者たちは次のように解釈している。$\mathrm{Sin}\,90=R$, $\mathrm{Sin}\,30=R/2$, は容易に得られる（後者については詩節9 cd参照）。この二つの値から出発して、直角三角形あるいは長方形を四分円上に想定し、それに三平方の定理（詩節17 ab）を適用することにより、次々と他の正弦を計算する。式で表せば、

$$\mathrm{Cos}\,\theta=\mathrm{Sin}(90-\theta)=\sqrt{R^2-\mathrm{Sin}^2\theta}$$

$$\mathrm{Sin}\,\frac{\theta}{2}=\sqrt{\left(\frac{R-\mathrm{Cos}\,\theta}{2}\right)^2+\left(\frac{\mathrm{Sin}\,\theta}{2}\right)^2}$$

によって、余弧と半弧に対する正弦を計算することになる（図5-2）。これらをうまく組み合わせると、3;45度間隔に24個の正弦値が得られる。この間隔と個数はインドの正弦表のほとんどが採用している。表にない正弦値は、適当な補間公式によって求めた。

詩節12（部分正弦値の漸化的計算法）「第一弧半弦値よりも第二部分半弦値はある量だけ小さいが、残り [の部分半弦値] は、それぞれの（先行する半弦値の）第一半弦値分の一

のその量だけ、「先行する部分半弦値より」小さい。」

部分半弦値すなわち部分正弦値（K_i）とは、正弦表の中で連続する二つの正弦値（J_i, J_{i-1}）の差である。

$$J_i = J_{i-1} + K_i$$

詩節12は、直角三角形の相似に基づいて得られる公式、

$$K_{i+1} = K_i - (K_1 - K_2) J_i / J_1 \qquad (j > 1)$$

を述べる（図5-3）。

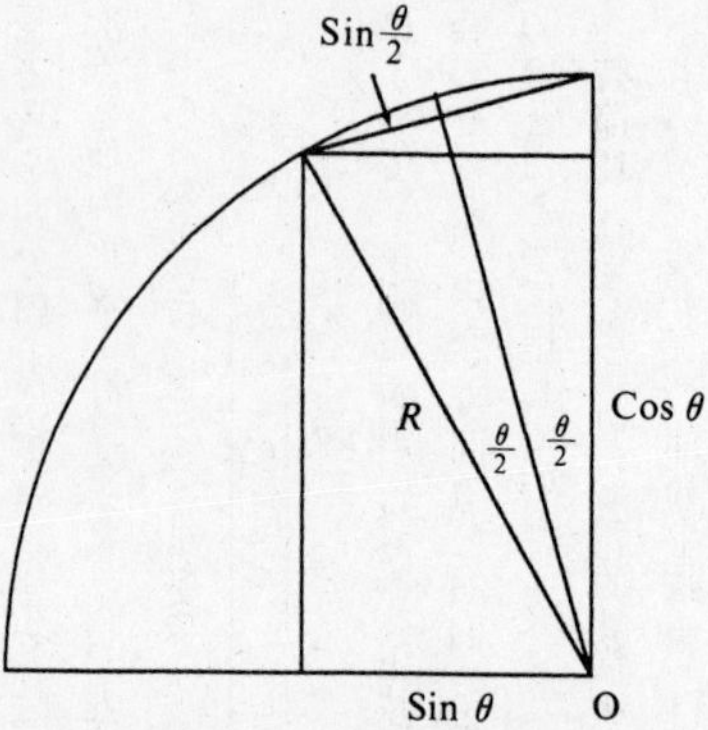

図5-2　余角と半角の正弦値

そこで、初期値として$K_1(=J_1)$, K_2が与えられれば、この式から「残り」の部分正弦値が得られ、またそれらを用いて前の式から残りの正弦値が得られる。アールヤバタは、第一章「ギーティからなる四半分」で、$K_1=225$, $K_2=224$として$K_{24}=7$に至る24個の部分正弦値をギーティ詩節に詠み込んでいる。

なお、アールヤバタの初期値を用いれば、$K_1 - K_2 = 1$であるから、詩節12の公式は、

$$K_{i+1} = K_i - J_i / J_1$$

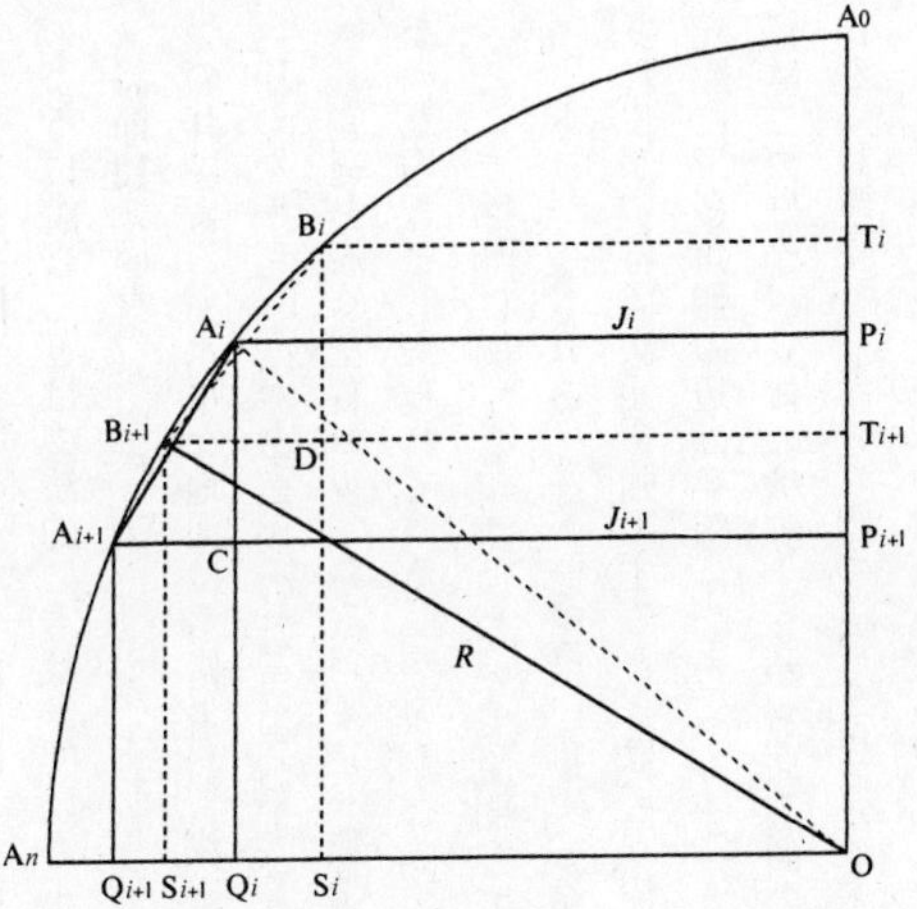

図 5-3　部分正弦値の漸化的関係

半径Rの四分円A_0A_nをn等分し、$A_0, A_1, A_2, \cdots, A_n$とする。またその中点を$B_1, B_2, \cdots, B_n$とする。

$A_iA_{i+1} = B_iB_{i+1} = a$（一定）

$\triangle A_iA_{i+1}C \backsim \triangle B_{i+1}OT_{i+1}$から、

$A_{i+1}C/A_iA_{i+1} = OT_{i+1}/OB_{i+1}$

したがって、$K_{i+1}=A_{i+1}C=(a/R)OT_{i+1}$ ……（1）

同様に、$\triangle B_iB_{i+1}D \backsim \triangle A_iOP_i$から、

$B_iD/B_iB_{i+1} = A_iP_i/OA_i$

したがって、$T_iT_{i+1}=B_iD=(a/R)J_i$ …………（2）

（1）と（2）から、$K_i-K_{i+1}=(a/R)(OT_i-OT_{i+1})$

$= (a/R)T_iT_{i+1} = (a/R)^2J_i$

したがって、$(K_i-K_{i+1})/J_i=(a/R)^2$

$\therefore \quad (K_i-K_{i+1})/J_i = (K_1-K_2)/J_1$

以上は、ニーラカンタ『アールヤバティーヤ（ガニタパーダ）注解』（pp. 45–53）に基づく。

と書き換えられる。そのため七世紀のバースカラが引用する。ラバーカラを初めとしてニーラカンタを除く多くの注釈者たちは、詩節12がこの公式を与えるとするが、同詩節をそのように読むことは文法的にも数学的にも正しくない。

詩節13（図形の決定）「円はぶんまわしによって決定するがよい。三辺形と四辺形は二つの耳による。水平な地面は水によって決定するがよい。上下は垂球系による。」

「耳（カルナ）」は、多角形の対角線および直角三角形の斜辺を指す。一般の三辺形の耳は、底辺を除く左右の辺である。インド数学では一般に、三辺形は四辺形の一辺がゼロになった場合と考えられている。

ここで図形に関する用語について説明しておこう。「図形」は、田畑を意味する語クシェートラで表される。その面積は、果実、結果（パラ）である。体積も普通、同じ語で表されるが、特に次元を強調するときは、固体、固形、立体を意味する語ガナを付加する。一般に、多角形の辺は「腕（バーフ、ブジャ）」と呼ばれる。しかし多角形自体を指すときにはこのほか、立体の稜線すなわち面と面の角を意味する語アスリ（アシュリ）も用いられる（詩節3、6参照）。例えば、三辺形はトリブジャまたはトリアシュラ、四辺形はチャトルブジャまたはチャトルアシュラである。四辺形の場合、下辺は「地（ブーミ）」、上辺は「口または顔（ムカ）」である。両側辺に強いて言及するときは、「脇（パールシュヴァ）」

という。ただしアールヤバタの場合は少し変わっていて、長方形の直交する二辺を「脇」と呼んでいたようである（詩節9ab）。彼は台形でも（詩節8）、上底と下底を「脇」、垂線（通常はランバ）を「長さ（アーヤーマ）」と呼んでいる。正三角形は「等三辺形」、正方形は「等四辺形」、また普通、直角三角形は「生まれの正しい（ジャートヤ）」三辺形と呼ばれるが、アールヤバタが直角三角形を何と呼んでいたかは不明である。南インドのニーラカンタは、『アールヤバティーヤ注解』（西暦一五一〇頃）で直角三角形を「半長方形」と呼び、直角三角形と長方形を合わせて「腕際耳図形」と呼んでいる。「際（コーティ）」は一般に、ある「腕」（すなわち辺）に直交する辺を指す。円（マンダラ）は、転がるもの（ヴリッタ）とも呼ばれる。その直径は、閂（ヴィシュカンバ）または幅（ヴヤーサ）、半径はその半分（ヴヤーサアルダ）、円周は囲むもの（パリディ、パリナーハ）である。球ゴーラは「立体円（ガナヴリッタ）」と呼ばれることもある。

詩節14から詩節16までは、シャンク（棒杭）とその影によってできる直角三角形と、灯火（天体）の柱とその根本から影の先端までの線分が作る直角三角形との相似がテーマである。インドで相似性（サマーナアーカーラトヴァ）が問題にされるのは、ほとんど直角三角形の場合に限られる。

これらの規則は、主として天文学に応用される。

詩節17ab（三平方の定理）「腕の平方と際の平方と［の和］は、耳の平方である。」

直角三辺形または長方形の腕をa、際をb、耳をcとすると、

$$a^2+b^2=c^2$$

シュルバスートラでは同じ定理が純粋に幾何学的に表現されていることは第二章で見た。ここではそれが、「平方（ヴァルガ）」という言葉で数量的な表現に変わっている。しかし、本来ヴァルガという語には単位正方形の列という幾何学的意味があったことはやはり第二章で見た。またアールヤバタにとって「平方とは等四辺形のことである」（詩節3）。したがってここでは面積の等値性がまだ強く表に出ている。ところがこのあとに書かれる数学書の中では、三平方の定理がそのままの形で与えられることはほとんどなくなり、

$$c=\sqrt{a^2+b^2},\quad a=\sqrt{c^2-b^2},\quad b=\sqrt{c^2-a^2}$$

というように、各辺を求めるためのアルゴリズムが載せられるようになる。これは、理屈を排除した分野であるパーティー、すなわち既知数学の発達と軌を一にしている。『アールヤバティーヤ』の表現は、シュルバスートラとパーティーの中間段階にあるといってよいだろう。

詩節17cd（径矢弦の公式）「円において［相補的な］二つの弧の矢の積、それは実に半弦の平方である。」

直径dの円において、弦aに対する矢をhとすれば、

$$h(d-h)=(a/2)^2$$

詩節18は、二つの円が交わるとき、交点を結ぶ弦に対する矢を求める。これは詩節17cdの系として代数的に得られるアルゴリズムである。交わった部分の最大幅（矢の和）を食（グラーサ）と呼ぶなど、この規則は日月食を連想させる。

中間的規則

次の四詩節は数列（チティ）を扱う。前に述べたように、これら四詩節とそのあとの二詩節は図形的なものと数量的なものの中間に位置づけられる。

数列（一般にシュレーディー）はヴェーダの時代からインド人の好んだトピックであり、やがて十四世紀のマーダヴァに至って、円周率や三角関数の級数展開の発見という形で大きな実を結ぶことになる。アールヤバタがここでとりあげるのは、等差数列、自然数列、平方数列、立方数列だけであるが、八世紀のシュリーダラ以降は扱う数列の種類も増え、等比数列も現われる。なかでもマハーヴィーラ（西暦八五〇頃）とナーラーヤナ（西暦一三五六）は数列に詳しい。

ここでは初項a、交差d、項数nの等差数列の和を$A(n)$、1からnまでの自然数の和

を$S(n)$、またその和数列の和を$S_2(n)$としよう。

$$A(n) = a+(a+d)+(a+2d)+\cdots+\{a+(n-1)d\}$$

$$S(n) = 1+2+3+\cdots+n$$

$$S_2(n) = S(1)+S(2)+S(3)+\cdots+S(n)$$

詩節19（等差数列の和）

$$A(k+n)-A(k) = n\{a+(k+(n-1)/2)d\} = (a_{k+1}+a_{k+n})(n/2)$$

詩節20（等差数列の項数）

$$n = \{(\sqrt{8dA(n)+(d-2a)^2}-2a)/d+1\}/2$$

詩節21（和数列の和）

$$S_2(n) = n(n+1)(n+2)/6 = \{(n+1)^3-(n+1)\}/6$$

詩節22（平方数列の和と立方数列の和）

$$1^2+2^2+3^2+\cdots+n^2 = n(n+1)(2n+1)/6$$

$$1^3+2^3+3^3+\cdots+n^3=\{n(n+1)/2\}^2$$

詩節20の規則は、二次方程式を解いて得られる。詩節25で与えられる利息に関する規則もそうである。ところがアールヤバタは、一次方程式の解法は述べるのに（詩節30）、二次方程式の解法は述べない。なぜだろうか。二次方程式は一次方程式ほど重要ではないと考えたのか。それとも逆に重要だから公にしなかったのか。あるいは、二次方程式の解法自体は知らずに、詩節20や25のアルゴリズムだけを結果として誰かから教わったのだろうか。理由は不明だが、アールヤバタが本章で直接扱う方程式は、多元連立にせよ（詩節29）、一元にせよ（詩節30）、また不定方程式にせよ（詩節32－33）、すべて一次に限られている。

数列は本来、単なる数の列ではなく、一定の規則に従って増加ないし減少する具体的な物の量とかかわっていた。具体的なものは並べることができる。すなわち図示できる。したがって数列は二つのカテゴリー、すなわち図形に関する数学と数量に関する数学の両方に属しうることになる。七世紀のバースカラは、「数列、影等は図形数学（クシェートラガニタ）に属する」と明言している。シュリーダラ、ナーラーヤナ等は、等差数列の和を台形の面積として扱う「数列図形（シュレーディー・クシェートラ）」なる概念に言及する。のちにニーラカンタはアールヤバタの数列の公式の証明に、単位正方形を直角三角形の形に並べた「数列図形」を用いている。

詩節23（二数の積）　$\{(a+b)^2-(a^2+b^2)\}/2=ab$

詩節24（積の分解）　$\{\sqrt{4ab+(a-b)^2}+(a-b)\}/2=a$

$\{\sqrt{4ab+(a-b)^2}-(a-b)\}/2=b$

これらはそれぞれ、恒等式、

$(a+b)^2=a^2+2ab+b^2$, $(a+b)^2=(a-b)^2+4ab$

を前提としている。詩節24は、後者と和差算、

$\{(a+b)+(a-b)\}/2=a$, $\{(a+b)-(a-b)\}/2=b$

との組み合わせである。数列と同様これらの規則も見かけは数量的だが、図形的な意味を合わせ持っている。ユークリッド『原論』第二巻に見られる、いわゆる幾何的代数とは逆に、代数的幾何といってよいかもしれない。

数量に関する規則

詩節25（利息）

元金Aに対する単位期間の利息xは未知である。その利息xに対する期間tの元利合計がaであったとすると、

$x=\{\sqrt{Aat+(A/2)^2}-A/2\}/t$

詩節26（三量法）

三つの既知量a、b、cと一つの未知量xのあいだに、比例関係、$a:b=c:x$があるとき、

$$x = bc/a$$

三量法はインド数学できわめて重視された。のちに十二世紀のバースカラは、数学は「三量法で満たされている」といっている（『リーラーヴァティー』240）。インドには三量法に関して多くの楽しい例題があるが、『バクシャーリー写本』から「行きつ戻りつ」タイプの問題を一つ紹介しよう。

「18ハスタの長さのヘビが穴に入ろうとしている。その速さは一日に$\frac{1}{2}$アングラ、プラスその$\frac{1}{9}$であるが、同時に$\frac{1}{21}$アングラ逆戻りする。頭の先から尾の先まで穴にはいるのに、どれだけの時間がかかるか？」（フォリオ20v）

ここで、24アングラ（指幅）＝1ハスタ（腕尺）であるから、

$$\{(1/2)\cdot(1+1/9)-1/21\} : 1 = 18\cdot 24 : x$$

与えられている答は、2年4カ月10日15ムフールタ。数学書では便宜上、30日＝1月、12月＝360日＝1年、とするのが一般的である。また、30ムフールタ＝1日。

詩節27ab（分数の三量法）

三量法（詩節26）で、$a = a_2/a_1$, $b = b_2/b_1$, $c = c_2/c_1$ とするとき、

$$x = a_1 b_2 c_2 / a_2 b_1 c_1$$

詩節27cd（分数の通分）

$$\frac{b}{a}, \frac{d}{c} \longrightarrow \frac{bc}{ac}, \frac{ad}{ac}$$

詩節28（逆算法）

$$x \cdot a = b \longrightarrow x = b/a,\quad x/a = b \longrightarrow x = b \cdot a$$

$$x + a = b \longrightarrow x = b - a,\quad x - a = b \longrightarrow x = b + a$$

ブラフマグプタはこれらに、

$$x^2 = a \longrightarrow x = \sqrt{a},\quad \sqrt{x} = a \longrightarrow x = a^2$$

を加え、十二世紀のバースカラはさらに、

$$x + (b/a)x = c \longrightarrow x = c - c\{b/(a+b)\},$$

$$x - (b/a)x = c \longrightarrow x = c + c\{b/(a-b)\}$$

を付け加えた。

詩節29（多元一次方程式）

n個の未知数 x_i がある。その和をXとして、$X - x_i = a_i$ $(i = 1, 2, \ldots, n)$ が与えられているとき、

$$X = (a_1 + a_2 + \cdots + a_n)/(n-1)$$

詩節に述べられているのはこれだけであるが、Xがわかれば各未知数は、$x_i = X - a_i$ によ

って得られる。

詩節30（一元一次方程式）「二人の男のグリカーの［個数の］差で、ルーパカの差を割るがよい。商はグリカーの値段である、もし財産に［換算］したものが等しければ。」

これは、

$$ax+b=cx+d$$

のとき、

$$x=(d-b)/(a-c)$$

であることを述べたものである。この式の定数（b、d）を意味するルーパカは、元来貨幣一般あるいは特定のコインを指す。

現在のインドの貨幣単位ルピーに通ずるが、アールヤバタの時代のルーパカは、グプタ朝が鋳造した銀貨を指していたと思われる。それはローマのデナリウス銀貨を模して作られたディーナーラ金貨の十六分の一の価値を持っていた。

一方ここで未知数（x）を意味するグリカー（ビーズ、小球）の由来ははっきりしない。アールヤバタと同じ頃それがアバクス（算盤）で使われた可能性は前に見た（第一章）。ここでもそれは方程式表現の中で、未知数を表す道具として用いられたのだろうか。七世紀の注釈者バースカラは「これらのグリカーはその値のわからないものであり、ヤーヴァッターヴァトと言われる」という。アールヤバタのあと、未知数を指す語としてはヤーヴァッターヴァトと色の名前がグリカーにとってかわる(図6-2参照)。

詩節31(会合時間)

二つのものの速度を v_1、v_2、現在の距離を d とすると、それらが出会うまでの時間は、

$$t = d/(v_1 - v_2)$$

ただし詩節では、進行方向が同じ場合(速さの差)と逆の場合(速さの和)を区別している。

詩節32-33(一次不定方程式)

整数 N を a で割ったら R_1 余り、b で割ったら R_2 余るとき、N を求めるのが問題である。式で表せば、

$$N = ax + R_1 = by + R_2 \quad (0 \leqq R_1 < a, 0 \leqq R_2 < b)$$

これは、$R_1 - R_2 = c$ とおいて、

$$y = (ax + c)/b$$

という形になおすことができる。アールヤバタはこの式を満たす x を求め、それを前の式に代入して N を得る。そのときいわゆるユークリッドの互除法を適用して a、b を小さい数に還元するので、この問題と解法は「クッタカ」すなわち「粉砕者」と呼ばれる。もちろん不定方程式だから解は多数ありうる。なお、前の形を「余りを伴う」クッタカ、後の

形を「余りを伴わない」クッタカと呼んで区別することもある。

アールヤバタは試行錯誤で一組の解が得られるほどに係数が小さくなったところで互除を止める。ブラフマグプタも同じであるが、九世紀のマハーヴィーラから、余りが1になるまで互除を行なうようになる。そのほうが計算は長くなるが、ほとんど機械的に解に至ることができる。

クッタカは天文学で用いられた。例えば、一ユガ（＝D日）にある惑星が天球上をR回転するとする（Rは整数）。ユガの初めからy日経過したとき、その惑星がx回転し、回転の余りがλであったとすると、

$$Ry/D = x + \lambda/D$$

すなわち、

$$y = (Dx + \lambda)/R$$

したがって回転の余りλが与えられれば、クッタカによりyとx（の候補）が得られる。

yはユガの初めからの時間の経過を日単位で表したもので、アハルガナ（日の集まり、中国では積日）と呼ばれた。

以上で『アールヤバティーヤ』第二章「数学に関する四半分」は終わる。

第六章　インド数学の基本的枠組みの成立

1　ブラフマグプタの数学

ブラフマグプタは、ジシュヌという父から西暦五九八に生まれた。そして西暦六二八、天文学書『ブラーフマスプタシッダーンタ』(Brāhmasphuṭasiddhānta) を著した。三十歳のときである。同書のタイトルは、「ブラフマー学派の真正なシッダーンタ」を意味する。シッダーンタとは一般に「最終的な結論、決定版」というほどの意味であるが、五世紀頃までには、数理天文学書を指す語としても用いられるようになっていた。六世紀半ばにはヴァラーハミヒラが、五つの天文学書のダイジェスト版、『パンチャシッダーンティカー』を書いている。

ブラフマグプタはまた、西暦六六五に『カンダカードヤカ』(砂糖菓子) という天文書も書いている。前の書が「日の出説」であるのに対して、この書は「夜半説」である。第一章で触れた『九執暦』もこの書と同じ系統である。

『ブラーフマスプタシッダーンタ』は二五章からなるが、特に数学に関連するのは次の五章である。

第12章　ガニタ（全66詩節）

第18章　クッタカ（全102詩節）

第19章　シャンク影等の知識（全20詩節中詩節3－8、14－20）。

第20章　韻律集積図表（全20詩節）

第21章　天球（全70詩節）中「弦の生成」（詩節17－23）。

第12章と第18章が狭義の数学を扱う。第19章の大半は影や光線による測量（一種の幾何光学）に当てられているが、これは第12章で取り上げられる「影の実用算」の補遺あるいは発展とみなしうる。第20章は韻律学に関わる順列組合せを扱うことはわかっているが、未だ解読に成功した人はいない。第21章は球面天文学の章であるが、そのうちの七詩節は「弦の生成」と名付けられ、三角法を扱う。ただしこれは平面三角法であって球面三角法ではない。インド天文学では、ギリシャ、ローマでアナレンマと呼ばれた一種の投影図法などを用いて、球面の幾何学を平面に置き換える。

これら五つの章は、我々から見て数学に関連するが、ブラフマグプタの考えていた数学（ガニタ）は第12、第18章のすべてと第21章の七詩節だけで、第19、第20章は含まなかったらしい。このことは第12章の結語が暗示する。

表 6.1.1. ブラフマグプタ著『ブラーフマスプタシッダーンタ』第12章「ガニタ」

(カッコ内は詩節番号. 原著に明瞭な小節区分はない.)

序(1)
基本演算(2-13)
　加減乗除(2-4)
　平方と開平(5)
　立方と開立(6-7)
　分数計算五類(8-9)
　三量法(10)
　逆三量法(11ab)
　三五七九十一量法(11cd-12)
　物々交換(13)
実用算(14-54)
　混合(14-16)
　数列(17-20)
　平面図形(21-43)
　　三辺形と四辺形に関する計算(21-32)
　　三辺形と四辺形の生成(33-38)
　　二人の苦行者(39)
　　円に関する計算(40-43)
　堀(44-46)
　積み重ね(47)
　鋸(48-49)
　堆積物(50-51)
　影(52-54)
基本演算に対する補遺(55-65)
結語(66)

『ブラフマスプタシッダーンタ』第12章「ガニタ」

まず冒頭でブラフマグプタはいう。

「加法に始まる二十の基本演算と影に終る八つの実用算とを各々よく知る者はガナカである。」(12.1)

実際この第12章は、二十の基本演算(パリカルマン)と八つの実用算(ヴヤヴァハーラ)とから成っている(表6.1.1参照)。両者の関係は基本演算の節の最後の言葉、「[これから述べられる]八つの実用算の基本演算が語られた」(12.13cd)により端的に示されている。

基本演算　基本演算の最初にあげられている加減乗除と平方、開平の規則は分数を対象とするが、続く立方と開立は位取りで表記された整数を対象とするから、ブラフマグプタはこれら八つの基本演算の対象として整数と分数の両方を考えていたことがわかる。アールヤバタと同様、詩節の経済性を考慮して、重要と思われるものだけを韻文化したのであろう。後世、「基本演算」の内容は人によって多少異なるが、ほとんどの場合これらの八則が中核となる。「分数計算五類」は、通分（と和）、積、商（または逆数）、部分付加、部分除去の五種類（ジャーティ）の分数計算を指す。ブラフマグプタはこれらを、第一類、第二類、などと番号で呼ぶが、シュリーダラ、マハーヴィーラなど後世の数学者は、順に、部分類、重部分類、部分部分類、部分付加類、部分除去類と固有名詞で呼ぶ。

逆三量法は逆比例による計算、五量法などはいくつかの変化量の積に比例する量の計算であり、物々交換は、異なる品物を等価で交換する場合の量を求める。

実用算　次に実用算が来る。混合の実用算では、単利計算、利息の利息、投資額に応じた利益配分が扱われる。数列の実用算で取り上げる数列は、『アールヤバティーヤ』（2.19–22）のそれと変わらない。

平面図形の実用算は、八つの実用算の中では費やされる詩節がもっとも多く（23個）、その半分以上を占める。ほとんどの詩節は三辺形と四辺形に関するもので、最後の四詩節だけが円に関係する。

三辺形と四辺形の場合（12. 21-32）、計算の対象となるのは、面積、垂線、射影線（底辺を垂線で二分したもの）、耳（対角線）、耳が上底の両端から下ろした垂線と互いに切り合う切片、外接円の半径などである。面積は、粗（ストゥーラ）な計算法（対辺の平均の積）と精密（スークシュマ）なそれ（ヘロンの公式の四辺形版）とを併記する（12. 21）。いわゆるブラフマグプタの定理（「不等辺四辺形」の対角線の計算）もここで与えられる（12. 28）。

「生成」（12. 33-38）の対象となるのは、「二等辺三辺形、不等辺三辺形、長方形、二等辺四辺形、三等辺四辺形、不等辺四辺形」である。与えられた計算規則によって得られる辺長は結果としてすべて有理数になる。また、二等辺四辺形と三等辺四辺形はともに等脚台形になり、不等辺四辺形は対角線が直交し円に内接する四辺形になる。

これら「生成」の規則のうち四辺形に関するものは、先行する「計算」の節で扱われる四辺形の定義ではないかと考えられている。その場合、ブラフマグプタがこの章で念頭に置いていた四辺形は、正方形と長方形を含む等脚台形と、彼の「不等辺四辺形」の二種類だけということになる。実際このように考えると、彼の規則がよく理解できる。例えばブラフマグプタの定理で、彼は「不等辺四辺形において」と断わっているから、「円に内接するという条件を明記していない」という非難は当たらないことになる。また彼は「非不等辺四辺形」という言葉をしばしば使うが、これは彼の考えていた四辺形の中で不等辺四辺形にあらざるもの、すなわち等脚台形を指すことになる。

しかし、三辺形についてはこれらの生成規則を定義とする理由はないから、単に有理三辺形を目的としたものかもしれない。

「二人の苦行者」(12. 39) は、想定された問題に対して、三平方の定理を用いて得られた解のみを与える。九世紀のマハーヴィーラが伝えるその問題は次の通りである。

「六ヨージャナの高さの山の頂に二人の苦行者がいる。一人はそこへ足を使って、またもう一人は空を飛んで行った。[今、後者は] 山の頂から [垂直に] 飛び上がってから対角線状に、また他方は [垂直に山の] 根元まで潜ってから [水平に]、町へ [行ったところ]、両者の行程は等しくなった。町までの [水平] 距離と、[一人の苦行者の] 飛び上がった分はいくらか。」(『ガニタサーラサングラハ』7. 199. 5–200. 5)

解は不定であるが、ブラフマグプタは一般解を与える。一方マハーヴィーラ (7. 198. 5) は特殊解のみである。

三平方の定理そのものは「計算」の節で、次のような形で取り上げられている。

「耳の平方から際の平方を引けば、平方根が腕であり、腕の平方を引けば、平方根が際である。際と腕の平方の和の平方根は耳である。」(12. 24)

腕と際は長方形の二辺、耳はその対角線であるが、これは、図形の性質を述べた定理というより、その定理に基づく直角三角形の三辺の計算法（アルゴリズム）である。ブラフマグプタ以降に見られる図形数学はアルゴリズム化が進み、計算の対象がたまたま図形の辺や面積であるに過ぎない。計算法ではない幾何学的性質自体も表現に値すると考えたシュルバスートラの幾何学とは大きく異なる。

円に関する計算（12.40–43）では、円の周と面積、径矢弦、交わる二円の矢や最大径などが扱われる。周と面積に関しては、円周率として3および$\sqrt{10}$を用いた二種類の公式が実用的（ヴヤーヴァハーリカ）な計算法、精密（スークシュマ）な計算法として与えられる。このように、3と$\sqrt{10}$, 22/7と3927/1250など、二つの円周率に対応する二種類の公式を与えることは後世、多くの数学文献で慣習化する。

立体図形は、堀、積み重ね、堆積物の三つの実用算で扱われる。「堀」では、直方体、錘体、角錘台の容積、「積み重ね」では、レンガの積み重ねの断面積、総体積、レンガの個数、「堆積物」では穀物の堆積の容積を計算する。穀物の堆積が作る円錐の高さは穀物の細かさに応じて底面の周の九分の一、十分の一、十一分の一とされる。これに底面の周の六分の一の平方を掛けて体積とする。したがってここでも円周率は3である。

鋸《のこぎり》の実用算では、切断面積と木材の硬さに応じた仕事量が計算される。影の実用算では、日時計の影の長さと時刻の関係、光源とシャンク（杭）の高さと距離および影の長さの関係が扱われる。前述のように、シャンクと影の問題は第19章でも取り上げられる。

補遺　基本演算に対する補遺で扱われるのは、乗法三種、除法一種、乗数・被乗数・除数・被除数の関係、分数の除法、整数は分母1の分数とみなすこと、約分、六十進法表記による平方と開平などである。

結語　「これは［ガニタの］方向付けのみである。他は弦の生成とクッタカにおいて述べられるだろう。和などに関するアールヤー詩節66個からなる第12章［ガニタは完結した］。」（12. 66）

「クッタカ」は第18章、「弦の生成」は第21章詩節17－23である。これから、ブラフマグプタの狭義の「ガニタ」の範囲がわかる。広義のガニタは数理天文学、すなわち本書全体である。

『ブラーフマスプタシッダーンタ』第18章「クッタカ」

本章を学ぶことの意義をブラフマグプタは序で次のようにいう。

「クッターカーラなしには、ほとんど問題を理解することができないので、クッターカーラを問題とともに述べよう。クッタカ、ゼロ、負、正、未知数、中項除去、色（多元）、バーヴィタカおよび平方始原を知ることによってタントラ通たちの師とな

表 6.1.2. ブラフマグプタ著『ブラーフマスプタシッダーンタ』第18章「クッタカ」

(カッコ内は詩節番号. 原著に明瞭な小節区分はない.)

- 序(1-2)
- クッタカ(3-29)
  - 余りを伴うクッタカ(3-5)
  - 天文学での用例(6-8)
  - 固定クッタカ(9-11)
  - 天文学での用例(12)
  - 付加規則(13)
  - 逆算法(14)
  - 例題(15-20)
  - 応用法(21-22)
  - 例題(23-29)
- 正負ゼロの演算規則(30-35)
- 和差算, 差差算(36)
- カラニー計算(37-40)
- 未知数計算(41-42)
- 一色方程式(43-50)
    - 一次方程式の解(43ab)
    - 二次方程式の整理(43cd)
    - 中項除去(解の公式)(44-45)
    - 例題(46-50)
  - 多色方程式(51-59)
    - 規則(51)
    - 例題(52-59)
  - バーヴィタ(60-63)
    - 規則(60)
    - 例題(61)
    - 規則(62-63)
- 平方始原数(64-95)
  - 規則(64-74)
  - 例題(75-95)
- 和差算等(96-99)
- 結語(100-102)

る。」(18.1-2)

クッターカーラはクッタカ(およびクッタ)に等しく、『アールヤバティーヤ』で見たように一次不定方程式を指す。ブラフマグプタがクッタカをきわめて重視していたことは、右の引用の前半からだけでなく、本章のタイトル、およびクッタカの記述が占める位置からも窺える(表6.1.2参照)。しかし本章全体の内容の広がりを後世のビージャガニタの視点でとらえると、クッタカというタイトルは不自然で偏った印象を受ける。また、クッタカを冒頭に置く論理的理由も教育的理由も見あたらない。全体のバランスからいえば、平方始原数の前あたりがふさわしい。少なくとも、十一世紀のシュリーパティ、十二世紀のバースカラがそうしたように、正負ゼロの演算規則より後でなければならないだろう。

彼がこれほどまでにクッタカを重視した理由は、天文暦法におけるその重要性にあるのだろうが、クッタカはすでに『アールヤバティーヤ』で与えられているから、インド数学史の観点からはむしろ本章で扱われるその他の多くのトピックのほうが、まとまった記述としては初めてという意味で重要である。実用算の場合と同様、それらはブラフマグプタ以前から存在した可能性が大きいが、シュリーパティや十二世紀のバースカラと比べて全体の体系化は未発達な段階にある。

本章のトピックのほとんどは右の序の後半（18.2）に述べられているが、重要なものでは他に、カラニー計算がある。次に内容を概観しよう。

クッタカ　余りを伴うクッタカは前章で説明した。固定クッタカは余りを伴わないクッタカ $(y=(ax+c)/b)$ において、$c=\pm1$ の場合を指す。これは、a、b が一定で c が変化する場合の一連の不定方程式を要領よく解くための工夫である。すなわち、$y=(ax\pm1)/b$ の解を $(y,x)=(n,m)$ とすると、cn, cm をそれぞれ a、b で割った余り (n_0, m_0) が、$y=(ax\pm c)/b$ の解であることを利用する。

正負ゼロの演算規則　加減乗除と平方、開平の六則が次のように整然と表現される。

「正数二つの［和］は正数、負数二つの［和］は負数、正数と負数の［和］は差、同じ［大きさ（絶対値）をもつ正数と負数］の和はゼロである。負数または正数とゼロとの和は負数または正数である。ゼロ二つの和はゼロである。」（18. 30）

「大きい正数から小さい正数を引くと正の、大きい負数から小さい負数を引くと負の、また小さいものから大きいものを引くと逆［符号］の、その差となるだろう。［一般に、引かれる］正数は負数に、負数は正数になる。」（18. 31）

「負数引くゼロは負数、正数［引くゼロ］は正数、ゼロ［引くゼロ］はゼロである。負数から正数が、あるいは正数から負数が、引かれるべきときは、加えられるべきである。」（18. 32）

「負数と正数の積は負数、負数二つの［積］は正数、正数［二つ］の積は正数になる。ゼロと負数、ゼロと正数、ゼロとゼロ、の積はゼロである。」（18. 33）

「正数割る正数、負数割る負数、は正数になる。ゼロ割るゼロはゼロである。負数で正数を割ると負数、正数で負数を割ると負数になる。」（18. 34）

「負数または正数をゼロで割ると、それ（すなわちゼロ）を分母とするものである。ゼロを負数または正数で割るとゼロである。負数または正数の平方は正数である。ゼロの［平方］はゼロである。平方がそれ（与えられた数）であるようなものが平方根

である。」(18. 35)

$a>b>0$, $a+b=m$, $a-b=n$, $a\cdot b=r$, $a/b=s$ として、述べられている順に記号化すれば次のようになる。

和 (18. 30)：$a+b=m$, $(-a)+(-b)=-m$, $a+(-b)=n$, $(-a)+b=-n$, $a+(-a)=0$, $a+0=a$, $(-a)+0=-a$, $0+0=0$

差 (18. 31-32)：$a-b=a+(-b)=n$, $(-a)-(-b)=(-a)+b=-n$, $b-a=b+(-a)=-n$, $(-a)-0=-a$, $a-0=a$, $0-0=0$, $(-a)-b=-m$, $(-b)-a=-m$, $a-(-b)=m$, $b-(-a)=m$

積 (18. 33)：$(-a)\cdot b=-r$, $(-a)\cdot(-b)=r$, $a\cdot b=r$, $0\cdot(-a)=0$, $0\cdot a=0$, $0\cdot 0=0$

商 (18. 34-35ab)：$a/b=s$, $(-a)/(-b)=s$, $0/0=0$, $a/(-b)=-s$, $(-a)/b=-s$, $a/0=a/0$, $(-a)/0=-a/0$, $0/(-a)=0$, $0/a=0$

平方 (18. 35cd)：$(-a)\cdot(-a)=a^2$, $a\cdot a=a^2$, $0\cdot 0=0$

平方根 (18. 35d)：a^2 の平方根 $=a$ と $-a$, 0の平方根 $=0$

このように体系的に記述されたものとしては、これが現存最古であるが、ゼロの加減がヴァラーハミヒラの『パンチャシッダーンティカー』で用いられていることは第一章で見た。また、負数の引き算を韻文化したプラークリットの詩節が、ブラフマグプタと同時代

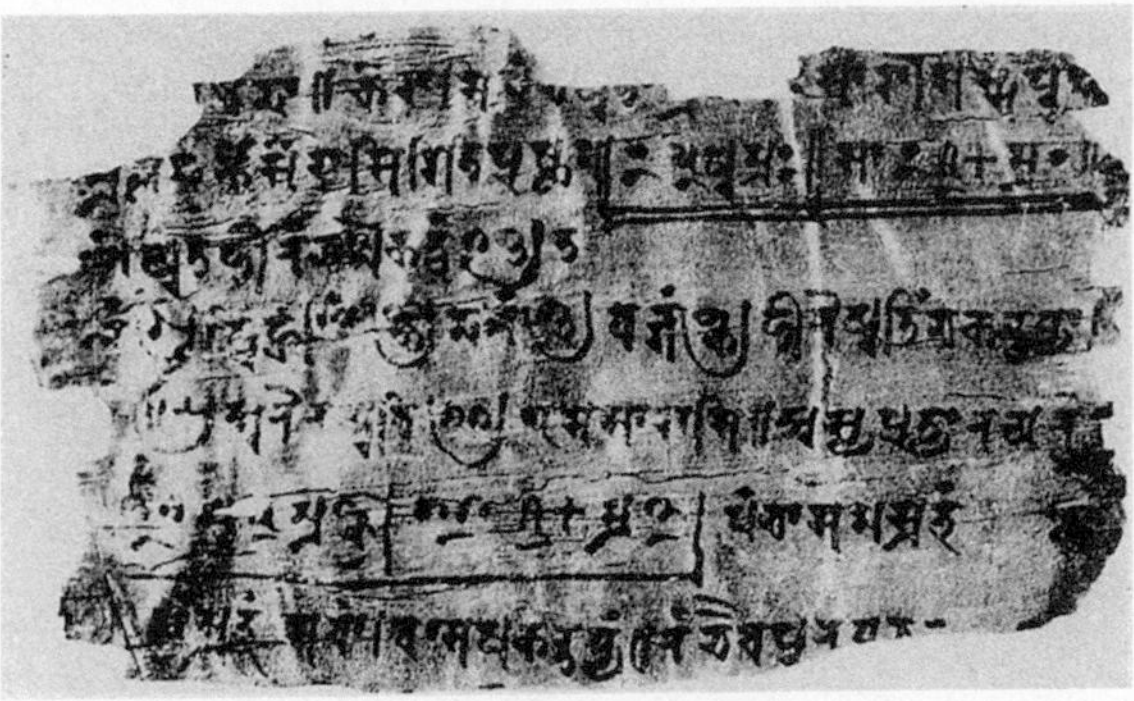

図6-1　『バクシャーリー写本』のマイナス記号

上から2行目の枠囲いは、

0 5 yu mū 0	sā 0 7+mū 0
1 1　　　1	1 1　　[1]

これは、「ある数（0）に5を加える（yu<yuta）と平方根（mū<mūla）を与え、同じその（sā）数（0）から7を引く（＋）と平方根を与える」という問題の形式的表示。答えとして11が得られ、下から2行目の枠囲いで検算をしている。（G. R. Kaye, *The Bakhshālī Manuscript: A Study in Medieval Mathematics*, Archaeological Survey of India, 1927/33, fol. 59R）

のバースカラによって引用されていることは第四章で見た。

ブラフマグプタが減数あるいは負数を表すために用いた記号は不明である。『バクシャーリー写本』、『パーティーガニタ』の古註など比較的初期の数学書では十字形の記号（＋）が数字の前方（右）に置かれる（図6-1）。これは、クシャーナ文字またはグプタ文字（二—六世紀）の語頭の母音「リ」（ṛ）に由来する。負数を意味する語リナの頭文字である。のちには数字の上に置かれた点（または小円）が普及する。十二世紀のバースカラはそれを明確に指示する。

「ここ（『ビージャガニタ』）では、定数（ルーパ）および未知数（アヴヤクタ）に対しては目印のために第一音節が記されるべきである。同様に（目印のため）負数はその上に点（ビンドゥ）を持つ。」（『ビージャガニタ』5）

しかし、マイナス記号の位置はこれによって完全に定まったわけではない。十四世紀のシンハティラカ・スーリは、シュリーパティの『ガニタティラカ』に対する注釈書で、数字の背後（左）にゼロ記号と同じ小円を置く。

和差算と差差算　和差算すなわち合併算（サンクラマナ）と差差算すなわち不等算（ヴィシャマカルマン）は初出であるが、前者は『アールヤバティーヤ』(2.24) の規則で前提にされていた。これらは結語の前でもう一度触れられる。

カラニー計算　無理数計算に等しいが、無理数そのものではなく、その平方された形すなわちカラニーに対して規則が与えられる。対象となる演算は、正負ゼロの場合と同様、加減乗除と平方、開平の六則である。例えば、加減は次のように表現される。

「その積が平方であるような［二つのカラニー］は統合するがよい。望みの数で割っ

たカラニーの平方根の、和の平方、または差の平方、に望みの数を掛ける。」(18.37d-38ab)

すなわち、K_1とK_2をカラニーとして、積K_1K_2が平方数のとき、それらの和または差をKとすると、

$K = (\sqrt{K_1/b} \pm \sqrt{K_2/b})^2 \cdot b$

K_1、K_2が10で割り切れ、しかもその商がともに平方数の場合の和の規則が、七世紀のバースカラによって引用されていることは第四章で見た。

これらの六則に先立って、ブラフマグプタは平方根を長さとする線分を描くための規則を与える。

「垂線がカラニーである。その平方を望みの数で割り、［その］望みの数を加減する。小さいほうが地(底辺)であり、大きいほうを二で割ったものが腕(二辺)である。」(18.37abc)

すなわち、mを任意数とし、Aを頂点とする二等辺三辺形ABCで(図2-9b参照)、

$AB = AC = (K/m + m)/2, \quad BC = K/m - m$

とすれば、垂線$AH = \sqrt{K}$

『カーツヤーヤナシュルバスートラ』(6.7)の規則は特殊ケース($m = 1$)である(第二章

参照）。またここでブラフマグプタはKではなく垂線そのものすなわち$\sqrt{K}$をカラニーと呼ぶが、これは正方形の一辺をカラニーと呼ぶシュルバの用法から容易に派生する。このように語カラニーは平方と平方根の両方の意味で用いられた。

未知数計算　わずか二詩節で、未知数の六則を与える。

「未知数の平方、立方、平方の平方、五乗、六乗などの等しいものには和と差がある。異なるものは別々［に置かれる］。同じ二つの［未知数の］積は平方であり、三つなどの積は、「それ乗」である。異種の積、すなわち異なる色相互の積は、バーヴィタカである。残りは前のごとくである。」(18.41-42)

これらの規則を記号化すれば、次のようになる。

和差：$ax^m \pm bx^m = (a \pm b)x^m$

積：$x \cdot x = x^2$, $x \cdot x \cdots\cdots x = x^m$ (m-gata, $m > 2$), $x \cdot y =$ bhāvitaka

「残り」は、除法、平方、開平を指し、「前のごとく」というのはおそらく既知数の場合を意図する。

「それ乗」と訳した複合語 tadgata は直訳すれば「それにある」あるいは「その状態にある」という意味で、代名詞「それ」の位置に三、四、五などの数詞が来る。同時代のバースカラや『パーティーガニタ』に対する著者年代未詳の古註も同じ呼び方をするが、やがてこの合理的命名法はすたれ、立方、平方の平方、平方と立方の積、などという表現だけが残る。異なる未知数の積をバーヴィタカまたはバーヴィタ(生み出されたもの)と呼ぶのは、後世でも同じである。

「未知数」と訳した語アヴヤクタは一般に「見えざるもの、未顕現なもの」を意味し、「目に見えるもの」を意味する語ヴヤクタの否定形である。本書には確認できないが、のちに後者は「既知数」の意味で用いられている。

右の規則では、「色(ヴァルナ)」もまた未知数を指す。ブラフマグプタは複数種の未知数を扱うときこの語を用いるが、個々の色の名には言及しない。十二世紀のバースカラは言う。

「ヤーヴァッターヴァト、カーラカ(黒)、ニーラカ(青)、またその他、ピータ(黄)、ローヒタ(赤茶)などのヴァルナ(色)が、優れた師たちにより、未知数の計算をするために、未知数を指すものとして設定された。」(『ビージャガニタ』21)

ヤーヴァッターヴァトだけは色でなく、通常「ヤーヴァト…ターヴァト…」のごとく従属副文を作り、量的に「…だけ、それだけ…」あるいは時間的に「…する間、その間に…」を意味する。『ブラーフマスプタシッダーンタ』に未知数としてのこの語は見られないが、同時代のバースカラには知られている。

十二世紀のバースカラによれば、数式ではこれらの語の第一音節 yā, kā, nī, pī, lo などがこの順序で用いられる。これらはローマ字で書けば二文字であるが、サンスクリットを表記する文字は音節文字であるから、実は一文字である。また、言葉の略記には違いないが、個々の問題に現われる語の略記ではないから、現代の x、y、z などと同じく十分な一般性をもつ。「色」がなぜ未知数を指すようになったのか不明だが、アールヤバタが未知数を指すのに用いたグリカー（ビーズ）と関係があるかもしれない。

平方、立方はそれぞれそれを意味する語ヴァルガ、ガナの第一音節をとって、va, gha とする。四次は「平方の平方」で vava、五次は「平方と立方の積（ガータ）」で vaghaghā、六次は「平方の立方」で vagha、などとする。それらの個数を表す数字、すなわち係数はその後に置かれる。例えば現代の $2x^4$ は、yāvava 2 である。異なる未知数の積には、バーヴィタを意味する bhā を添える。例えば、$-3xy$ は yākābhā $\dot{3}$ である。ただしこれらは十二世紀以降の数学書に見える表記法であって、ブラフマグプタ自身のそれは不明である。同時代と推定される『バクシャーリー写本』の現存部分には未知数記号 yā が単独で一度現われるが、方程式表現はない。

一色方程式

ここでの話題は一元方程式である。扱われる次数は一次と二次に限られる。

まず一元一次方程式の解法。

「等式において、逆向きの定数の差を未知数の差で割ると、未知数である。」（18. 43ab）

この規則は『アールヤバティーヤ』（2. 30）の規則と同じであるが、同書では未知数をグリカー、定数をルーパカと呼んでいることは前に見た。ここで定数と訳した語ルーパは、一般に色、形すなわち視覚の対象を意味するが、ルーパカ同様、貨幣の意味で用いられることもある。ブラフマグプタ以降、このルーパが方程式の定数項を表す語として定着する。

次に一元二次方程式の解法。

「平方と未知数［の項］を一方から引き、定数をその下から引くがよい。」（18. 43cd）

「平方［の個数（すなわち係数）］と四を掛けた定数に中項の平方を加え、平方根を取り、中項を引き、平方［の個数］の二倍で割ると、中項［の値］である。」（18. 44）

「平方［の個数］を掛けた定数に、未知数［の個数］の半分の平方を加え、平方根を取り、未知数［の個数］の半分を引き、その平方［の個数］で割れば、未知数［の値］である。」（18. 45）

最初の規則で、未整理の二次方程式を整理して定数のみの辺とそれ以外の辺とを作る。

$$ax^2+bx=c$$

次の二つの規則が解の公式を与える。もちろん同値である。

$$x=(\sqrt{4ac+b^2}-b)/2a$$

$$x=(\sqrt{ac+(b/2)^2}-b/2)/a$$

最初の公式では、一次の項を「中項」（マドヤ）と呼んでいる。完全平方化によって解の公式を得るとき、この「中項」が除去されるように見えるので、この解法を中項除去（マドヤハラナ）と呼ぶ。ここではまだ一つの解を考慮するだけである。

ブラフマグプタの等式（サマ）表現の細部は不明であるが、「定数をその下から引く」とあるので、二つの辺は上下に並べて置かれたと思われる。同時代のバースカラは、一次方程式、

$7x+7=2x+12$ を、

7　7
2　12

と表現する（図6-2）。

シュリーダラの『パーティーガニタ』に対する古註（p. 132）は、

$x^2+2x=59/2$ を、

va 1　yā 2　rū 0
va 0　yā 0　rū $\frac{59}{2}$

とする（図6-3）。

[उद्देशकः]

सप्त यावत्तावत् सप्त च रूपकाः समा द्वयोर्यावत्तावतोर्द्वादशानां [च] रूपकाणां, कियन्तो यावत्तावत्प्रमाणाः ॥ ३ ॥

[1]न्यासः— ७ ७
२ १२

करणम्— पूर्ववद् गुलिकानां यावत्तावतां विशेषः उपरि शुद्धे ५ । अधः शुद्धे रूपकविशेषः ५ । यावत्तावद्विशेषेण रूपकविशेषस्य भागलब्धं यावत्तावत्प्रमाणम् १ । एतेन यावत्तावत्प्रमाणेन यावत्तावन्तो गुलिका जाताः क्रमेण ७, २; स्वान् स्वान् रूपान्[2] प्रक्षिप्य समाः । प्रथमस्य १४, द्वितीयस्य तदेव[3] १४ ।

図 6-2 『アールヤバティーヤ注解』の方程式表現

「例題。七つのヤーヴァッターヴァトと七ルーパカが二つのヤーヴァッターヴァトと十二ルーパカに等しい。ヤーヴァッターヴァトの値はどれだけか？ 11 3 11

ニヤーサ。7 7
2 12

カラナ。前のようにグリカーの、すなわちヤーヴァッターヴァトの差は、上から引けば5。下から引けば、ルーパカの差5。ヤーヴァッターヴァトの差でルーパカの差を割った商がヤーヴァッターヴァトの値、1である。このヤーヴァッターヴァトの値によって、ヤーヴァッターヴァト、すなわちグリカーとして生ずるのは、順に7、2。それぞれのルーパを加えると等しい。すなわち、第一には14、第二にもそれと同じ 14。」(*Āryabhaṭīya with the Commentary of Bhāskara I and Someśvara*, ed. by K. S. Shukla, New Delhi, 1976, p. 128)

न्यासः—

व १ या २ रू ०

व ० या ० रू $\frac{५९}{२}$

पक्षौ छेदराशिना सवर्ण्यं न्यासः—

व २ या ४ रू ०

व ० या ० रू ५९

図6-3 『パーティーガニタ』古註の方程式表現

「ニヤーサ。va 1　yā 2　rū 0

va 0　yā 0　rū $\frac{59}{2}$

両辺を分母の値によって同色化して、ニヤーサ。

va 2　yā 4　rū 0

va 0　yā 0　rū 59」

これは、$x^2+2x=59/2$ の両辺を通分して $2x^2+4x=59$ を得る等式の変形である。(*Pāṭīgaṇita*, ed. by K. S. Shukla, Lucknow University, 1959, p. 132)

ここでrūは、定数を意味するルーパの第一音節である。また十二世紀のバースカラは、例えば現代の $4x^3+3x-2=x^2+1$ を、

yāgha 4　yāva 0　yā 3　rū $\dot{2}$

yāgha 0　yāva 1　yā 0　rū 1

と表現する。方程式表現としてはこの方法が十二世紀以降普及する(図6-4)。

多色方程式　多元連立一次方程式の解き方を与える。

「最初の色と異なるものは逆向きに引き、最初［の色の個数］で割れば、最初の

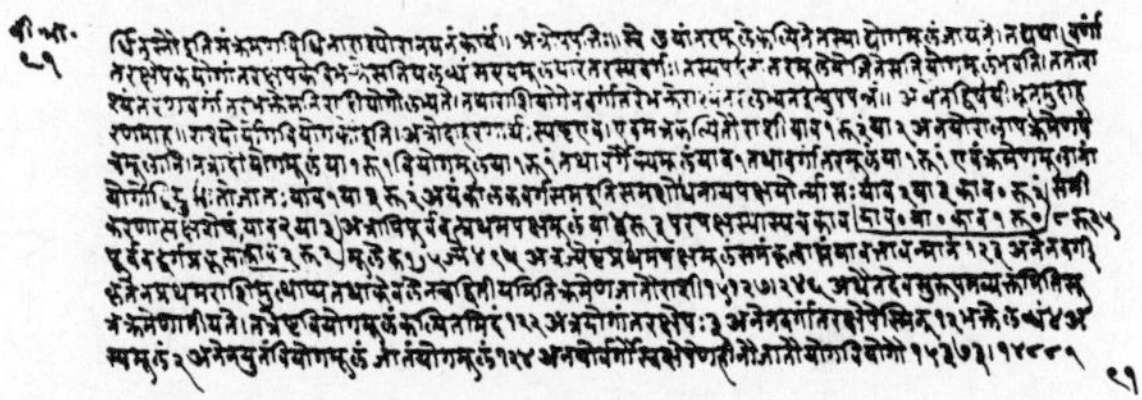

図 6-4　ビージャガニタの方程式表現。スールヤダーサの『ビージャガニタ』註、『スールヤプラカーシャ』(A.D. 1538)

6 行目：

yāva 2	yā 3	kāva 0	rū 2̇
yāva 0	yā 0	kāva 1	rū 0

これを変形して、

7 行目：

yāva 2	yā 3
kāva 1	rū 2

(写本は kāva 2 と誤記)

(ワイ　写本、PPM　9777, fol. 91b)

［色の］値である。二つずつ通分し、繰り返す。二つ［の項が残った場合］は逆［にする］。多くの［項が残った］場合は、クッタカ［を用いる］。」(18.51)

この規則は、不定方程式も念頭に置いている。例えば次のような x、y、z、u の四元連立方程式を考えよう。

$$a_1x+b_1y+c_1z+d_1u+e_1$$
$$=a_2x+b_2y+c_2z+d_2u+e_2$$
$$=a_3x+b_3y+c_3z+d_3u+e_3$$
$$=a_4x+b_4y+c_4z+d_4u+e_4$$

二辺ずつから x の値が三つ得られる。

$$x=\{(b_2-b_1)y+(c_2-c_1)z+(d_2-d_1)u+(e_2-e_1)\}/(a_1-a_2)$$
$$x=\{(b_3-b_2)y+(c_3-c_2)z+(d_3-d_2)u+(e_3-e_2)\}/(a_2-a_3)$$

$$x = \{(b_4 - b_3)y + (c_4 - c_3)z + (d_4 - d_3)u + (e_4 - e_3)\}/(a_3 - a_4)$$

二つずつを通分すれば、

$$b_5y + c_5z + d_5u + e_5 = b_6y + c_6z + d_6u + e_6$$

$$b_7y + c_7z + d_7u + e_7 = b_8y + c_8z + d_8u + e_8$$

の形の式が得られる。これらから y の値を二つ求め、それらを通分すれば、

$$c_9z + d_9u + e_9 = c_{10}z + d_{10}u + e_{10}$$

したがって、

$$(c_9 - c_{10})z = (d_{10} - d_9)u + (e_{10} - e_9)$$

ここで、$e_{10} - e_9 = 0$、すなわち二つの項が残ったとき、

$$z = d_{10} - d_9, \quad u = c_9 - c_{10}$$

すなわち互いの係数を自分の解とする。そうでないときは、クッタカを用いて解く。

バーヴィタを含む不定方程式をバーヴィタ方程式という。

バーヴィタ　$axy = bx + cy + d$ のタイプのバーヴィタ方程式の解法。

「バーヴィタカ［の個数］と定数の積に、未知数の［個数の］積を加え、望みの数で割る。望みの数と商のうち、大きい方は小さい方に、小さい方は大きい方に加える。両者をバーヴィタ［の個数］で割ると、逆順［に解となる］。」(18. 60)

mを$(ad+bc)$の適当な約数として、

$x=\{(ad+bc)/m+c\}/a, \quad y=(m+b)/a$

二つだけでなく多くの未知数の積を含む、より一般的なバーヴィタ方程式に対しては、「バーヴィタカにおいて掛け合わされているもののうち、望みの色を除いて、その値を望みの数にすると、それらを掛けた色［の個数］の和が定数になる。色の［設定された］値とバーヴィタの［個数の］積が、望みの色の個数になる。このように、バーヴィタ方程式なしにも、［解は］定まる。」とすると、それ（前の規則）はどうして作られたのか？」(18. 62–63)

例えば、x、y、z、u、v、wの六元三次不定方程式、

$axyz+buv=cx+dy+ez+fu+gv+hw+i$

は、二つのバーヴィタ、$axyz, buv$を含む。そこで、x, uを除いて他の未知数に適当な値を設定する。

$y=k, \quad z=l, \quad v=m$

このとき方程式はバーヴィタが解消し、一次式になる。

$(akl-c)x+(bm-f)u=hw+(dk+el+gm+i)$

規則に付された疑問文は、少なくとも前の規則(18. 60)がブラフマグプタ自身の発見

ではないことを示唆する。なお「方程式」と訳した語は「サマカラナ」(等しくすること)である。

平方始原　ここでは、

$$Px^2+t=y^2$$

のタイプの不定方程式が扱われる。係数Pを始原数(プラクリティ)と呼ぶが、その由来は不明である。プラクリティは一般に、変化(ヴィクリティ)に対して、変化する前の原型を意味する。この方程式の起源は、究極的にはおそらくシュルバスートラの対角線計算法に関係している(第二章参照)。

ブラフマグプタの規則は次の通り。Pが与えられたとき、

規則1(18.64cd-65ab):$(x,y,t)=(a_1,b_1,c_1),(a_2,b_2,c_2)$が解ならば、

$(a_1b_2+a_2b_1, Pa_1a_2+b_1b_2, c_1c_2)$も解。

規則2(18.65cd):$(x,y,t)=(a,b,c)$が解ならば、$(2ab/c, (Pa^2+b^2)/c, 1)$も解。

規則3(18.66):$(x,y,t)=(a_1,b_1,c),(a_2,b_2,1)$が解ならば、

$(a_1b_2+a_2b_1, Pa_1a_2+b_1b_2, c)$も解。

規則4(18.67):$(x,y,t)=(a,b,4)$が解ならば、$(a(b^2-1)/2, b(b^2-3)/2, 1)$も解。

規則5(18.68):$(x,y,t)=(a,b,-4)$が解ならば、

$(ab(b^2+1)(b^2+3)/2, (b^2+2)\{(b^2+1)(b^2+3)/2-1\}, 1)$ も解。

規則6（18.69）：$P=q^2$ のとき c, m を任意数として、

$(x, y, t)=((c/m-m)/2q, (c/m+m)/2, c)$ は解。

規則7（18.70ab）：$(x, y, t)=(a, b, c)$ が解ならば、$(a/k, b, c)$ は、$Pk^2x^2+t=y^2$ の解。

規則8（18.70cd）：$(x, y, t)=(a, b, c)$ が解ならば、(ak, bk, ck^2) も解。

以下では特定のタイプの二次の不定方程式に対して解を与える。

規則9（18.71）：$au+1=x^2, bu+1=y^2$ $(a>b)$ のとき、

$u=8(a+b)/(a-b)^2, x=(3a+b)/(a-b)$, $y=(a+3b)/(a-b)$

規則10（18.72）：$x+y=u^2, x-y=v^2, xy+1=w^2$ のとき、m, n を任意数、$p=m^2+n^2$,

$q=m^2-n^2$ とすると、

$x=p(p+q)/\{(p-q)/2\}^2, y=q(p+q)/\{(p-q)/2\}^2$

規則11（18.73）：$x+a=u^2, x-b=v^2$ のとき、m を任意数として、

$x=[\{(a+b)/m-m\}/2]^2+b$

規則12（18.74ab）：$x+a=u^2, x+b=v^2$ のとき、m を任意数として、

$x=[\{(a-b)/m+m\}/2]^2-a$, または、$x=[\{(a-b)/m-m\}/2]^2-b$

規則13（18.74cd）：$x-a=u^2, x-b=v^2$ のとき、m を任意数として、

$x=[\{(a-b)/m-m\}/2]^2+a$ または、$x=[\{(a-b)/m+m\}/2]^2+b$

和差算等

和差算（18. 96）：$x+y=a, x-y=b$ のとき、$x=(a+b)/2, y=(a-b)/2$

差差算（18. 97）：$x^2-y^2=d, x-y=b$ のとき、

$$x=(d/b+b)/2, y=(d/b-b)/2$$

和和算（18. 98）：$x+y=a, x^2+y^2=c$ のとき、$x, y=(a\pm\sqrt{2c-a^2})/2$

差積算（18. 99）：$x-y=b, xy=e$ のとき、$x, y=(\sqrt{4e+b^2}\pm b)/2$

「これらの問題は容易なものだけのみである。他の問題を千回作るがよい。他人によって与えられた問題は、述べられた計算術（カラナ）によって解決するがよい。太陽が星々の光を失わせるように、クッターカーラの問題を読むことによって、［人は］人々の集まりにおいて、天命を知るもの（占い師）たちの威光を失わせる。ましてや［問題を解くことによってそうなるのは］いうまでもない。例題を伴う諸規則において、規則ごとにこれらの問題が読まれた。百三（百二？）個のアールヤー詩節による第18章、クッタ［は完結した］。」（18. 100-102）

結語

クッタカ、一色方程式、多色方程式、バーヴィタ、平方始原で与えられる例題はほとんどすべて天文暦法に関するものである。

2 パーティーガニタとビージャガニタ

『ブラーフマスプタシッダーンタ』の第12章と第18章は、それぞれ後のインド数学の二大分野、パーティーガニタ（pāṭīgaṇita）およびビージャガニタ（bījagaṇita）に対応する。パーティーガニタは基本演算と実用算（または手順）に分かれるが、共通の特徴は様々のタイプのパターン化された問題に対する解の手順、すなわちアルゴリズムから成る点である。対象とする数の領域はゼロと正数である。これに対してビージャガニタは、未知数に文字を用いる方程式論であり、負数も対象とする。パーティーガニタはまた、既知数のみを対象とするので既知数学（ヴヤクタガニタ）、ビージャガニタは未知数を対象とするので未知数学（アヴヤクタガニタ）とも呼ばれる。

パーティーの意味

数学史家ダッタは、パーティー（pāṭī）という語は布や石盤を意味する語パタまたはパッタに由来し、パーティーガニタという熟語を作って、「書板による数学」を指す、とするが、いくらか疑問が残る。確かに後世の注釈文献にはこの熟語がしばしば見られるが、オリジナルな数学書では「数学のパーティー」（gaṇitasya pāṭī / gaṇitapāṭī）、あるいは単独で「パーティー」という表現のほうが普通である。

例えば、インドの歴史上もっとも普及したパーティーガニタの書『リーラーヴァティー』の冒頭で、バースカラはいう。

「心に念ずれば信仰深き人々の障害を打ち砕き、喜びをもたらし、群れなす神々もその足元にひれ伏す、象の顔もつ［ガネーシャ］神に帰命し、私は、簡潔な言葉と優しくもまた曇り無き語によって、優雅な響きの感興を有し、［それゆえ］練達の士に楽しみを与え［るが、一方初心者にも］よくわかる、数学のパーティーを丁寧に述べよう。」（『リーラーヴァティー』1）

これより先、シュリーパティもいう。

「……最高神に帰命し、世間的業務（ローカヴヤヴァハーラ）のために、様々な韻律からなる、数学のパーティーを、私は作ろう。」（『ガニタティラカ』1）

また十世紀（一説には一五〇〇年頃）のアールヤバタはいう。

「パーティーを知ることなしには、数学でまた［世間的］業務において指導的立場に立てないから、私は、よくわかるパーティーを広く知られた術語によって述べよう。」

（『マハーシッダーンタ』15.1）

さらに遡ってシュリーダラの『トリシャティカー』では、

「シヴァに帰命し、自ら著したパーティーからガニタの精髄を抽出して、世間的業務のためにシュリーダラ先生が述べるだろう。」(『トリシャティカー』1)

ただしこれは三人称で、しかも「先生」といっているから、後世の人の手が加わっているかもしれない。同じシュリーダラには通称『パーティーガニタ』という書があるが、これも著者の意図したタイトルかどうかわからない。彼自身の手になる韻文部分にはパーティーもパーティーガニタも見られない。冒頭の帰命頌では単にガニタというだけである。

「世界の創造と維持と破壊の原因である不生の自在神に帰命し、私は、世間的業務のために、ガニタを簡潔に述べよう。」(『パーティーガニタ』1)

しかし著者未詳の古註は、このガニタを説明して「パーティーの姿形をとったガニタ」という。

これらの「パーティー」が書板では文脈に合わない。ここで注目されるのは、パーティーに「周囲、過剰」などのニュアンスをもつ接頭辞パリがついたパリパーティーという語が一般に「方法、手順」の意味を持つことである。『リーラーヴァティー』の注釈者の一人ムニーシュヴァラ(西暦一六〇三年生まれ)はパーティーをそのパリパーティーと等置する。またもう一人の注釈者ガネーシャ(十六世紀)は、「パーティーとは加減乗除などの手順(クラマ)であり、それを伴う数学がパーティーガニタである」という。この解釈に従えば、「数学のパーティー」は「数学の手順」すなわち「数学のアルゴリズム」を指すことになる。実際これは右の引用文すべての文脈に適合するだけでなく、当該分野で扱われる数学の特徴とも合致する。「実用算」と訳されることが多い「ヴヤヴァハーラ」にも「手順」という意味が含まれる。また後世の熟語「パーティーガニタ」が「アルゴリズム数学」であってもおかしくない。したがって、その語源はともかくとして、インドの数学者たちが実際にこの語パーティーに与えていた意味は、計算の道具としての書板ではなく、計算の方法としてのアルゴリズムであったと考えられる。

「アルゴリズム」は歴史的にもラテン語、アラビア語を介してインド数学と結びつく。九世紀前半、バグダードで活躍したアル・フワーリズミーは、インドの数学と天文学を学び、それをアラビア語で紹介したが、彼の書が十二、十三世紀に翻訳を通してヨーロッパ世界に伝えられたとき、名前がラテン語風になまってアルゴリズミの書と言われた。そこから、彼の伝えた計算法すなわちインド数字を用いる筆記算法がアルゴリズムと呼ばれるようになったのである。

ビージャの意味

ビージャは一般に植物の種子を意味するが、転じて物を生み出す潜在的能力をもつものを指して用いられる。十二世紀のバースカラによれば、ビージャガニタのビージャは三つの意味をもつ。

(a)ビージャ=方程式(複数)――→個々の問題の答えを生み出す

(b)ビージャ=方程式を用いる数学の分野(代数)――→パーティーを生み出す

(c)ビージャ=人間の理知――→個々の問題の答えを生み出す

ここで(c)は十二世紀のバースカラに独特な主張である。

「三量法がパーティーであり、曇り無き理知がビージャである。」

(『リーラーヴァティー』64、『ゴーラアドヤーヤ』13.3)

「唯一理知こそがビージャである。なぜなら思考作用は広大であるから。」

(『ビージャガニタ』97自註、『ゴーラアドヤーヤ』13.5)

(b)も、確認される限りでは彼が最初である。文字どおり『ビージャガニタ』と名付けられた書の冒頭で彼はいう。

「ふさわしき人に所有されたとき知力を生み出すと数を知るものたちの主張する、顕現するものすべてにとっての唯一の種子(ビージャ)であり、[自らは]未顕現な、自在神と数学とに私は礼拝する。すでに述べた既知数学(すなわち『リーラーヴァティー』)は未知数学を種子(ビージャ)としている。また未知数学の道理なしには[賢い者にとってさえ」ほとんど、また理知貧しき者たちにとってはまったく、問題を解くことができない。だから私はビージャによる計算も述べよう。」（『ビージャガニタ』1-2）

彼はまた（a）の意味でのビージャに言及して「師たちの教える四つのビージャ」といい、次の名前をあげる（『ビージャガニタ』58p1）。

（1）一色方程式（一元方程式）
（2）多色方程式（多元方程式）
（3）中項除去（二次方程式またはその解の公式）
（4）バーヴィタ（二つ以上の異なる未知数の積を含む方程式）

実際、彼の『ビージャガニタ』はこれら四つのビージャを中心テーマとする。彼の「師たち」が誰を指すのかわからないが、七世紀のバースカラは『ブラーフマスプタシッダーンタ』の一年後（西暦六二九）、同書第12章と同じ八つの実用算（ヴヤヴァハーラガニタ）のそれぞれを一言ずつ簡略に説明したのち、次のようにいう。

「以上、八つの名前を持つ実用算には、四つのビージャがある。すなわち、第一、第二、第三、第四、またはヤーヴァッターヴァト、ヴァルガーヴァルガ、ガナーガナ、ヴィシャマである。これらの一つ一つには、公式と例題からなる書物が、マスカリ、

プーラナ、ムドガラを初めとする師たちによってまとめられている。」（『アールヤバティーヤ注解』p.7）

ここに列挙されている「四つのビージャ」は、

（1）ヤーヴァッターヴァト（未知数）

（2）ヴァルガーヴァルガ（平方と非平方？）

（3）ガナーガナ（立方と非立方？）

（4）ヴィシャマ（不等）

である。ヤーヴァッターヴァトを筆頭とすることから考えて、これらが方程式を指していることはまちがいないが、十二世紀のバースカラの四つのビージャとの関係は不明である。七世紀のバースカラのビージャの意味は、先の（a）、（b）、（c）のいずれとも異なり、（d）ビージャ＝方程式（複数）──→八つの実用算を生み出すと表せる。八つの実用算は間もなく基本演算とともにパーティーの分野を形成することになる。

右の引用はまた、当時すでにそれら八つの実用算と四つのビージャの個々のトピックを扱ういわばモノグラフのような書物が存在したと証言している。ここで、ジャイナ聖典『ターナンガ』が伝える算術の十種のトピックが思い出される（第四章参照）。その最初の

二つは基本演算と実用算であった。また六番目から九番目までが、

(1) ヤーヴァッターヴァト

(2) ヴァッガ (平方)

(3) ガナ (立方)

(4) ヴァッガヴァッガ (平方の平方)

であった。これらは七世紀のバースカラが列挙する四つのビージャの名に酷似しており、やはり方程式であった可能性は大きい。

3 七世紀のインド数学

以上をまとめると次のことがいえるだろう。パーティーガニタを構成する基本演算と実用算は七世紀以前に遡る歴史を持ち、七世紀までにはすでにその両者を合わせた枠組みはできあがっていた。しかしまだパーティーあるいは既知数学という名称はなく、単に数学(ガニタ)と呼ばれていた。『ブラーフマスプタシッダーンタ』第12章はこの段階を示す。

その実用算の諸公式は四種の方程式を種子(ビージャ)として生み出されるという考え(ビージャの意味(d))も七世紀までには成立していた。また十二世紀のバースカラが代数書『ビージャガニタ』で中心テーマとする「師たち」から伝承された四種の方程式は、

すでに『ブラーフマスプタシッダーンタ』第18章で取り上げられている。

しかし、同章のタイトルが示すように、その中心テーマは四つのビージャではなくクッタカであった。したがって同章は『ビージャガニタ』のように四つのビージャを中心として体系化されてはいない。また当時、数学（ガニタ）全体が既知数学（パーティーガニタ）と未知数学（ビージャガニタ）に二分され、後者が前者の諸規則を生み出す、という構図（ビージャの意味（b））が意識されていたかどうかも疑問である。

パーティーガニタとビージャガニタの二大分野を意識して数学書を書いた最初の人は、おそらく次に来る八世紀のシュリーダラである。彼以降の数学については次章で見ることにしよう。

4 『バクシャーリー写本』

一八八一年、ガンダーラ地方の小村バクシャーリーから出土したいわゆる『バクシャーリー写本』（オックスフォード、ボードレイ図書館蔵）は現存する最古（八—十二世紀）のサンスクリット数学写本であるが、その記述形式や用語が他と比べてバースカラの『アールヤバティーヤ注解』によく似ているから七世紀頃の著作と思われる。かろうじて散逸せずに残った断片的な70枚の樺の樹皮には、約60個の規則とそれに対する例題、およびその解

表 6.2.『バクシャーリー写本』

（原典は章分けがなく規則の配列原理も不明なので，ここでは内容的な分類によって列挙する．便宜上二重に列挙した規則もある．N- は番号のわからない規則，C-は存在が推測されるが確実ではない規則，Q-は例題の解で引用された規則である．）

- 基本演算
  - 負数の加減（Q10）
  - 分数の加法（Q1）
    - 乗法（Q3=Q7）
    - 除法（Q4）
  - 諸単位の統一（Q6）
  - 平方根の近似公式（Q2）
- 多くの問題に適用可能な一般規則
  - 仮定法（N8，N9，N10，N11，N12）
  - 逆算法（C1）
  - 三量法（C10，N19，Q11）
  - 比例配分（N1，N13，C6）
  - 部分付加と部分除去（25，26，C4）
- 純粋に数量的問題
  - 1元1次方程式（51）
  - 多元連立方程式（10，N6，N8，N9，N10，N11，N12，N15）
  - 不定方程式（50，N16，N17?）
  - 等差数列の項数（N18）
- 金銭的問題
  - 財産，賃金，寄付など（18，20，21，53=C2，23）
  - 貯蓄と所得の消費（52=C9）
  - 売買（54，55，56，57，N3，N4）
  - 値段（11，C7）
  - 商品の交換（13）
  - 分割払い（N7）
  - 税金（58）
  - 為替手形（N2）
- 旅人算
  - 等行程（15=N5，16，17，19）
  - 会合（24，C3）
  - 馬車の馬（22）
- 合金の不純度（27，28，29）
- 幾何学的問題
  - 不規則立体の体積（N14）
  - 正三辺形の比例分割?（C5）

が記されているが、章区分は識別できない（表6.2）。内容の点ではシュリーダラの『パーティーガニタ』やマハーヴィーラの『ガニタサーラサングラハ』と多くの共通点を持つからパーティーの分野に属するかに見えるが、基本演算と実用算という基本構造を持たず、未知数も例題の解に一度だけ使用されているから、純粋なパーティーの書でもない。二大分野とは無関係に書かれた教科書である。

『バクシャーリー写本』では、一つの規則に通常一つまたはそれ以上の例題が付き、共に韻文で表現される。例題の解ではまず数値データが列挙され（書置）、続いて計算が実行される（算法）。答えが得られたあとで多くの場合検算がなされる。すなわち、典型的な一単位の記述スタイルは次のようになる。

規　則（スートラ）

例　題（ウダーハラナ）

書　置（ニヤーサまたはスターパナ）

算　法（カラナ）

検　算（プラトヤヤまたはプラティアーナヤナ）

『トリシャティカー』など、パーティーの書も似たようなスタイルを持つが、特によく似ているのは、七世紀のバースカラの『アールヤバティーヤ注解』である。ただしそこではこのような典型的なケースは稀である。一方『注解』では規則（アールヤバタの）に対する詳細な解説が付くが、『バクシャーリー写本』にはない。

両書に共通する重要な特徴は、解の手順が「カラナ」（算法）という語で始まることと検算の存在である。

検算は後世あまり見られなくなるが、七世紀頃にはそれを非常に重視する人々がいたことが、やはりバースカラの記述によってわかる。『アールヤバティーヤ』の、

「どんな図形でも、二つの辺を打ち立てれば、それらの積が面積である。」(2. 9ab) という規則は、公式が与えられていない図形に関しては面積計算法を意図するが、すでに面積公式が与えられている図形に関しては検算(プラトヤヤカラナ)を意図している、と彼は解釈する。そして、「なぜなら、マスカリ、プーラナ、プータナなどの数学に精通した者(ガニタヴィッド)たちは、すべての図形の面積を長方形において確かめる」といい、次のサンスクリット詩節を、おそらく彼らの数学書から引用する。

「述べられた規則にしたがって面積を知ってから、常に長方形において検算が行なわれると知るがよい。面積は長方形において明白だから。」(p. 67)

その検算も含む『バクシャーリー写本』の典型的な一単位として、22番目の規則とその例題を翻訳してみよう(フォリオ8V)。ここで想定されている問題は、

「n頭だての馬車がある。総数N頭の馬でDヨージャナの道のりを行くには、一頭あたり平均何ヨージャナ引かせたらよいか?」

答えは、$d=n(D/N)$。なお、これと同じ問題は九世紀のマハーヴィーラも取り上げている(『ガニタサーラサングラハ』6. 157-158)。

スートラ [22]。行くべき[道のり]を馬[の総数]で割り、一台の馬車に[同時に]

繋がれる馬［の数］を掛ければ、一頭の馬のヨージャナ単位の行程である、と知るがよい。

ウダーハラナ。馬車が十頭の馬に引かれる。五頭の馬が［同時に］繋がれる。行くべきは百ヨージャナである。その場合一頭の馬はどれだけ現われるか？

［ニヤーサ。］

馬 10	馬の繋がれた馬車には 5	行くべきヨージャナ 100
1	1	1

カラナ。「行くべき［道のり］を馬［の総数］で割り。」そこでは馬10、行くべきヨージャナ100。だから、割り算をすれば、得られるのは10。そこでは繋がれる馬は5。これを掛ければ、生ずるのは50。このヨージャナだけ、一頭の馬が荷を担う。

プラトヤヤ。五を百に掛ければ、生ずるのは500。三量法が作られる。もし十頭の馬が五百ヨージャナ行くなら、一頭の馬はどれだけか？

10	500	1

結果は、50ヨージャナ。

第七章　その後の発展

この章では、八世紀以降のインド数学を概観する。

既知数学（算術）はブラフマグプタ以降、アルゴリズムという基本的性格を保ちつつ、扱う問題の幅を広げてゆく。またマハーヴィーラの『ガニタサーラサングラハ』のように、基本演算と実用算という二分法に従わない書も現われる。体系化という点では十二世紀のバースカラが著した『リーラーヴァティー』で一つの頂点に達するが、その後も十四世紀初頭のタックラ・ペールー、半ばのナーラーヤナたちによって新しいトピックの追加や、既存のトピックへの新しい規則の追加が試みられ、数学的内容も高度になる。

一方未知数学（代数）は、シュリーダラ、ジャヤデーヴァ、シュリーパティ、パドマナーバなどを経て、内容的にも体系としても、バースカラの『ビージャガニタ』でほぼ頂点に達する。シュリーダラ、ジャヤデーヴァ、パドマナーバの代数書は現存しないが、言及や引用によって知られる。

天文学に付随して伝承された三角法は、十四世紀末のマーダヴァによって飛躍的発展を見る。

以下では主要な数学書の内容と特徴を見て行こう。

1　シュリーダラの数学

これまでにシュリーダラ（八世紀）の著作として知られているのは、『ガニタパンチャヴィンシー』（数学二十五頌）、『トリシャティカー』（三百頌）、『パーティーガニタ』（アルゴリズム数学）の三書である。いずれもパーティーの書である。

彼にはまたビージャガニタの書もあったことが、十二世紀のバースカラの言及と引用からわかるが、現存しない。純粋な数学者であったらしく、これまで彼の天文書は発見されていない。十二世紀のバースカラが名著『リーラーヴァティー』と『ビージャガニタ』を書くまではもちろん、それ以降も北インドでは有名な数学者であったことが、後世の数学書への影響や『トリシャティカー』の写本の分布状況からわかる。

『ガニタパンチャヴィンシー』

『ガニタパンチャヴィンシー』を今に伝える唯一の写本は、本来三葉からなっていたらしいが、第二葉は現存しない（英国、ウエルカムインスティテュート蔵）。にもかかわらず現存の二葉だけですでに五三詩節を数え、タイトル（二十五頌）と矛盾する。またバースカラの『リーラーヴァティー』と完全に一致する詩節が八つ半ある一方で、彼自身の『トリシャティカー』にも『パーティーガニタ』にも本書と共通の詩節がない。さらに、弓形の面積に対してインドの数学書で、

$A = k(a+h)h$　（k＝比例定数、a＝弦、h＝矢）

のタイプの近似公式が与えられるときは常に、$k = \pi/6$（πはその書が採用する円周率）であるのに、本書では、

$A = (21/20)(a+h)h/2$　　$\pi = 22/7$

で一貫性がない。したがって、元来はシュリーダラの書だったとしても、後世の人の手が加わっているものと思われる。同じような増補改定の跡は著者未詳の『パンチャヴィンシャティカー』にも見られる。

＊追記。近年、完全な写本に基づくテキストと英訳が出版された（「文庫版あとがき」の文献リスト、第7章にあげたK. S. Shukla 2017参照）。しかし右に述べた結論は変わらない。

『トリシャティカー』

『トリシャティカー』は典型的なパーティーの書である。そのタイトルは、本書が三〇〇詩節からなることを意味するかのようであるが、出版本には一八〇詩節弱しかない（表

表 7.1. シュリーダラ著『トリシャティカー』

(カッコ内は規則と例題の詩節番号. 原著に明瞭な小節区分はない.)

- 規約(1-8)
  - 序(1)
  - 十進法位取り名称(2-3)
  - 度量衡(4-8)
- 基本演算(1-32;1-56)
  - 整数の基本演算8種(1-18;1-6)
    - 和と差(1-4;1-2)
    - 乗法(5-7;3-4)
    - ゼロの4則(6則?)(8)
    - 除法(9)
    - 平方と開平(10-13;5)
    - 立方と開立(14-18;6)
  - 分数の基本演算8種(19-22;7-12)
    - 加減(19;7-8)
    - 乗除(20;9-10)
    - 平方と開平(21;11)
    - 立方と開立(22;12)
  - 分数の同色化(23-27;13-29)
    - 部分類(通分と和)(23ab;13)
    - 重部分類(積)(23cd;14-15)
    - 部分付加類(24;16-17)
    - 部分部分類(逆数)(25ab;18-19)
    - 部分母類(部分類等の総合)(25cd-26ab;20-21)
    - 蔓(諸単位の統一)(26cd-27ab;22)
    - 柱問題(27cd;23-29)
  - (欠)(28)
  - 比例関係(29-32;30-56)
    - 三量法(29;30-39)
    - 逆三量法(30ab;40-43)
    - (欠)(30cd)
    - 五量法等(31;44-53)
    - 物々交換(32ab;54-55)
    - 生物売買(32cd;56)
- 実用算(33-65;57-107)
  - 混合(33-38;57-72)
    - 利息(33-35;57-62)
    - 合金の純度(36-37;63-66)
    - 投資と利益配分(38ab;67-69)
    - 売買(38cd;70-72)
  - 数列(39-41;73-74)
    - 等差数列の末項, 和, 初項, 公差, 項数(39-41;73-74)
  - 平面図形(42-51;75-86)
    - 三辺形, 四辺形の面積(42-44;75-84)
      - 正方形, 長方形(42ab;75-76)
      - 台形(42cd;77-79)
      - 四辺形(ヘロンの公式)(43;80-81)
      - 不規則図形(44;82-84)
    - 円(45-48;85-86)
      - 円の周と面積(45;85)
        - 平方根の近似計算(46)
      - 弓形(47;86)
      - その他の図形(48)
    - 長さ(49-51)
      - 台形の垂線と射影線(49-50)
      - 三平方の定理による辺の計算(51)
  - 堀(52-57;87-94)
    - 長さの平均値(52)
    - 直方体と立方体(53;87-90)
    - 角錘台の池(54;91)
    - 石の体積(55-57;92-94)
      - 直方体(55;92)
      - 球(56;93)
      - 柱状で底面が円, 三辺形など(57;94)
  - 積み重ね(58;95-98)
    - 総体積とレンガの個数(58;95-98)
  - 鋸(59-60;99-101)
    - 切断面積の総和(59-60;99-101)
  - 堆積物(61-64;102-105)
    - 円錐状(61-62;102-103)
    - 柱状で底面が四辺形, 三辺形, 弓形, 円(63)
    - 壁に接するもの(64;104-105)
  - 影(65;106-107)
    - 影の長さと時刻の関係(65;106-107)

[全詩節数=8+65+107−1.5=178.5]

表 7.2. シュリーダラ著『パーティーガニタ』

(カッコ内は規則と例題の詩節番号. 原著に明瞭な小節区分はない.)

- 序(1)
- 目次(2-6)
- 十進法位取り名称(7-8)
- 度量衡(9-13)
- 基本演算29種(14-46;1-51)
  - 整数の基本演算8種(14-31;1-5)
    - 和と差(14-17;1-2)
    - 乗法(18-20;3)
    - ゼロの4則(21)
    - 除法(22)
    - 平方と開平(23-26;4)
    - 立方と開立(27-31;5)
  - 分数の基本演算8種(32-35;6-13)
    - 加減(32;6-9)
    - 乗除(33;10-11)
    - 平方と開平(34;12)
    - 立方と開立(35;13)
  - 分数の同色化6種(36-42;14-24)
    - 部分類(通分と和)(36-37;14)
    - 重部分類(積)(38ab;15)
    - 部分部分類(逆数)(38cd;16-17)
    - 部分付加類(39;18-19)
    - 部分除去類(40;20-21)
    - 蔓(諸単位の統一)(41;22)
    - 部分母類(諸類の総合)(42;23-24)
  - 比例関係7種(43-46;25-51)
    - 三量法(43;25-31)
    - 行きつ戻りつ(44ab;32-33)
    - 逆三量法(44cd;34-38)
    - 五七九量法(45;39-47)
    - 物々交換(46ab;48-49)
    - 生物売買(46cd;50-51)
- 実用算9種(47-118+?;52-133+?)
  - 混合(47-78;52-102)
    - 利息(47-52ab;52-60)
    - 合金の純度(52cd-58;61-70)
    - 投資と利益配分(59ab;71-72)
    - 売買(59cd-64;73-80)
    - 旅人算(65-67ab;81-83)
    - 運賃と木戸銭(67cd-68;84-90)
    - 貯水池充満(69;91)
    - 現物支払い賃金(70-71;92-94)
    - 六味の組合せ(72-73;95)
    - 多様なタイプの問題5問(74-77;96-101)
    - 逆算法(78;102)
  - 数列(79-107;103-121)
    - 等差数列(79-93;103-107)
      - 数列図形(79-84)
      - 和, 初項, 項差, 項数(85-93;103-107)
        - 項数が整数の場合(85-88;103-105)
        - 項数が分数の場合(89-93;106-107)
    - 等比数列(94-95ab;108-109)
    - 等差数列の応用問題(95cd-101;110-115)
    - 様々な数列(102-107;116-121)
  - 平面図形(108-118+?;122-133+?)
    - 存在条件(108-109)
      - 多辺形(108)
      - 四辺形の内垂線(109)
    - 平面図形の分類(110-111)
    - 三辺形と四辺形の面積(112-118+?;122-133+?)
      - ブラフマグプタの計算式批判(112-114)
      - 台形, 三辺形(115;122-130)
      - 不規則図形(116;131-133)
      - 四辺形(ヘロンの公式)(117)
      - 平方根の近似計算(118)
- [以下欠損]
  - 堀
  - 積み重ね
  - 鋸
  - 堆積物
  - 影
  - ゼロの真理

[現存詩節数=118+133=251. 原著に「堀」以下の実用算が存在したことは, 「目次」(2-6)からわかる.]

7.1)。この書はまた多くの写本で単に『ガニタサーラ』(数学の精髄)というタイトルで知られている。基本演算の個数がはっきりしないが、整数と分数の八則を別々に数えている点がブラフマグプタとは異なる。また整数の加法は自然数列の有限項の和、減法は自然数列の二つの和の差とする点に特徴がある。これはタックラ・ペールーの『ガニタサーラ』、著者未詳の『パンチャヴィンシャティカー』などに受け継がれる。

『パーティーガニタ』

『パーティーガニタ』はジャンムのラグナータ寺院の書庫から発見された唯一の写本に伝えられている。同写本は、平面図形の実用算の途中以降が欠落しているが、冒頭に内容を列挙する詩節があり、全体の目次がわかる(表7.2)。それによれば、同書は二九の基本演算と九つの実用算からなっていた。当然のことながら、『トリシャティカー』と共通の詩節も多くあるが、失われた部分にあった九番目の実用算「ゼロの真理」は『トリシャティカー』にも他のパーティーの書にも見られない珍しいものである。

現存する実用算は、ブラフマグプタと比べていずれも内容が豊富である。混合では、「売買」以下「多様なタイプの問題」までが新しい。数列では、等差数列の和を台形の面積として表現する「数列図形」、項数が分数の等差数列、等比数列などが新しい。平面図

表 7.3. 平面図形の分類(シュリーダラとマハーヴィーラ)

『パーティーガニタ』110-111(全10種)

1. 長四辺形
2. 等四辺形
3. 三等辺四辺形
4. 二等辺四辺形
5. 不等辺四辺形
6. 等三辺形
7. 二等辺三辺形
8. 不等辺三辺形
9. 円
10. 弓

『ガニタサーラサングラハ』7.3-6(全16種)

1. 三辺形
    1. 等三辺形
    2. 二等辺三辺形
    3. 不等辺三辺形
2. 四辺形
    1. 等四辺形
    2. 二二等辺四辺形
    3. 二等辺四辺形
    4. 三等辺四辺形
    5. 不等辺四辺形
3. 円
    1. 正円
    2. 半円
    3. 長円
    4. ほら貝円
    5. 凸円
    6. 凹円
    7. 外環円
    8. 内環円

形は、わずか十一詩節が現存するのみであるが、「存在条件」、「分類」(表7.3)、ブラフマグプタ批判など興味深い内容である。

多辺形の存在条件(「どの辺も他の辺の和より小さい」など)は、アルゴリズム化が進んだパーティーの書にあって、ほとんど唯一図形の定性的性質に関わる。しかしそれも、長さや面積を計算することの正当性を保証するのが目的である。

シュリーダラの失われたビージャガニタの書

十二世紀のバースカラは、次の規則をシュリーダラのものとして引用する。

「平方[の係数]の四倍に等しい定数を両辺に掛け、その二辺に未知数[の係数]の平方に等しい定数を付加するがよい。」

（『ビージャガニタ』116）

これは、一元二次方程式を同値変形して完全平方化する方法である。与えられた二次方程式はまず未知数の辺と既知数の辺に整理される。

$ax^2 + bx = c$

これに右の規則が適用される。

$4a^2x^2 + 4abx + b^2 = b^2 + 4ac$

バースカラが引用するのはこの規則だけであるが、シュリーダラの書には、当然この前後に関する規則もあったと考えられる。このあとは、

$(2ax + b)^2 = b^2 + 4ac$

$2ax + b = \pm\sqrt{b^2 + 4ac}$

$x = (\pm\sqrt{b^2 + 4ac} - b)/2a$

と進む（シュリーダラが負の平方根をどう処理したかは不明）。この解法あるいはこれによって得られた解の公式を、ブラフマグプタ以来、中項除去と呼ぶ。

2　証明

インド数学で証明にもっとも近い語はウパパッティ（upapatti）である。七世紀のバー

करणम्— यदि अष्टोत्तरशतकरणिकेन [अवलम्बकेन] चतुश्चत्वारिंशदुत्तरशतकरणिकः कर्णो लभ्यते, तदा[1] षट्त्रिंशत्करणिकेनावलम्बकेन कियान् कर्ण इति। त्रैराशिकोपपत्तिप्रदर्शनार्थं क्षेत्रन्यासः—

परिलेखः १०

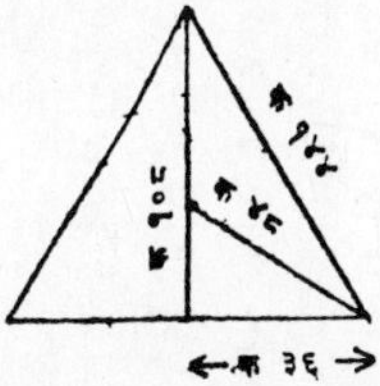

त्रैराशिकन्यासश्च[2] १०८, १४४, ३६। [एताः करण्यः]

図 7-1 『アールヤバティーヤ注解』のウパパッティ（*Āryabhaṭīya with the Commentary of Bhāskara I and Someśvara*, ed. by K. S. Shukla, New Delhi, 1976, p. 59）

スカラも『アールヤバティーヤ注解』で数回この語を用いている。そのうち一度は、円周率を$\sqrt{10}$とするのは単に伝承（アーガマ）によるのみでウパパッティがない、といって批判する場面にある（第四章参照）。もう一度は、一辺が12の正三角形の頂点から中心までの距離を相似比によって求める場面にある（図7-1）。

「カラナ。もし百八をカラニーとする垂線によって百四十四をカラニーとする耳が得られるなら、そのとき三十六をカラニーとする垂線によって耳はどれだけか、という三量法のウパパッティを示すために、図形を置く（ニヤーサ）。図。三量法のニヤーサは、108, 144, 36（これらはカラニーである）。」（『アールヤバティーヤ

注解』p. 59）

これらの「ウパパッティ」は「由来、根拠」に近い。シュリーダラの『パーティーガニタ』に対する著者未詳の古註は、シュリーダラのいくつかのアルゴリズムにウパパッティを与えているが、そのうち等差数列の項数を求めるアルゴリズムのウパパッティには、パーティーとビージャガニタの関係を示唆する記述があって興味深い。『パーティーガニタ』87のアルゴリズム、

$$n=\{\sqrt{8dA+(2a-d)^2}-2a+d\}/2d$$

に対していう。

「ここではなにがウパパッティか？　と問うなら［次のように］述べられる。これらすべてのカラナスートラ（計算規則）はユクティ（道理）またはビージャ（種子）を根本とする。ユクティを根本とするのは、例えば和（サンカリタ、ここでは自然数列のn項の和）であり、すでに示された。平方等の根（開平、開立）はビージャを根本とする。この、和の項数の計算も同様である。実際ここでは項数は知られていない。だからそれは未知数（アヴヤクタ）と名付けられる。このような量は不定（アニヤタ）であるから「ヤーヴァッターヴァト」（…だけ、それだけ…）と世間で呼ばれる。計算行為においてもヤーヴァッターヴァトという語の最初の文字である yā というこれによっ

てそれを象徴的に表現する。」（『パーティーガニタ』註 pp. 120–121）

このように述べたあと著者は、初項 $a=2$、公差 $d=3$ の数列を例に取る。$n=5$ のとき $A=40$ であるが、今 n が未知とし、それを yā 1 と置く。これは我々が x と置くに等しい。

そこで、自然数列の和の公式（『パーティーガニタ』85）から、

$$A = \{3(x-\underline{1})/\underline{2}+2\}x = 40$$ （下線は不変要素を示す）

したがって、

$$(3/\underline{2})x^2+\{(\underline{2}\cdot 2-3)/\underline{2}\}x = 40$$

$$3x^2+(\underline{2}\cdot 2-3)x = \underline{2}\cdot 40$$

そこでブラフマグプタやシュリーダラの教える「中項除去」により、

$$x = \{\sqrt{\underline{4}\cdot 3\cdot(\underline{2}\cdot 40)+(\underline{2}\cdot 2-3)^2}-(\underline{2}\cdot 2-3)\}/(\underline{2}\cdot 3)$$

$$= \{\sqrt{\underline{8}\cdot 3\cdot 40+(\underline{2}\cdot 2-3)^2}-\underline{2}\cdot 2+3\}/(\underline{2}\cdot 3) = 5$$

ここで $3=d$, $2=a$, $5=n$, $40=A$ と考えて最後の式を言葉で表現すれば、証明すべきアルゴリズムが得られる。以上が注釈者による「ビージャに基づくウパパッティ」の要約であるが、これこそ前章で見た「アルゴリズムを生みだすビージャ（種子）」である。

のちの註釈文献には多くのウパパッティが見られる。それらもやはり、与えられた公式の由来の説明であり、ビージャに依存するものも多い。十二世紀のバースカラは、ウパパ

ッティには図形に依存するものと数量に依存するものの二種があり、図形に依存するものが理解できない人には数量に依存するものが示されるべきである、という(『ビージャガニタ』93p3)。

3　マハーヴィーラの数学

マハーヴィーラは九世紀の半ばに南インドのカンナダ地方(カンナダ語文化圏)でサンスクリットの『ガニタサーラサングラハ』(数学精髄集成)を著した(表7.4)。ジャイナ教徒であったことが、その十進法位取り名称や単語連想式記数法の一部に影響を与えている(第一章参照)。普及は主に南インドにとどまったが、総詩節数は一一三〇を超え、シュリーダラの『パーティーガニタ』よりさらに内容が豊富であり、例題の宝庫でもある。その内容から見てパーティーの書であるが、構成は他のパーティーの書と少し異なる。

通常の書では基本演算と区別して実用算を意味する語ヴヤヴァハーラが、本書では、基本演算も含む。最初に詳細な「術語の章」があり、そのあとに八つのヴヤヴァハーラがあるが、三つのヴヤヴァハーラ(第2、3、5章)が通常の基本演算に対応し、五つのヴヤヴァハーラ(第4、6、7、8、9章)が、「堆積物」を除く通常の七つの実用算に対応する。

表 7.4. マハーヴィーラ著『ガニタサーラサングラハ』

（カッコ内は規則と例題を合わせた詩節番号. 出版本では, 詩節の前半が「直前の詩節の番号＋1/2」で表されている. 例えば通常の詩節79abは78 1/2である. この表ではそれを78.5と表記した. また章番号は編訳者によるものであり, 原著にはない. ）

1. 術語の章（1-70）
  - 序（1-8）
  - 数学の称賛（9-23）
  - 術語（24-68）
    - 序（24）
    - 度量衡（25-45）
    - 基本演算（46-48）
    - 記数法（49-68）
      - 正負ゼロ（49-52）
      - 単語連想式記数法（53-62）
      - 十進法位取り名称（63-68）
  - ガナカの八徳（69）
  - 結語（70）
2. 基本演算のヴヤヴァハーラ（1-115）
  - 乗法（1-17）
  - 除法（18-28）
  - 平方（29-35）
  - 開平（36-42）
  - 立方（43-52）
  - 開立（53-60）
  - 加法（61-105）
    - 等差数列（61-92）
    - 等比数列（93-105）
  - 減法（106-115）
    - 等差数列, 等比数列（106-115）
3. 分数の同色化のヴヤヴァハーラ（1-140）
  - 序（1）
  - 乗法（2-7）
  - 除法（8-12）
  - 平方開平立方開立（13-21）
  - 加法（22-44）
    - 等差数列（22-39）
    - 等比数列（40-42）
    - 和が等しい等差数列と等比数列（43-44）
  - 減法（45-53）
    - 等差数列, 等比数列（45-53）
  - 分数の同色化の6類（54-140）
    - 序（54）
    - 部分類（55-98）
    - 重部分類, 部分部分類（99-112）
    - 部分付加類（113-125）
    - 部分除去類（126-137）
    - 部分母類（138-140）
4. 多様な問題のヴヤヴァハーラ（1-72）
  - 序（1-3）
  - 部分類, 残余類（4-32）
  - 根類（33-39）
  - 残余根類（40-46）
  - 二剰余残余根類（47-50）
  - 部分根類（51-56）
  - 部分積類（57-60）
  - 増減部分平方類（61-64）
  - 根混合類（65-68）
  - 部分顕現類（69-72）
5. 三量法のヴヤヴァハーラ（1-43）
  - 序（1）
  - 三量法, 逆三量法（2-22）
  - 行きつ戻りつ（23-31）
  - 五七九量法, 生物売買（32-43）
6. 混合のヴヤヴァハーラ（1-337.5）
  - 序（1）
  - 和差算, 差差算（2-3）
  - 五量法の規則（4-20）
  - 利息の規則（21-78.5）
  - 投資分析（79.5-114.5）
  - 蔓分析（115.5-129.5）
  - 共通分析（130.5-133.5）
  - 不等分析（134.5-135.5）
  - 全体分析（136.5-168）
  - 合金分析（169-215）
  - 雑種分析（216-289）
  - 数列に起因する和（290-337.5）

等差数列(290-295)
平方数列，立方数列等(296-310.5)
等比数列(311.5-313)
応用問題(314-332.5)
韻律の組合せ(333.5-337.5)
7.図形数学のヴヤヴァハーラ(1-232.5)
序(1)
図形計算の2種(実用的と精密)(2)
平面図形の分類(3-6)
実用的計算(7-48)
三辺形と四辺形(7-18)
円(19-48)
精密な計算(49-89.5)
三辺形と四辺形(49-59)
円(60-85.5)
六辺形(86.5-87.5)
カラニーの和差(88.5-89.5)
生成のヴヤヴァハーラ(90.5-111.5)
四辺形(90.5-107.5)
三辺形(108.5-111.5)
悪鬼のヴヤヴァハーラ(112.5-232.5)
面積と辺の条件式から図形の決定(112.5-145)
面積から図形の決定(146-174.5)
等脚台形の面積分割(175.5-179.5)
応用問題(180.5-212.5)
外接円と内接円(213.5-224.5)
径矢弦(225.5-230.5)
交わる2円(231.5-232.5)
8.堀のヴヤヴァハーラ(1-68.5)
序(1-2)
精密な計算(堀)(3-42.5)
積み重ねの計算(43.5-62)
鋸のヴヤヴァハーラ(63-68.5)
9.影のヴヤヴァハーラ(1-52.5)
序(1)
方位の決定(2-3.5)
春秋分と影(4.5-7.5)
影の長さと時刻(8.5-19)
シャンク(杭)と影の問題(20-52.5)

［全詩節数=70＋115＋140＋72＋43＋337.5＋232.5＋68.5＋52.5=1131］

数列は、基本演算、分数の同色化、混合、のそれぞれのヴヤヴァハーラで扱われる。積み重ねと鋸は堀のヴヤヴァハーラに吸収される。逆に、シュリーダラの『パーティーガニタ』では混合の実用算の一部をなしていた多様なタイプ(ジャーティ)の問題が、ここでは独立のヴヤヴァハーラ(第4章)になっている。

第8章「堀」の小節区分では、「積み重ねの計算(ガニタ)」に対して「鋸のヴヤヴァハーラ」とある。二つの小節は互いに対等の関係にあるから、このヴヤヴァハーラはガニタに近い意味で用いられている可能性が大きい。

これらのことから判断すると、マハーヴィーラが章のタイトルに用いるヴヤヴァハーラ（業務）は社会における「業務」あるいはそのための「実用算」ではなく、数学における「業務」すなわち「計算行為」、あるいはそれを規定するアルゴリズムを指していると考えられる。

第1章「術語」では数学の称賛、単語連想式記数法、ガナカの八徳などが珍しい。シュリーダラは基本演算の加法を自然数列の和としたが、マハーヴィーラは等差数列、等比数列の和とする。減法は二つの「和」の差である（第2、3章）。分数の同色化のうち部分類（3.55–98）では通常のテーマである分数の和に加えて、逆の演算、すなわち複数の分数への分解も扱われる。続く重部分類などでも、未知数にこれらの演算を施した結果から未知数を求める方法が付加される。その中に「仮定法」があるが、これは『バクシャーリー写本』にも見られる。複数の分数への分解などは十四世紀のナーラーヤナが受け継ぎ発展させる。

第4章「多様な問題」は特定のタイプの一次と二次の方程式に帰着する応用問題を扱う。例えば「部分積類」と呼ばれるタイプは、

$$x-\{(b/a)x\}\cdot\{(d/c)x\}-e=0$$

に帰着するが、これの解として、

$$x = \{ac/bd \pm \sqrt{(ac/bd-4e)ac/bd}\}/2$$

が与えられている（4.57）。このように二次方程式の根を二つとも採用するのは、おそらくマハーヴィーラが初めてである。本書には他にも二根を認める公式があるが、彼の与える例題はいずれも正の二根を持つ。

第6章「混合」には分析（クッティーカーラ）と名付けられた小節がいくつかあり、クッタカも含め様々な定方程式や不定方程式が扱われる。クッタカには二つのアルゴリズムが与えられる。そのうちの一つは、アールヤバタやブラフマグプタと同じく被除数と除数に対する互除を途中でやめて、係数が小さくなった不定方程式を試行錯誤で解くが、もう一つは互除を最後まで（余りが1になるまで）行なうので、試行錯誤の必要がなく、アルゴリズムとしてはより優れている。

また同章の最後では、韻律学書で伝統的に扱われる六つの「確認」（プラトヤヤ）が取り上げられる。サンスクリット韻律は、軽重（短長）二種の音節の配列と音節数で決まる音節韻律（ヴァルナヴリッタ）と、軽音節を一単位、重音節を二単位と数えたときの単位数と軽重の音節配列で決まる単位韻律（マートラーヴリッタ）とに分かれるが、ここで扱われるのは前者である。六つの「確認」とは、与えられた数の音節からなる可能な韻律の数を計算する「数」（サンキャー）、それらの韻律を一定の順序で列挙する「展開」（プラスターラ、図7-2)、「展開」の中の消失した韻律をその順番を表す数から求める「消失」(ナシュタ)、逆に順番がわからない韻律が提示されたときそれを計算する「提示」(ウッディシュタ)、「展開」のなかで、与えられた数の軽音節(または重音節)をもつ韻律がいくつあるかを計算する「軽重計算」(ラググルクリヤー)、「展開」を図表として書き下すに必要な紙幅を計算する「道」(アドヴァン)である。

第7章「図形数学」の中の「悪鬼」(ピシャーチャ)のヴヤヴァハーラという名の由来は確かではないが、人を困らせる難解な問題という意味だろうか。面積と辺の条件式から図形を決定する問題は、古バビロニア王国の時代にも好まれたトピックであるが、インドでは珍しい。また応用問題の中には、ブラフマグプタも解を与えた二人の苦行者の問題や、七世紀のバースカラも取り上げた「折れ竹」の問題などが含まれる。これは、地面から垂直に立っていた竹が風で途中から折れ、先端が地面に接した場合を扱う三平方の定理の応

S	S	S	S
I	S	S	S
S	I	S	S
I	I	S	S
S	S	I	S
I	S	I	S
S	I	I	S
I	I	I	S
S	S	S	I
I	S	S	I
S	I	S	I
I	I	S	I
S	S	I	I
I	S	I	I
S	I	I	I
I	I	I	I

図7-2 4音節列のプラスターラ
(S=重音節、I=軽音節)

用問題である。

第9章では通常の影のトピックに先立ち方位を決める方法が述べられるが、数学書には珍しい。

4　アールヤバタの数学

十世紀（一説には一五〇〇頃）のアールヤバタは、天文書『マハーシッダーンタ』の第15章「パーティー」と第18章「クッタカ」で数学を扱う。

「クッタカ」は、『ブラーフマスプタシッダーンタ』の同名の章とは異なり、タイトル通りの内容を持つ。全七〇詩節中六六詩節までが実際にクッタカの一般規則と天文学への適用法からなり、最後の四詩節のみがクッタカから離れて、乗除開平開立の四則の結果の検算法を述べる。

「パーティー」は文字どおりパーティーガニタを扱う（表7.5）。規則のみで例題はない。特徴は平面図形の実用算にある。四辺形の対角線と、上底の両端から下ろした垂線とに関する規則が多い。また凹四辺形（シュリンガータカ）を取り上げるのも珍しい。円、弓などに関しては、マハーヴィーラと同様、粗な計算と密な計算とに分けて整然と規則を与える。しかし四辺形に関する規則の配列は統一性を欠く。同じことは、分数に関する規則とる。

表 7.5. アールヤバタ著『マハーシッダーンタ』15章「パーティー」

（原書に節区分はまったくない.）

- 序(1)
- 基本演算(2-30)
  - 整数の8則(2-10ab)
    - 加減(2)
    - 乗除(3-5)
    - 平方と立方(6ab)
    - 開平(6cd-7)
    - 開立(8-10ab)
  - ゼロの8則(10cd-11ab)
  - 分数の規則(11cd-21ab)
    - 部分付加類, 部分除去類(11cd-12)
    - 重部分類, 部分類(13)
    - 分数の8則(14-17)
      - 加減(14)
      - 乗除(15)
      - 平方と開平(16)
      - 立方と開立(17)
    - 蔓の同色化(18)
    - 部分部分類, 部分母類(19)
    - 残余類, 付加類(20-21ab)
  - 和差算, 差々算(21cd-22)
  - 逆算法(23)
  - 比例に関する規則(24-30)
    - 三量法, 逆三量法(24-25)
    - 五量法等(26-27)
    - 物々交換(28ab)
    - 売買(28cd-29)
    - 行きつ戻りつ(30)
- 実用算(31-120)
  - 混合(31-46)
    - 利息(31-33)
    - 売買(34-35, 37, 44-45ab)
    - 投資と利益配分(36)
    - 合金(38-41)
    - 馬(42)
    - 貯水池(43)
    - 組み合わせ(45cd-46)
  - 数列(47-53)
    - 等差数列(47-51)
    - 等比数列(52-53)
  - 平面図形(54-103)
    - 三平方の定理(54-62)
      - 三辺の計算(54)
      - 平方根の近似値(55)
      - 応用問題(56-62)
    - 四辺形と三辺形(63-87)
      - 術語と存在条件(63-65)
      - 面積, 対角線, 垂線, 射影線(66-87)
    - 円, 弓, 弧矢弦, 径矢弦(88-99)
      - 粗な計算(88-92ab)
      - 密な計算(92cd-99)
    - その他の図形(100-103)
  - 堀(104-108)
    - 堀の容積(104-106)
    - 石の体積(107-108)
  - 積み重ね(109-111)
  - 鋸(112-114)
  - 堆積物(115-117)
  - 影(118-120)
    - 影の長さと時刻(118-119)
    - 真の影(120)

混合の規則についても言える。

5　シュリーパティの数学

シュリーパティは天文書『シッダーンタシェーカラ』、『ディーコーティダ』（西暦一〇三九）、『ドゥルヴァマーナサ』（一〇五六）、占星術書『ダイヴァジュニャヴァッラバ』、『ジュヤウティシャラトナマーラー』などで知られる天文学者であるが、『シッダーンタシェーカラ』の第13章と第14章はそれぞれ既知数学と未知数学を扱う。彼はまた、パーティーガニタの書『ガニタティラカ』も書いた。『リーラーヴァティー』の注釈者ムニーシュヴァラによれば、ビージャガニタの書もあったらしいが、未発見である。

『ガニタティラカ』は唯一の写本に保存されているが、混合の実用算の途中以下が欠損している（表7.6）。現存部分から判断する限り、『パーティーガニタ』や『トリシャティカー』によく似ている。

『シッダーンタシェーカラ』第13章「既知数学」と第14章「未知数学」は、一人の著者による二大分野の現存する記述としては最も古い。特に未知数学は、シュリーダラの代数書が失われた今、『ブラーフマスプタシッダーンタ』第18章とバースカラの『ビージャガニタ』の中間段階を示すものとして貴重である。

表 7.6. シュリーパティ著『ガニタティラカ』

（詩節番号は「文庫版あとがき」文献リストの林 2019 による.）

- 序(1)
- 規約(2-12)
  - 十進法位取り名称(2-3)
  - 度量衡(4-12)
- 基本演算(13-110)
  - 整数の8則(13-34)
  - 分数の8則(35-51)
  - ゼロの一般則(52)
  - 分数の同色化(53-63)
    - 部分類等4類(53-61)
    - 蔓の同色化(62-63)
    - 類問題(64-92)
  - 逆算法(93-94)
  - 比例関係(95-117)
    - 三量法, 逆三量法(95-106)
    - 五量法等(107-111)
    - 物々交換(112-114)
    - 生物売買(115-117)
- 実用算(118-133+?)
  - 混合(118-133+?)
    - 利息等(118-133+?)
- [以下欠損]

第13章「既知数学」は、ブラフマグプタと同じく二〇の基本演算と八つの実用算を扱う（表7.7）。その冒頭でシュリーパティはいう。

「これら二十の基本演算と、混合に始まり影を八番目とする実用算を知るものは、既知数学（ヴヤクタガニタ）を知るものであり、数学（ガニタ）に通暁した者たちの集まりにおいて計算士（ガナカ）の先導者たるを得る。」（13.1）

一方、第14章「未知数学」の冒頭では、

「ゼロ、正、負、クッタカ、平方始原なる分野、未知数と色の方程式という二つの種子（ビージャ）、また中項除去とバーヴィタカという二つ［の種子］を知れば、疑いなく天命を知る者（占星術師）たちの師となる。」（14.1）

ここで「未知数の方程式」と「色の方程式」は、それぞれブラフマグプタの一色方程式、多色方程式に等しく、

表 7.7.1. シュリーパティ著『シッダーンタシェーカラ』13章「既知数学」

(原書に節区分はない.)

序(1)
基本演算(2-16)
　整数(2-7)
　　乗除(2-3)
　　平方と立方(4)
　　開平と開立(5-7)
　分数(8-12)
　　加減(8)
　　乗法と平方(9)
　　除法(10ab)[5音節欠損]
　　部分付加, 部分除去(10cd)
　　重部分類, 蔓(11)
　　部分類(12)
　逆算法(13)
　比例関係(14-16)
　　三量法, 逆三量法(14)
　　五量法など(15)
　　物々交換, 生物売買(16)
実用算(17-55)
　混合(17-19)
　数列(20-26ab)
　　等差, 自然, 平方数列等(20-24)
　　等比数列(25)
　　等行程問題(26ab)
　平面図形(26cd-42)
　　多辺形の存在条件(26cd-27ab)
　　[27cd欠損]
　　三辺形と四辺形(28-34)
　　円(35-40)
　　生成(41-42)
　堀(43-46)
　　堀の容積(43-44)
　　石の体積(45-46)
　積み重ね(47)
　鋸(48-49)
　堆積物(50-52)
　影(53-55)
　　影の長さと時刻(53)
　　シャンクと影(54-55)

表 7.7.2. シュリーパティ著『シッダーンタシェーカラ』14章「未知数学」

(原書に節区分はない.)

序(1)
未知数の積(2)
正負の8則(3-5)
　加減(3)
　乗除(4)
　平方, 開平, 立方, 開立(5)
ゼロの6則(6)
カラニーの6則(7-12)
和差算, 差々算(13)
一色方程式(14)
多色方程式(15-16)
中項除去(17-19)[18ab欠損]
バーヴィタ(20-21)
クッタカ(22-31)
　余りを伴わないクッタカ(22-27)
　余りを伴うクッタカ(28-31ab)
　[31cd欠損]
平方始原(32-35)
素因数分解(36-37)

一元方程式、多元連立一次方程式である。シュリーパティの「未知数学」では、これら四つの「種子」の後にクッタカおよび平方始原が並列的に述べられている（表7.7.2）。ただし、平方始原はわずか四詩節で簡単に触れられるだけであり、ジャヤデーヴァの「円環法」への言及もない。最後の素因数分解は珍しい。このトピックはのちに十四世紀のナーラーヤナによって発展させられる。

6　バースカラの数学

バースカラは、シャカ暦一〇三六年（西暦一一一三または一一一四）、諸学万般に通じた占星術師マヘーシュヴァラを父として生まれた。西ガーツ山脈の北のはずれに位置するサヒヤ山麓のヴィッジャラヴィダ（ジャラヴィラまたはジャビラとも伝えられる）に住み、36歳の時『シッダーンタシローマニ』を著した。これは、既知数学（パーティー）の書『リーラーヴァティー』、未知数学の書『ビージャガニタ』、それに天文書『グラハガニタアドヤーヤ』（惑星計算の章）および『ゴーラアドヤーヤ』（天球の章）からなる四部作である。それぞれ独立の作品としての性格が強く、特に『リーラーヴァティー』と『ビージャガニタ』は算術と代数の教科書として全インドに普及することになる。

その普及をもたらした要因には、内的なものと外的なものがある。内的要因は、過去の数学書と較べて数学規則が格段に平易な表現で与えられていることと、全体の構成が整理され教科書としての体系化が進んだことである。外的要因は、彼の子孫が中心となって学校を作り、積極的に普及に努めたことである。

マハーラーシュトラ州、カーンデーシュのパートナーで発見された碑文には、バースカラの孫チャンガデーヴァがバースカラの著作を世に広めるために学校を建てたこと、それに対してヤドゥ一族の王シンガナの家臣ソイデーヴァ、ヘーマーリデーヴァ等が寄進という形で財政的援助を与えたことが記されている。寄進は「シャカ暦一一二八年、プラバヴァの年、シュラーヴァナ月の満月の日、月食の時刻」に行なわれたという。これは、一年の食い違いがあるが、西暦一二〇七年八月九日の夕刻にインドで見られた部分月食と考えられている。チャンガデーヴァは「私の学校では『シッダーンタシローマニ』を初めとするバースカラの著作、およびその家系の者によって著された他の作品がもっぱら教えられるべきである」といったという。彼はシンガナ王おかかえの占星術師になる（*Epigraphia Indica* 1）。

『リーラーヴァティー』

『リーラーヴァティー』は、著者自身がいうように、美しい言葉で書かれたわかりやすい

表 7.8. バースカラ著『リーラーヴァティー』

(カッコ内は出版本が採用する規則と例題を合わせた通し番号. 必ずしも2行詩を1単位としない.)

規約(1-8)	売買(98-100)
序(1)	宝石の交換(101-102)
度量衡(2-8)	合金の純度(103-111)
数の位の決定(9-11)	組み合わせ(112-116)
帰命偈(9)	数列(117-134)
十進法位取り名称(10-11)	自然数列, 平方数列等(117-120)
基本演算(12-47)	等差数列(121-129)
整数の8則(12-29)	等比数列(130-132)
分数(30-44)	韻律の数(133-134)
分数の同色化4類(30-36)	平面図形(135-213)
加減等8則(37-44)	直角三辺形(135-160)
ゼロの8則(45-47)	三辺形と四辺形(161-198)
様々な算法(48-89)	円と球(199-213)
逆算法(48-50)	堀(214-219)
任意数算法(仮定法)(51-55)	積み重ね(220-222)
不等算法(56-59)	鋸(223-226)
平方算法(60-64)	堆積物(227-231)
乗数算法(65-72)	影(232-241)
三量法(73-81)	クッタカ(242-260)
五量法等(82-87)	余りを伴わないクッタカ(242-256)
物々交換(88-89)	固定クッタカ(257-258)
実用算(90-241)	合成クッタカ(259-260)
混合(90-116)	数字の網(261-271)
利息(90-93)	結語(272)
投資と利益配分(94-95)	
貯水池(96-97)	

算術の書であるが、不定方程式(クッタカ)も扱う(表7.8)。すでにマハーヴィーラが算術書『ガニタサーラサングラハ』でクッタカの基本規則を与え、多くの例題をあげているが、完全なクッタカの章を既知数学に含めたのは『リーラーヴァティー』が最初である。

最終章「数字の網」(アンカパーシ

ャ）はまったく新しいトピックである。伝統的な組合せの規則は混合の実用算の最後で述べられるが、ここでは、繰り返しを許す順列の数、与えられた桁数あるいは数値を持つ数の総数およびそれらの数の和など前例のない問題が取り上げられる。十四世紀のナーラーヤナはこれをさらに大きく発展させる。

その他はいずれも伝統的なトピックであるが、三量法などかつては基本演算に含まれていたいくつかの算法が、「様々な算法」（プラキールナカ）として独立しているのが構成上の特徴である。

不等算法は和差算と差差算である。平方算法は、二次の連立不定方程式、

$$x^2+y^2-1=u^2,\quad x^2-y^2-1=v^2$$

に対し、解のプロセスは述べず、三つの解のアルゴリズムのみを与える。

乗数算法は、『ガニタサーラサングラハ』（4.40）および『ガニタティラカ』（p.48）で残余根類（シェーシャムーラ・ジャーティ）と呼ばれた、

$$x-a\sqrt{x}=b$$

のタイプの問題に対する解のアルゴリズムである。バースカラはまた、それらの書で個別にアルゴリズムの与えられていた「根」を含むいくつかの「類」も、簡単な変形をすることによってこの乗数算法に帰す。また、一元一次方程式に帰着するいくつかの「類」は任

意数算法(仮定法)で解いている。
影の実用算は、シャンク(杭)による影の問題(相似三角形の利用)に限定され、これまでの算術書では通例だった時刻の問題には触れない。

『リーラーヴァティー』には現在知られているだけでも35前後のサンスクリットの注釈書があり、さらにマラーティー語、グジャラーティー語などで書かれたものもある。また翻訳は、グジャラーティー語、マラーティー語など北インドの言語だけでなく、カンナダ語、テルグ語などの南インドの言語でもなされている。さらに一五八七年にはアクバル大帝の求めに応じてアブル・ファイド・ファイズィーがペルシャ語に翻訳している。ペルシャ語訳は他にも二つある。

ファイズィーはそのペルシャ語訳に付した序文で本書のタイトルの由来に関わる興味深い言い伝えを記録している。バースカラにはリーラーヴァティーという名の娘がいたが、彼女のホロスコープは、彼女が一生結婚しないですごす可能性を予言していた。そこでバースカラは彼女がまだ幼いとき、将来夫と固く結ばれて子供がもてるような結婚をするのにふさわしい唯一の時刻を算出した。そのときが近づくと彼は、時刻を間違えないように流入型の水時計(底に穴の開いたカップを水面に浮かばせたもの)を準備し、時刻に詳しい占星術師を特に見張りにつけた。ところが、その水時計に子供らしい好奇心を持ったリーラーヴァティーがそのカップをのぞき込んでいるうちに、彼女の結婚衣装を飾っていた真珠が一つ転がり落ちて、カップの底の穴を塞いでしまった。そのため、見張りの占星術師が気づかぬうちにその大事な時刻が過ぎてしまう。落胆したバースカラは、娘の名をこの世の終わりまで留めるために、リーラーヴァティーというタイトルで本を書いた。ざっとこのような話である(Strachey)。

この話にはいくつかの変形がある。バースカラは、(結婚できないのではなく)娘の結婚生活が短いということを占星術で知る。その運命を変える効力を持つ時刻に娘を結婚させるために、彼は(水時計ではなく)砂時計を用意するが、大事な時に娘の鼻輪の真珠が落ちて砂に混じってしまう。そのため時計は遅れて時を逸し、娘は結婚するが運命どおりに間もなく夫を失う。そこで彼女を慰めるために書いたのが『リーラーヴァティー』である(Srinivasiengar)。

バースカラは、娘が結婚すると(娘ではなく)自分の運命に良くないことが起きることを占星術で知って、娘を自分のもとに留めておくために、娘の名をタイトルにし、また例題を彼女に問いかけながら本を書いた、とするものもある(Ball)。確かに、『リーラーヴァティー』の例題には「リーラーヴァティーよ」という呼びかけもいくつかある。しかしこれは、固有名詞ではなく、普通名詞として「魅惑的な女性」を意味する可能性もある。

実際、同書には「友よ」などに加えて、「よく動く目をした娘さん」、「仔鹿の目をした愛らしい娘さん」、という呼びかけもある。女性名詞を書名に使うことも珍しいことではない。

これらの伝説を裏付けるものはなにもないが、伝説が作られ流布したということ自体、翻訳や注釈書の多さとともに、『リーラーヴァティー』が後世に与えた影響がいかに大きかったかを示している。

『ビージャガニタ』

『ビージャガニタ』は、インドの代数学の集大成であり、「四つのビージャ」を中心として方程式論を見事に体系化している（表7.9）。章の分け方は必ずしも明瞭ではないが、全体が、平方始原までの予備知識と一色等式（一元方程式）以降の本論とに分かれることは、平方始原を扱った直後の言葉から知られる。

「ビージャに役立つ計算法をここに要約して述べた。私はこれから数学者たちの喜びを作り出すビージャを述べよう。」（『ビージャガニタ』55）

初めの四章のタイトルに見られる「六種」とは、加減乗除に平方、開平を加えた六種の基本演算である。負数が許されるのはビージャガニタの特徴である。

表 7.9. バースカラ著『ビージャガニタ』

（「文庫版あとがき」文献リストの林 2016 による. 数字は規則の詩節番号. 例題は省略.）

序 (1-2)	一色等式における中項除去 (59-64)
正負に関する6種 (3-4)	多色等式 (65-69)
ゼロに関する6種 (5-6)	多色等式における中項除去 (70-90)
色に関する6種 (7-12)	バーヴィタ (91-94)
カラニーに関する6種 (13-25)	結語 (95-102)
クッタカ (26-39)	
平方始原 (40-55)	
一色等式 (56-58)	

クッタカは『リーラーヴァティー』のクッタカの章とほとんど同じであるが、係数や解に負数を認める点で異なる。ブラフマグプタにとって「ブラーフマスプタシッダーンタ』第18章を代表するトピックだったクッタカは、ここではビージャガニタのための予備知識に過ぎない。

平方始原は、ジャヤデーヴァの円環法をとりいれて、方程式研究の強力な武器となった。ブラフマグプタの平方始原の規則を用いれば、不定方程式、

$$Px^2+t=y^2$$

で $t=\pm4, \pm2, -1$ に対する解から $t=1$ に対する解が得られるが、円環法は、任意の t に対する解から $t=\pm4, \pm2, \pm1$ に対する解に至る方法を教える。したがって、最初に一度試行錯誤で任意の t に対する解が得られれば、あとはほとんど機械的に $t=1$ に対する解に到達する。このタイプの方程式を今ではペルの方程式と呼ぶが、ジャヤデーヴァあるいはバースカラの方程式と呼ぶべきだ、というインドの人たちの主

張はもっともである。

バースカラが与える平方始原の例題（表7.10）の中には、フェルマーが一六五七年にフレニクルに宛てた手紙で解答を求めた問題として有名なもの（$61x^2+1=y^2$）もある。

体系化に加えて、数学そのものに関するバースカラの貢献は「多色等式における中項除去」にある。これまで多色式といえば多元連立一次方程式であり、多元で二次以上の方程式は、平方始原と標準型方程式を別にすれば、いわゆるバーヴィタ方程式のみであった。しかしバースカラは多元で二次以上の様々な方程式を取り上げ、タイプ別に解または解のヒントを与えている。それが「多色等式における中項除去」である（表7.11）。取り扱われる方程式は三次以上におよび（ただし特殊なタイプ）、なかには六次方程式もあるが、いずれも二次方程式に還元して解かれるので「中項除去」と呼ばれる。しかしそこでは中項除去だけでなく、平方始原も力を発揮する。

『リーラーヴァティー』ほどではないが、『ビージャガニタ』にも少なからぬ注釈書が書かれた。サンスクリットに限っても現在八つが知られている。また二つのペルシャ語訳があるが、一つは一六三五年、シャージャハンのために、イブン・アフマド・ナーディルが訳したものである。これは一八一三年、イギリスのストレイチイによって英語に重訳された。

表 7.10．バースカラの与える平方始原の例題

（原書に述べられる順序．BG=『ビージャガニタ』．E–は例題の詩節番号．）

1）	$8x^2+1=y^2$	(BG E28)	
2）	$11x^2+1=y^2$	(BG E28)	
3）	$67x^2+1=y^2$	(BG E29)	
4）	$61x^2+1=y^2$	(BG E29)	
5）	$13x^2-1=y^2$	(BG E30)	
6）	$8x^2-1=y^2$	(BG E30)	
7）	$6x^2+3=y^2$	(BG E31)	
8）	$6x^2+12=y^2$	(BG E31)	
9）	$6x^2+75=y^2$	(BG E31)	
10)	$6x^2+300=y^2$	(BG E31)	
11)	$32x^2+1=y^2$	(BG E32)	
12)	$9x^2+52=y^2$	(BG E33)	
13)	$4x^2+33=y^2$	(BG E33)	
14)	$13x^2-13=y^2$	(BG E34)	
15)	$13x^2+13=y^2$	(BG E34)	
16)	$-5x^2+21=y^2$	(BG E35)	

表 7.11．バースカラが規則を与える二次以上の多色等式のタイプ

（原書に述べられる順序．BG=『ビージャガニタ』．）

1） $ax^2+bx+c=u^2$　(BG74–75)
2） $ax^4+bx^2=u^2$　(BG76–77ab)
3） $ax^6+bx^4=u^2$　(BG76–77ab)
4） $ax^2+bx+c=a'y^2+b'y+c'$　(BG77cd–78)
5） $ax^2+by^2+c=u^2$　(BG79)
6） $a^2x^2+bxy+cy^2=u^2$　(BG80)
7） $x+y+a=s^2$, $x-y+a=t^2$, $x^2+y^2+b=u^2$, $x^2-y^2+c=v^2$　(BG82–83)
8） $ax+b=u^2$　(BG84–85)
9） $ax+b=u^3$　(BG84–85)
10) $y=(ax^2+c)/b$　(BG87–90)
11) $y=(x^3+b)/a$　(BG87)
12) $axy=bx+cy+d$　(BG92–93)

表 7.12．バースカラが例題にあげる高次方程式

（原書に述べられる順序．BG=『ビージャガニタ』．表 7.10と同じ）

1） $x^2+y^2+z^2+u^2=x^3+y^3+z^3+u^3$　(BG E52)
2） $x^2+y^2=u^3$,　$x^3+y^3=v^2$　(BG E55)
3） $x^3+12x=6x^2+35$　(BG E66)
4） $x^4-2(x^2+200x)=10^4-1$　(BG E67)
5） $(x+y)^2+(x+y)^3=2(x^3+y^3)$　(BG E90)
6） $5x^4-100x^2=u^2$　(BG E91)
7） $x-y=u^2$,　$x^2+y^2=v^3$　(BG E92)
8） $x^3+y^2=u^2$,　$x+y=v^2$　(BG E95)
9） $3x+1=u^3$,　$3u^2+1=v^2$　(BG E101)
10) $y=(x^3-6)/5$　(BG E104)
11) $20(x+y+z+u)=xyzu$　(BG E107)

7 バースカラ以後の数学

バースカラ以降のパーティーガニタで注釈書ではない独自な作品としては、タックラ・ペールーの『ガニタサーラ』(西暦一三一五頃)、ナーラーヤナの『ガニタカウムディー』(西暦一三五六)、著者未詳の『パンチャヴィンシャティカー』(西暦一四二九以前)、ガネーシャの『ガニタマンジャリー』(西暦一五七五頃)、ラーマチャンドラの『カウトゥカリーラーヴァティー』(年代未詳)などがある。これらのなかで特に重要なのは最初の二つである(表7.13, 7.14)。

ペールーはジャイナ教徒であり、十四世紀初頭に数学、天文学、建築学、宝石鑑定など、いくつかの分野の書をプラークリットで著した。数学書『ガニタサーラ』(表7.13)は四つの章と付録から成る。初めの三章は伝統的なトピックを扱い、特にシュリーダラの影響が見られるが、第4章と付録では新しい問題も扱われる。方陣もその一つである。

インドで最初に方陣が現われるのはヴァラーハミヒラ(六世紀)の『ブリハトサンヒター』である。そこでは定和18に変形された四方陣が、香料の原料の組み合わせと量の指定に利用されている(図7-3)。ヴリンダの『シッダヨーガ』(西暦九〇〇頃)などの医学書では、三方陣が安産の護符として用いられている。またカジュラホのジャイナ教寺院の一つ

表 7.13．タックラ・ペールー著『ガニタサーラ』

（カッコ内は規則と例題を合わせた通し番号.）

第1章　25の基本演算(1-93)
- 序(1-2)
- 度量衡(3-11)
- 十進法位取り名称(12-14)
- 目次(15)
- 整数の基本演算8則(16-45)
  九去法,ゼロの8則を含む.
- 分数の基本演算8則(46-62)
  同色化を含む.
- 比例関係(63-93)

第2章　部分の8類(1-17)
- 部分類(1)
- 重部分類(2)
- 部分部分類(3-5)
- 部分付加類(6-7)
- 部分除去類(8-9)
- 部分母類(10-11)
- 蔓の同色化(12-13)
- 杭部分の類(14-17)

第3章　8つの実用算(1-104)
- 混合(1-25)
- 数列(26-34)
- 平面図形(35-53)
- 堀(54-68)
- 積み重ね(69-86)
- 鋸(87-95)
- 堆積物(96-100)
- 影(101-104)

第4章　4つの課(1-45+1-19)
- 場(1-17)
- 布(18-37)
- 方陣(38-45)
- 雑題(1-19)

付録　5つの提示(1-33)
- 穀物生成の果(1-9)
- さとうきびジュースの果(10-12)
- 油の果(13)
- 地方税の果(14-17)
- 値段の果(18-21)
- 円と球の測量(22-32)
- 結語(33)

[総詩節数=93+17+104+45+19+33=311]

表 7.14．ナーラーヤナ著『ガニタカウムディー』

（カッコ内は出版本のページ番号.）

序(Part 1,p.1)

規約(1-3)

基本演算(3-13)
- 整数の8則(3-9)
- 分数の8則(9-12)
  同色化を含む.
- ゼロの8則(13)

様々な算法(13-54)

ヴヤヴァハーラ
(54-128+Part 2,pp.1-412)
- 混合(54-105)
- 数列(105-128+Part 2,pp.1-2)
- 平面図形(2-192)
- 堀(192-200)
- 積み重ね(200-201)
- 鋸(201-203)
- 堆積物(203-206)
- 影(206-212)
- クッタカ(213-232)
- 平方始原数(232-245)
- 部分の取得(素因数分解等)
  (245-255)
- 分数の発現(分数の和への分解等)(256-286)
- 数字の網(順列組合せ)
  (286-353)
- 方陣算(353-412)

अ २	प ३	तु ५	शै ८
प्रि ५	मु ८	र २	के ३
स्पृ ४	त्व १	त ७	मां ६
म ७	न ६	श्री ४	कु १

a2	pa3	tu5	śai8
pri5	mu8	ra2	ke3
spṛ4	tva1	ta7	māṃ6
ma7	na6	śrī4	ku1

図 7-3　ヴァラーハミヒラの四方陣　a（＝aguru), pa（＝patra）などは原料の名前の第一音節（Varāhamihira, *Bṛhatsaṃhitā*, ed. by A. V. Tripāṭhī, Vārāṇasī, 1968, p. 847）

パールシュヴァナータ寺院の入り口には、十二、十三世紀頃の数字で四方陣が刻まれている。しかし、数学書で方陣を取り上げたのはペールーが最初と思われる。彼は次数（一辺のマス目の数）に応じて奇方陣、偶方陣、偶奇方陣に分類し、奇方陣と偶方陣には一般的作法を与え、偶奇方陣としては六方陣の一例を与える。

方陣の研究はペールーから一世代あとのナーラーヤナによってさらに深められる（図7-4）。彼の『ガニタカウムディー』（表7.14）は方陣だけでなく、数列、順列と組み合わせなどにおいても大きな進展を見せており（図8-1参照）、『リーラーヴァティー』のように普及しなかったのは、むしろその数学的内容が高度であったためと思われる。

方程式論は、現存資料から判断するかぎりバースカラで頂点に達したといってよいかもしれない。

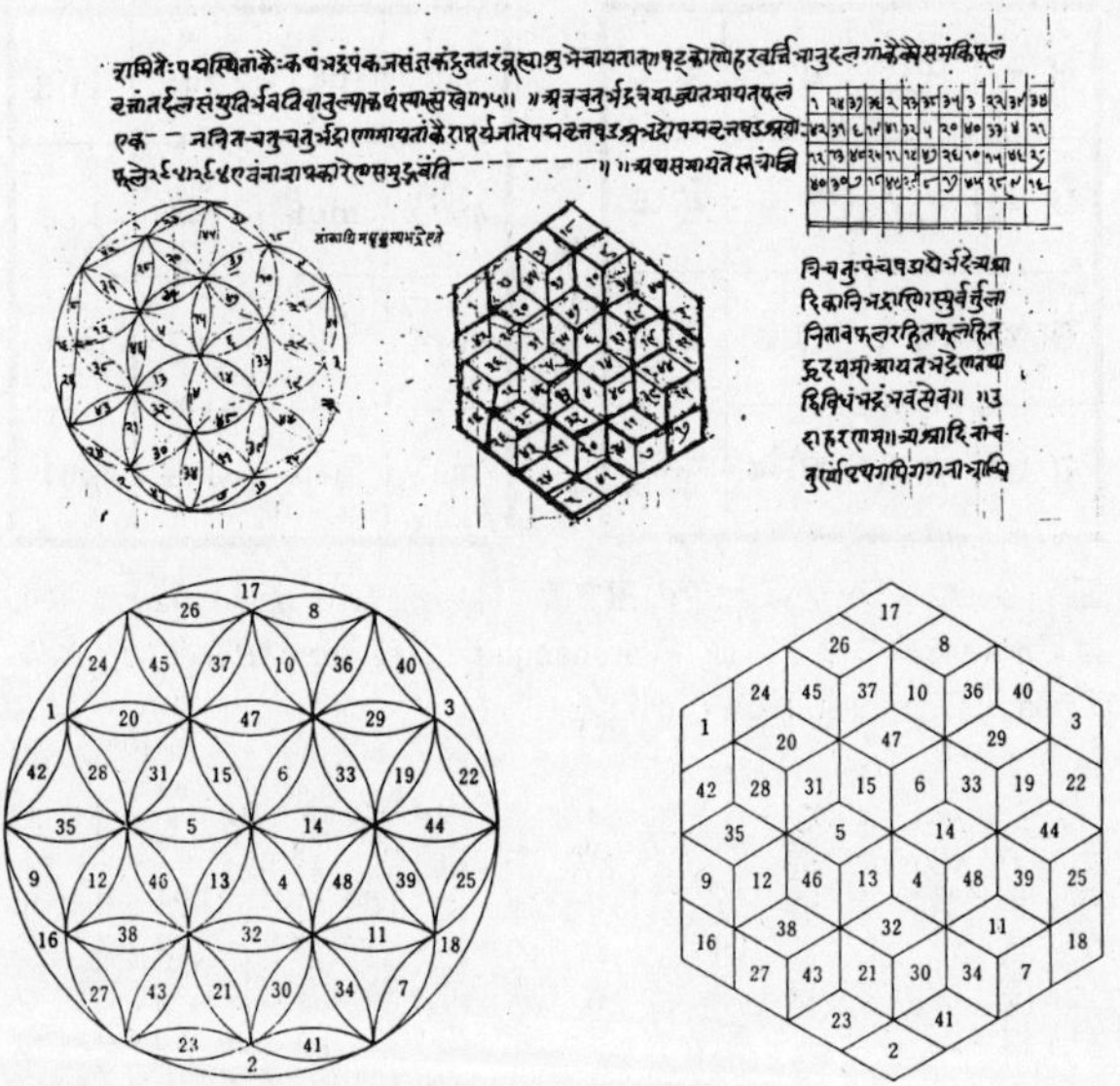

図 7-4　ナーラーヤナの円形蓮華と六辺蓮華　共に右上の「長方陣」(四方陣×3) を元にして作る。形は違うが数配列は同じ（『ガニタカウムディー』ネパール写本、4-1689）

『ガニタカウムディー』の著者ナーラーヤナが『ビージャガニタアヴァタンサ』を書いたが、現在知られている前半はバースカラの『ビージャガニタ』の予備知識の部分にほとんど等しい。しかし本論は未発見の後半にあったはずだから、それが見つかれば新しい光がさす可能性もある。*また一五〇〇年頃のジュニャーナラージャによる『ビージャアドヤーヤ』

という書がいくつかの写本で伝えられているが、まだ研究されていない。

＊追記。その後、本論の一部の写本が入手できた。それによると、バースカラの『ビージャガニタ』より例題が豊富になっている（「文庫版あとがき」の文献リスト、第7章にあげたT. Hayashi 2004参照）。また、完全な写本がインド、ラージャスターン州、ジャイプールの王宮博物館にあることが確認できた。

最後に、三角法における重要な発見に触れないわけにはいかない。南インド、ケーララで十四世紀後半から十五世紀にかけて活躍したマーダヴァと十六世紀末まで続く彼の学統の者たちは、円周率、サイン、コサイン、アークタンジェントなどの級数展開を、世界に先駆けて得ている（表7.15）。マーダヴァの著作としては天文書がいくつか知られているが、これらの結果を含むものは残っていない。そのため、どこまでがマーダヴァ自身の発見かは必ずしもはっきりしないが、少なくとも円周の展開の一つ（表の一番目）については、それを表現するマーダヴァ自身の詩節がシャンカラによって引用されている。この表(7.15)は、シャンカラの二つの注釈書の記述に基づく。一つはニーラカンタの天文書『タントラサングラハ』（西暦一五〇一）に対する注釈書『ユクティディーピカー』（一五三〇頃）、もう一つはバースカラの『リーラーヴァティー』の注釈書『クリヤークラマカリー』（一五五〇頃）である。ヨーロッパでグレゴリー、ライプニッツなどがそれらを再発見

表7.15. マーダヴァ等の級数

(直径$d(=2r)$の円の周をc,同一の中心角に対する弧,正弦,余弦,正矢をそれぞれs, y, x, tとし,それらの級数展開のn項までの和を$c(d,n)$などとする.)

1) $c(d,n)=\frac{4d}{1}-\frac{4d}{3}+\frac{4d}{5}-\cdots+(-1)^{n-1}\frac{4d}{2n-1}+(-1)^{n}\frac{4dn}{4n^2+1}$

2) $c(d,n)=\frac{16d}{1^5+4\cdot1}-\frac{16d}{3^5+4\cdot3}+\cdots+(-1)^{n-1}\frac{16d}{(2n-1)^5+4(2n-1)}$

3) $c(d,n)=3d+\frac{4d}{3^3-3}-\frac{4d}{5^3-5}+\cdots+(-1)^{n}\frac{4d}{(2n-1)^3-(2n-1)}$

4) $c(d,n)=2d+\frac{4d}{2^2-1}-\frac{4d}{4^2-1}+\cdots+(-1)^{n-1}\frac{4d}{(2n)^2-1}$

$\qquad+(-1)^{n}\frac{4d}{2\{(2n+1)^2+2\}}$

5) $c(d,n)=\frac{8d}{2^2-1}+\frac{8d}{6^2-1}+\cdots+\frac{8d}{(4n-2)^2-1}$

6) $c(d,n)=4d-\left\{\frac{8d}{4^2-1}+\cdots+\frac{8d}{(4n)^2-1}\right\}$

7) $c(d,n)=\frac{\sqrt{12d^2}}{1}-\frac{\sqrt{12d^2}}{3\cdot3}+\frac{\sqrt{12d^2}}{5\cdot3^2}-\cdots+(-1)^{n-1}\frac{\sqrt{12d^2}}{(2n-1)3^{n-1}}$

8) $c(d,n)=3d+\frac{6d}{(2\cdot2^2-1)^2-2^2}+\frac{6d}{(2\cdot4^2-1)^2-4^2}+\cdots$

$\qquad+\frac{6d}{\{2(2n-2)^2-1\}^2-(2n-2)^2}\quad(n>1)$

9) $s(x,y,n)=\frac{ry}{1x}-\frac{ry^3}{3x^3}+\frac{ry^5}{5x^5}-\cdots+(-1)^{n-1}\frac{ry^{2n-1}}{(2n-1)x^{2n-1}}$

10) $y(s,n)=s-s\cdot\frac{s^2}{(2^2+2)r^2}+s\cdot\frac{s^2}{(2^2+2)r^2}\cdot\frac{s^2}{(4^2+4)r^2}-\cdots$

$\qquad+(-1)^{n-1}\frac{s\cdot s^{2n-2}}{(2^2+2)(4^2+4)\cdots\{(2n-2)^2+(2n-2)\}r^{2n-2}}$

$\qquad\left[=s-\frac{s^3}{3!r^2}+\frac{s^5}{5!r^4}-\cdots+(-1)^{n-1}\frac{s^{2n-1}}{(2n-1)!r^{2n-2}}\right]$

11) $t(s,n)=r\cdot\frac{s^2}{(2^2-2)r^2}-r\cdot\frac{s^2}{(2^2-2)r^2}\cdot\frac{s^2}{(4^2-4)r^2}+\cdots$

$\qquad+(-1)^{n-1}r\cdot\frac{s^{2n}}{(2^2-2)(4^2-4)\cdots\{(2n)^2-2n\}r^{2n}}$

$\qquad\left[=\frac{s^2}{2!r}-\frac{s^4}{4!r^3}+\cdots+(-1)^{n-1}\frac{s^{2n}}{(2n)!r^{2n-1}}\right]$

12) $x(s,n)=r-t(s,n)$

13) $\frac{ay}{x}=a-\frac{a(x-y)}{y}+\frac{a(x-y)^2}{y^2}-\frac{a(x-y)^3}{y^3}+\cdots$

14) $a\{a^p+(2a)^p+(3a)^p+\cdots+(ma)^p\}\simeq r^{p+1}/(p+1)\qquad(ma=r)$

するのは十七世紀後半のことである。

マーダヴァの学統を継承する一人ニーラカンタが優れた数学者であったことは第五章で述べたが、ここにその一端を示す例として、直径と円周の通約不可能性を表現する彼の明快な言葉を引用しよう。

「それ（与えられた直径に対する円周の真値）を語ることは不可能である。なぜか？ある単位によって直径が端数を持たないものとして測られるとき、それと同じ単位で測られる円周は今度は端数を持つものになるだろう。またある単位によって円周が端数を持たないものとして測られるとき、それと同じ単位で測られる直径は端数を持つものになる。このように、一つの単位で［直径と円周の］二つが測られる場合、どちらも端数を持たないということはありえないだろう。長い道のりを辿った後でも、わずかな端数は残るはずである。端数を持たない状態は、どんな場合でも得られない、ということである。」（『アールヤバティーヤ注解』pp. 41–42）

このように、インドの数学は少なくとも一六〇〇年頃まで独自な発達をとげたといってよい。

ジャガンナータがユークリッドの『原論』を『レーカーガニタ』（線の数学）というタイトルでサンスクリット訳したのは一七二〇年代である。これはナシール・アッディーン・アットゥースイーによるアラビア語訳からの重訳であった。五世紀末のアールヤバタのあと、長さ・面積・体積以外の幾何学的性質を表現することに価値を見いだきなくなって久しいインドの数学者たちの目に、ユークリッドの論証幾何学はどのように映ったのだろうか。

十八世紀末にはイギリス東インド会社の援助でカルカッタ・マドラサ（アラビア語、ペルシャ語による教育を目指すカレッジ）とベナレス・サンスクリット・カレッジが作られる。数学もそれぞれの言語で教えられた。一八五七年には、カルカッタ（現在のコルカタ）、ボンベイ（現在のムンバイ）、マドラス（現在のチェンナイ）に、イギリスをモデルにして最初の大学ができ、数学を含むヨーロッパの知識が英語で教育されるようになる。

第八章　文化交流と数学

この章では、民族や文明間の数学の伝播の問題をインドを中心として取り上げる。交通や情報伝達機関の発達した現代から見ると、確かに伝達の速度は遅くまたその手段や方法も限られていたが、古代の諸文明が文化的に互いに孤立し閉ざされていたわけでは決してないことは考古学などによって明らかにされてきた。

すでにインダス文明の時代（紀元前二五〇〇―一五〇〇頃）にインドが西方のメソポタミアと交流をもっていたことは、メソポタミアで発見されたインダス文明特有の印章が示している。紀元前二千年紀の中葉からはアーリア人がインド亜大陸にやってきて定住する。紀元前六世紀から四世紀にかけてアケメネス朝ペルシャは、西でマケドニア、エジプトを含み、東で北西インドのガンダーラ地方、インダス河流域を含む世界帝国を築き、東西交流を促進した。

さらに紀元前三二六年にアレクサンドロスがインダス河畔まで遠征したあとには、北西インドに接するヘレニズム文化圏が出現した。マウルヤ王朝の創始者チャンドラグプタ（紀元前三一七―二九三頃在位）はシリアのギリシャ人王セレウコス（紀元前三〇五―二八一在位）の娘を後宮にむかえたといわれるし、その孫アショーカ王（紀元前二六八―二三二頃在位）はインドの文字と言葉に加えてギリシャ語の詔勅の碑も建てた。マウルヤ王朝の首都パータリプトラにはセレウコスの使者メガステーネースが来ている。

前三世紀から二世紀にかけて現在のアフガニスタン北部にはギリシャ人王を戴くバクトリア王国があった。またパンジャーブ地方を支配したギリシャ系の王の一人メナンドロス（紀元前一五五―一三〇頃在位）は、パーリ仏典『ミリンダ王の問い』で仏教僧ナーガセーナと哲学を論じ合い、その結果仏教に帰依したミリンダ王として描かれている。

西暦一世紀頃から貿易風（ヒッパロスの風）が航海に利用されるようになると、南インドとローマの交易が盛んになり、香辛料と引きかえにローマのデナリウス銀貨が大量にインドへ流入した（サンスクリットではディーナーラまたはディーンナーラと呼ばれた）。

また中国との間には、法顕、玄奘、義浄、シュバカラシンハ（善無畏）、ヴァジュラボーディ（金剛智）などに代表されるように、主として仏教を媒介とした双方向の人的交流が少なからずあった。四世紀から八世紀の間にインドに留学した中国人僧は百六十名を超えたといわれる。仏典の漢訳は後漢の時代にスタートしている。

貿易や人的交流による文化の伝達があれば、その中に数学的なことがらが含まれていたとしても不思議ではない。しかし、数学は他の文化要素と較べて抽象度が高く、影響関係を証明するのは容易ではない。

数学の伝播に関しては、紀元前三千年紀前半のヨーロッパの新石器時代の数学から後世のメソポタミア、エジプト、インド、ギリシャ、中国の数学が派生した、そして失われた新石器時代ヨーロッパの数学をもっともよく保存しているのは中国の『九章算術』である、とする気宇壮大な仮説がファン・デル・ヴェルデンによって出されているが、その際の重要なリンクは三平方の定理である。

1　三平方の定理

新石器時代ヨーロッパ起源説は、イギリス南部とスコットランドで発見された新石器時代の遺跡の構築にピタゴラス三角形（三辺が$a^2+b^2=c^2$の関係を満たす整数値の三角形）が用いられていたに違いない、という仮説を出発点とする。しかし、三平方の定理が文献上確認されるのはウル第Ⅲ王朝期（紀元前二二－二一世紀）以降のメソポタミアの粘土板である。そこには定理自体の言語表現は見つかっていないが、その関係（$a^2+b^2=c^2$）を満たす三数の組合せ（ピタゴラス数）15組のリストやその関係を用いた図形問題の解などが見られる。

その後インドでは紀元前六世紀頃編纂されたシュルバスートラに定理そのものの言語表

出とピタゴラス数およびそれらを用いた作図法が見られる（第二章参照）。

ギリシャではユークリッド（紀元前三〇〇頃）が『原論』第一巻の最終テーマとして証明する。ヨーロッパで通常その定理が帰されるピタゴラスは紀元前六世紀頃の人とされるが、彼がこの定理とどのような関係を持っていたのかはっきりしない。

エジプトでは意外にも中王国時代の『リンドパピルス』、『モスクワパピルス』など古い数学写本には見られず、紀元前三〇〇年頃の『カイロパピルス』が初出である。しかしもちろん、中王国時代に知られていなかったと断言できるほど我々の知識は十分ではない。

中国では勾股弦《こうこげん》の法と呼ばれ、漢代すなわち紀元前後に編纂された『周髀算経《しゅうひさんけい》』と『九章算術』に現われる。『周髀算経』は漢代以前の宇宙論である蓋天説《がいてんせつ》をテーマとする。三角形の相似と三平方の定理がその数値計算にとっての基本原理である。『九章算術』では三平方の定理が最終章の中心テーマであり、多くの図形問題に応用される。

このように、さしあたりエジプトを除けば、三平方の定理はそれぞれの文明で現存する最古層の数学資料に現われるか、少なくとも関係づけられる。このような状況で新石器時代ヨーロッパ起源説を支えるのは「ごくわずかな例外を別にすれば、数学、物理学、天文学での偉大な発見は過去にただ一度行なわれただけである」という「発見原理」である（van der Waerden, *Geometry and Algebra in Ancient Civilizations*, p. 10）。しかし「わずかな例外」としてあげられているのはガウス、ボヤイ、ロバチェフスキーによる非ユークリッド幾何学の独立発見のみであり「偉大な発見」の範囲は曖昧である。

右の「発見原理」とは逆に、数学的真理は普遍性が高いから、どの民族、どの文明でも発見を促す歴史的条件さえあれば同じ結論に到達する、という見方も成立する。したがって、三平方の定理のように古代から多くの文明に普及している基本的定理を特定の文明の発見に帰すためには、他の文明とは違って発見に有利に働いたと見られる歴史的条件をあげる必要があるのではないだろうか。

もちろん、三平方の定理が各文明ですべて独立に発見されたと考えるのも不自然である。しかし現在の我々の知識では、統一的起源を求めることはもちろん、個々の文明間の影響関係を見ることとさえできない。紀元前二千年紀と三千年紀の数学について我々の知識はまだあまりに乏しい。仮に新石器時代の遺跡にピタゴラス三角形を読み取るファン・デル・ヴェルデンの仮説が正しいとしても、三平方の定理の起源と伝播の問題を語るには、高度な計画性のもとに作られた都市を持つインダス文明の数学、『周髀算経』や『九章算術』に先立つ中国の数学などの解明が必要と思われる。

そこで比較的新しい時代に目を向けると、伝播の経路や方法は特定できないが、扱われる問題の具体性と特徴から伝播の可能性がきわめて高いと思われるものがある。それらは標準問題(standard problems)、典型問題(typical problems)、蓄積問題(stock problems)などと呼ばれる。例としてここでは水槽問題と百鶏術を見よう。いずれも現存文献での初出は中国である。

2　水槽問題と百鶏術

まずは水槽問題である。

二世紀頃、中国、『**九章算術**』(6. 26)

「いま五本の渠が注ぐ池がある。その一渠を開くと三分の一日で池を満たし、次は一日、次は二日半、次は三日、次は五日で満たす。全部同時に開くと何日で池を満たすことができるか。答、七十四分の十五日。計算法。渠ごとの一日に池を満たすことができる回数を置き、加え合わし「法」とする。一日を「実」とする。「実」を「法」で割り、日数を得る。」

(川原訳、藪内清編『中国天文学・数学集』p. 197)

五世紀、『**ギリシャ詞華集**』(14. 7)

「私は真鍮のライオン。噴水孔は私の両目、口、右足の底である。ある壺を満たすのに、右目は二日、左目は三日、底は四日かかる。口は六時間でできる。口、目、底すべて一緒の場合どれだけか。」

『ギリシャ詞華集』にはこの他に類題が五つある（14. 130–133, 135）。解答は付いていない。

八世紀、インド、シュリーダラ著『**パーティーガニタ**』（例題91）

「一日の半分、四半分、五分の一、六分の一で水槽を満たす管は、同時に開放された場合いつ［それを］満たすか。」

これには直前に次の規則が与えられている。

「諸部分で一をそれぞれ割り、その和を作るがよい。それで一を割れば、水槽を満たす場合の時間である。」（『パーティーガニタ』規則69）

ラテン語ではピサのレオナルド（フィボナッチ）が『算板の書』（紀元一二〇二年）でこの種の問題を扱っている。

十五世紀、ビザンツ、**ギリシャ語の算術問題集**（Hunger & Vogel 編、問題27）

「ある人が水の注ぎ込む水槽を持っている。三つの供給源があるが、一つの管によれば水槽は六日で満たされ、二番目によれば四日で、三番目によれば三日で満たされる。今三つの管すべてが稼働すれば、何日で水槽は満たされるか。日数を互いに掛けよ。

72になる。そこでいわれる。72日で、最初の管によれば12の水槽が満たされ、二番目によれば18の水槽が、また三番目によれば24が満たされる。見なさい、54の水槽になる。そこで三量法を用いて言う。『54の水槽が72日で満たされるなら、一つの水槽は何日で満たされるか？』そこで72を54で割りなさい。すると1日と3分の1日が得られる。だからそれだけの日数で、三つの送水管により水槽が満たされるだろう。」

次はいわゆる百鶏術である。

五世紀、中国、『張邱建算経』

「いま雄鳥［一羽］は五銭に値し、雌鳥は三銭、雛鳥は三羽が一銭に値する。合計百銭で百羽の鶏を買う。雄鳥、雌鳥、雛鳥はそれぞれ何羽か。答、雄鳥四羽で二十銭、雌鳥十八羽で五十四銭、雛鳥七十八羽で二十六銭である。また答、雄鳥八羽で四十銭、雌鳥十一羽で三十三銭、雛鳥八十一羽で二十七銭である。また答、雄鳥十二羽で六十銭、雌鳥四羽で十二銭、雛鳥八十四羽で二十八銭である。計算法。雄鳥は毎回四増やし、雌鳥は毎回七減らし、雛鳥は毎回三増やして、［答を］得る。」

問題。$x+y+z=100,\ 5x+3y+z/3=100$

解。$x=4+4n,\ y=18-7n,\ z=78+3n\ (n=0,1,2)$

八世紀、インド、シュリーダラ著『**パーティーガニタ**』(例題78-79)

「三[ルーパ]で五羽のハト、五[ルーパ]で七羽のアオサギ、七[ルーパ]で九羽のハンサ鳥、九[ルーパ]で三羽のクジャク。述べられた通りに値段を知って、王子の娯楽のために、百ルーパで百の生き物(鳥)を連れてきなさい。」

問題。$x+y+z+u=100,\ \frac{3x}{5}+\frac{5y}{7}+\frac{7z}{9}+\frac{9u}{3}=100$

この直前には解のアルゴリズムが与えられている(規則63-64)。それはパーティーの規則であるから未知数を用いないが、ここでは便宜上未知数を補って右の例題に適用してみよう。

まず $x/5=X,\ y/7=Y,\ z/9=Z,\ u/3=U$ とおくと、

$$5X+7Y+9Z+3U=100,\quad 3X+5Y+7Z+9U=100$$

ここで第2式に5/3を掛けて第1式から引き、Xを消去し、整理すると、

$$Y+2Z+9U=50$$

あとはX、Y、Z、Uがいずれも正の整数という条件を考慮して「自分の知力」によって、すなわち試行錯誤によって解を見つける。同書の古註はこの最後の不定方程式の解を次のように数列の形で詠み込んだ四詩節を引用する(p. 82)。

$Y=39-2(n-1),\ \ Z=n,\ \ U=1\ (n=1,2,\cdots,20)$

$Y=30-2(n-1),\ \ Z=n,\ \ U=2\ (n=1,2,\cdots,15)$

$Y=21-2(n-1),\ \ Z=n,\ \ U=3\ (n=1,2,\cdots,11)$

$Y=12-2(n-1),\ \ Z=n,\ \ U=4\ (n=1,2,\cdots,6)$

$Y=3-2(n-1),\ \ Z=n,\ \ U=5\ (n=1,2)$

まったく同じ問題は九世紀のマハーヴィーラ、十二世紀のバースカラ、十四世紀のナーラーヤナによっても取り上げられる。また一〇〇以外の定数を用いた類題はシュリーダラ、マハーヴィーラの他、七世紀と推定される『バクシャーリー写本』にもある。

シュリーダラと同じころカール大帝の宮廷に仕えた神学者アルクイン（八〇四年没）に帰せられる『若者を鍛えるためのアルクインの問題集』(J. P. Migne, *Patrologia Latina*, CI, pp. 441-448) にもいくつかの例題が収められている。例えば「オリエントの買い物」と題された問題（39）は、百枚の金貨でラクダ、ロバ、羊を合わせて百頭買う問題である。ラクダ一頭は金貨五枚、ロバ一頭は金貨一枚、羊は二十頭で金貨一枚の値段とする。解は一組しかない。このほか同書には、父ブタ、母ブタ、子ブタの問題（5）、馬、牛、羊の問題（38）などがあるが、ほとんど解が一組になるように設定されている。複数解がある場合（問題34）でも、与えられている解は一組だけである。

問題5　$x+y+z=100,\ 10x+5y+z/2=100$　解　$x=1,\ y=9,\ z=90$
問題32　$x+y+z=20,\ 3x+2y+z/2=20$　解　$x=1,\ y=5,\ z=14$
問題33　$x+y+z=30,\ 3x+2y+z/2=30$　解　$x=3,\ y=5,\ z=22$
問題34　$x+y+z=100,\ 3x+2y+z/2=100$　解　$x=11,\ y=15,\ z=74$
問題38　$x+y+z=100,\ 3x+y+z/24=100$　解　$x=23,\ y=29,\ z=48$
問題39　$x+y+z=100,\ 5x+y+z/20=100$　解　$x=19,\ y=1,\ z=80$

イスラーム世界では、アブー・カーミル（八五〇頃―九三〇年頃）がこの種の問題を扱っているといわれる。

十五世紀、ビザンツ、**ギリシャ語の算術問題集**（Hunger & Vogel 編、問題53）

「主人が召し使いに命じて、ハト、キジバト、スズメの三種の鳥を買いに行かせた。ハトは四アスプロン、キジバトは二アスプロン、スズメは三羽で一アスプロンであった。主人はちょうど百羽買うようにいって、彼に百アスプロン渡した。私は知りたい、彼がそれぞれ何羽買うかを。次のようにしなさい。まず値段のもっとも低い鳥、すなわちスズメから始めて次のようにいいなさい。彼が33 1/3アスプロンで百羽のスズメを受け取ったと仮定すれば、66 2/3アスプロンが手元に残る。すべてを三分の一に帰せば、それは200/3である。キジバトはスズメよりどれだけ多くのお金が必要か、考えなさい。5/3多く必要である。この5がハトである。今度はキジバトも見つけなさい。200を5で割れば40である。そこで考えなさい、ハトはスズメよりどれだけ多く必要か。11/3多く必要である。この11を40から引けば29が残る。この29がキジバトである。そして66羽のスズメが残る。」

問題。$x+y+z=100$, $4x+2y+z/3=100$　解。$x=5$, $y=29$, $z=66$

ここでも他の解 (10, 18, 72), (15, 7, 78) は無視されている。

以上見てきたように、水槽問題も百鶏術も問題自体があまりに特徴的で、その伝播は疑いえないように思われる。これから見ると、算術問題の伝播に際しては、その出題パターン（枠組み）は変化せずに伝わり、登場する物や生物などはその土地の自然や文化の特殊性を反映して変容を受ける傾向がある。また解法にも差が現われる。

起源や伝播の方向を決定するのは難しいが、中国、インド、ヘレニズム世界、ヨーロッパ、そしてイスラーム世界も含めて古代・中世世界が共有していたと思われる「標準問題」は他にもいくつか知られている。中にはファン・デル・ヴェルデンが注目する三平方の定理の応用問題のように、バビロニアと共有するものもある。

3　天文学と占星術

インドの幾何学的天文学は周転円・離心円の原理に基づく。これは惑星の見かけ上の不規則な運動を説明するためにペルゲのアポロニオス（紀元前三世紀）が考案し、ロードスのヒッパルコス（紀元前二世紀）が数量化したものであり、プトレマイオス（西暦二世紀）によって集大成されたギリシャ天文学の根幹をなす。ただしインド天文学は、プトレマイオス以前のギリシャ天文学を受容したあとは、新しく改良された理論の輸入には無関心であったとされる。それは『アールヤバティーヤ』（西暦四九九）、『パンチャシッダーンティカー』所収の『スールヤシッダーンタ』（西暦五〇五頃）などで用いられ、その後はインド独自の発達を見ることになる。ギリシャとインドで細部に違いがあるとはいえ、周転円理論の独創性を考えると、確かにこの場合も独立の発明より伝播のほうが考えやすい。

ただし、インドの天文書の写本はまったくといっていいほど幾何学的図解を含まないから、インドの「周転円理論」とされているものは、言語表現（それもしばしば曖昧な）に基づいて再構成されたものであることに留意しておく必要がある。算術的には同値でありながら異なる幾何学モデルもありうるから、インドの幾何学モデルがギリシャのそれと同じであったかどうか、再考の余地があるとすべきだろう。

表8.1. ギリシャ語から借用された占星術用語[1)]

ārā	ἄρης	火星
āsphujit	ἀφροδίτη	金星
kendra	κέντρα(pl.)	基本4位，中心
koṇa	κρόνος	土星
kaurpi	σκορπίος	天蝎宮
jāmitra	διάμετρος	第7位，直径
jīva	ζεύς	木星
tāburi/tāvri	ταῦρος	金牛宮
trikoṇa	τρίγωνος	三角形
drekkāṇa/dreṣkāṇa	δεκανοί (pl.)	黄道上の10度
liptā	λεπτόν	角度の分
harijan	ὁρίζων	地平線
hemna	ἑρμῆς	水星
heli	ἥλιος	太陽
horā	ὥρα	ホロスコープ占星術など

1) 矢野道雄「インドの占星術・天文学書に見られるギリシャ語からの借用語について」『京都産業大学国際言語学科研究所所報』第8巻所収に基づく。

ギリシャの影響が歴然としているのは、数理天文学と密接に結びついたホロスコープ占星術である。そのインド名ホーラー(horā)はギリシャ語のホーラー(ὥρα)に由来する。後者は一般に季節、時を意味するが、占星術では一日の1/24の時間(hour)、あるいは黄道十二宮を半分ずつにしたもの、さらには占星術上の重要な概念である上昇点を指す。この分野では、他にもギリシャ語からの借用語が多い(表8.1)。インド最大の占星術師といってよい六世紀のヴァラーハミヒラは『ブリハトサンヒター』(2.14)でいう、「ヤヴァナ(=イオニア=ギリシャ)人は蛮人であるが、彼らの間ではこの学問(占星術)が正しく確立しており、彼らでさえもリシ(聖仙)のごと

表 8.2. チャトランガとチェス(駒の対応)

サンスクリット[1]	中世ペルシャ語[2]	アラビア語[3]	英語[4]
rājan(王)	šāh(王)	šāh(王)	king(王)
mantrin(参謀)	parzēn(参謀)	firzān(参謀)	queen(女王)
hastin, etc.(象)	pīl(象)	fīl(象)	bishop(司教)
aśva(馬)	asp(馬)	faras/ramak(馬)	knight(騎士)
ratha(戦車)	rox/rah(戦車)	rukhkh(塔?)	rook/castle(城)
padāti(歩兵)	payādag(歩兵)	baidaq(歩兵)	pawn(歩兵)

[1]ソーメーシュヴァラ,『マーナサウッラーサ』5.12.
[2]伊藤義教『古代ペルシャ』p.262.
[3]H.Hermelink,Die ältesten magischen Quadrate höherer Ordnung und ihre Bildungsweise. *Sudhoffs Archiv* 42, 1958, 199-217,などに基づく.
[4]ペルシャ・アラビア語形と英語の間には,ロマンス諸語やゲルマン諸語が介在する.

く尊敬される。いわんや天命を知るバラモンにおいてをや」。

4 チャトランガと等比級数

将棋やチェスの起源はインドのチャトランガ(四構成要素を持つもの)と呼ばれる盤上ゲームにある。東では中国大陸や朝鮮半島を経由して、あるいは南方海上ルートで日本まで伝わった。西ではペルシャ・アラビアを経由してヨーロッパへ伝わった(表8.2)。ある中世ペルシャ語の資料によれば、チャトランガはフスラウI世(西暦五三一—五七九年在位)の時代にサーサーン朝ペルシャへ伝えられたという。そのゲームの発明と結びついた等比級数の話がイスラーム世界に伝わっている(イフラー『数字の歴史』和訳pp.375–376)。

インドのセッサという学者がチャトランガを発明した。それを献上された王様はたいへん感心し、その学者を呼んで何でも望みのものを褒美としてとらせようといった。学者はチャトランガの $8\times8=64$ の枡目を満たすだけの小麦の種子がほしいと答えた。ただし最初のマス目には一粒、次の枡目は二粒、次は四粒というように、枡目ごとに二倍ずつにしてほしいと付け加えた。王様はあまりのつつましさに驚いたが、その褒美を約束した後で計算士が何日もかかってようやく出した計算結果にもう一度驚き、見事な要求に感心した、というものである。実際、その数は、

$$1+2+2^2+2^3+2^4+\cdots+2^{63}=18{,}446{,}744{,}073{,}709{,}551{,}615$$

になる。もちろん王宮の倉庫にもこれだけの小麦はない。困った王様に計算士は、「その学者に自分の受け取る小麦の種子を一粒ずつ数えさせれば、一生かかっても数えきれないでしょう」と知恵を授けたという。

この逸話がインド起源かどうか確認できないが、確かにインド的な雰囲気は持っている。等比数列の有限項の和の求め方は八世紀のシュリーダラ以降の数学書には大抵述べられている。バースカラの例題。

「ある人が、乞食《こつじき》僧に初め二ヴァラータカ［のお金］を与え、毎日二倍増［で与えること］を約束した。彼は一ケ月（三〇日）で何ニシュカ与えるか。（二〇四八ヴァラータカ＝一ニシュカ）」（『リーラーヴァティー』131）

韻律学でも古くから同様の計算が行なわれていた。例えば『チャンダハスートラ』（8. 28–32）では、可能な韻律の数に関連して

$$2+2^2+2^3+2^4+\cdots+2^n=2\cdot 2^n-2$$

という関係を、2^nを求めるためのアルゴリズムとともに正しく与えている。

セッサの要求は、日本では秀吉に対する曾呂利新左衛門の頓智問答として親しまれた。ただし枡目が畳に、麦粒が米粒になっている。また江戸時代のベストセラー数学書『塵劫《じんこう》記《き》』（初版一六二七）でも、寛永十八年（一六四一）版（通称「遺題本」）に同種の問題が登場する。同書巻の下は冒頭で、太陽と月の高さ四万二千由旬（ヨージャナ）、円径五千由旬を里単位に換算し（九六町＝一ヨージャナ、三六町＝一里）、ケシ粒を用いて一劫（カルパ）の時間を定義したあと、次の問題を置く。

「将棋のはん（盤）の目一つに米一つふ（粒）置いて、次に又二つふ置。目ことに一ばいつつにまして、ばん中に何ほど有と問。米四十京二千九百七十五兆二千七百三十二億令四百八十七万六千三百九十一石五斗六升八合七勺二才五札二粒也。これ日本国中のものなり、万万年にてもたらぬ也。」（一升＝六万粒とし、2^{81}を計算している）

このあとには、三十三間堂の各間ごとに米粒を倍にして置くという類題もある。著者はインドとの関連を意識して、ヨージャナやカルパというインドの単位を取り上げた直後にこ

の問題を置いたのだろう。

同書にはまた、三十三間堂の問題から二〇問ほど後に、これによく似た次のような問題がある。

「ぜに一文をひにひに一ばいして、三十日にはなにほとに成そと問。」

これは、等比数列を扱う点で将棋盤の問題と同じであるが、部分和ではなく一般項（この場合は2^{29}）を求めるという点では異なる。確かにどちらも「積算」と呼ばれるグループに入れられてはいるが、置かれた位置から考えても、著者は両者を直接関連した問題とは見ていなかったようだ。そのうえこちらは「ひにひに一ばいの事」として既に寛永八年（一六三一）版から登場する。その由来は『算法統宗《さんぽうとうそう》』（一五九二）の「今有銭一文。日増一倍。倍至三十日。問該若干」（第九巻均輸第六章）にあるらしい（ただしそこでは、2^{30}を求める）。

いっぽう将棋盤の問題の由来はわからない。インド・イスラーム世界との関係も不明である。

5　インド数字と筆算法

チャトランガと同じようにインドを発信源として世界に伝播したものとしてインド数字とそれを用いる筆算法がある。これが世界の数学のみならず、広く人類文化の発展にはかりしれない貢献をしたことは、数学史の書がこぞって認めるところであるが、その普及は書物によるだけでなく、特に初期においては商人や旅人、船乗りなどの人的接触によるところも大きかったと考えられる。数表記や初歩的な算術は商業活動に不可欠だからである。

六六二年シリアの司教セーボーフトは、科学（学問）の発達に貢献したのはギリシャ人だけではない、天文学ではシリア人の祖先であるバビロニア人がギリシャ人の先生だった、と述べた後、インド人の学問も優れているとし、その例として九つの記号によるインドの計算法を称賛している。

イブヌル・キフティー（西暦一一七二―一二四八頃）などの伝えるところによれば、ヒジュラ暦一五六年（西暦七七二／七七三）頃インドからの使節団一行とともに一人のインド人天文学者がバグダードを訪れた。彼のもたらしたインドの天文書『シンドヒンド』（シッダーンタ）をアッバース朝第二代カリフ、アル・マンスール（西暦七五四―七七五年在位）の命を受けたアル・ファザーリーがそのインド人学者と協力してアラビア語に翻訳したという。そのサンスクリット原本は『ブラーフマスプタシッダーンタ』に代表されるブラフマー学派の天文書であったと考えられている（D. Pingree. The Fragments of the Works of Al-Fazārī. *Journal of Near Eastern Studies* 29 (2), 1970, 103–123.）。

インド数字を用いる計算法についてアラビア語で著作を残した人として、アル・ウクリーディシー、クーシュヤール・イブン・ラッバーン、イブヌル・バンナーなどがいるが、その先駆けとなったのは九世紀前半バグダードで活躍したペルシャ人アル・フワーリズミー（西暦八〇〇以前—八四七以降）の書である。これは十二、十三世紀頃ラテン語に翻訳された。

同じころ、フィボナッチ数列で有名なピサのレオナルドは、地中海を中心として商業活動をするかたわらアラビア数学を学んで『アバクス（算板）の書』（西暦一二〇二）を書いた。この書はインド数字を用いる筆算法がヨーロッパに普及する過程で、アル・フワーリズミーの書に劣らぬ重要な役割を演じた。筆算法だけでなく、算術問題の中にもアラビアを通してインドの影響が見られる。実際フィボナッチ数列、

$$a_n = a_{n-1} + a_{n-2} \qquad (a_1 = 1, a_2 = 2)$$

も、八世紀頃と推定される『ヴリッタジャーティ・サムッチャヤ』（6.49）およびそれ以降のインドの韻律学書で与えられている。そこでは a_n は n マートラー（単位）からなる可能な韻律の数である。これは十四世紀の数学者ナーラーヤナによって一般化されることになる（『ガニタカウムディー』数字の網 13–14）。すなわち、1から m までの数字から重複を許して和が n になるように選んで並べる順列の数を a_n とすると、

$$a_n = a_{n-1} + a_{n-2} + \cdots + a_{n-m} \qquad (a_0 = a_1 = 1)$$

ナーラーヤナはこれを「結合列」（サーマーシキー・パンクティ）と呼ぶ（図8-1）。

広大なイスラーム帝国の東と西では、数字の字体は大きく異なる。当然予想されるように東の数字はインドの様々な字体の中でも特に西北インドの字体に近く、西のものはヨーロッパ近代や現代の活字以前の字体に近い（表8.3）。しかし距離的にインドに近い東の数字のほうがむしろ回転の影響を多く受けている。インド、東部イスラーム世界、西部イスラーム世界（アフリカ、スペイン）、ヨーロッパという陸の伝播経路に加えて、インドから直接西部イスラーム世界へという海の経路も指摘さ

प्रथमोदाहरणे प्रस्तारस्य दर्शनं यथा ।

प्रस्तारे भेदाश्चतुःषष्टिसंख्याः ६४

१	७	१७	५२	३३	६१	४९	५११
२	१६	१८	१४२	३४	१५१	५०	१४११
३	२५	१९	२३२	३५	२४१	५१	२३११
४	१५	२०	११३२	३६	११४१	५२	११३११
५	३४	२१	३२२	३७	३३१	५३	३२११
६	१२४	२२	१२२२	३८	१२३१	५४	१ २११
७	२१४	२३	२१२२	३९	२१३१	५५	२१२११
८	१११४	२४	१११२२	४०	१११३१	५६	१११२११
९	४३	२५	४१२	४१	४२१	५७	४१११
१०	१३३	२६	१३१२	४२	१३२१	५८	१३१११
११	२२३	२७	२११२	४३	२२२१	५९	२२१११
१२	११२३	२८	११२१२	४४	११२२१	६०	११२१११
१३	३१३	२९	३११२	४५	३१२१	६१	३११११
१४	१२१३	३०	११२१२	४६	१२१२१	६२	१२११११
१५	२११३	३१	२१११२	४७	२११२१	६३	२११११
१६	११११३	३२	१११११२	४८	११११२१	६४	१११११११

図8-1 ナーラーヤナの結合列（フィボナッチ数列の一般化）。これは $m=7$ のときの a_7 の内訳（プラスターラ）（*Gaṇitakaumudī*, ed. by P. Dvivedī, part 2, Benares, 1942, p. 340）

表 8.3. インド・アラビア数字の変遷

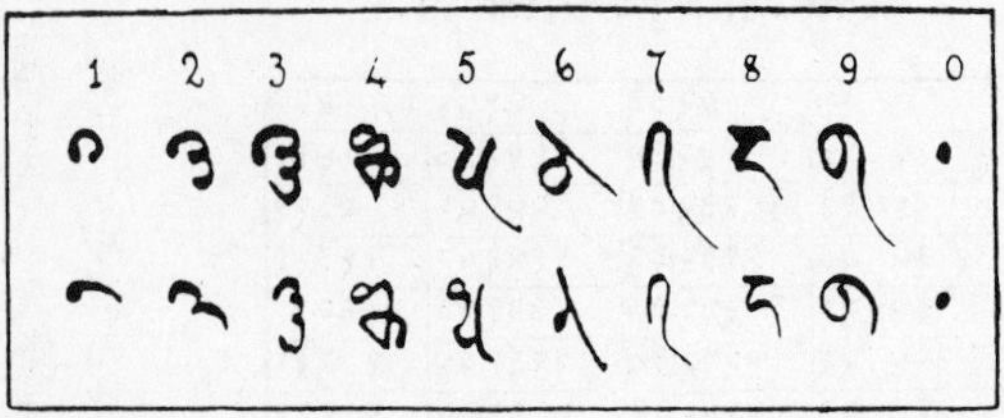

西北インド[1]

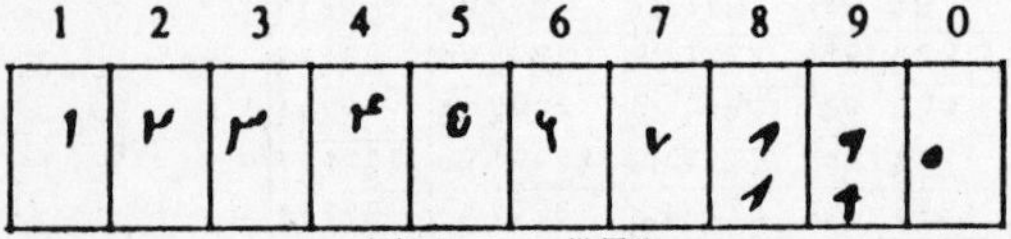

東部イスラーム世界[2]

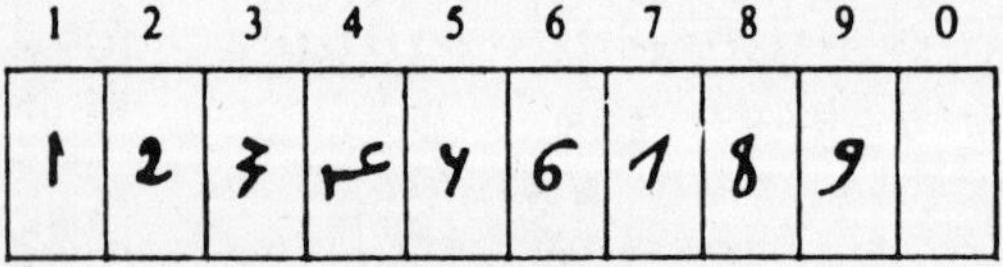

西部イスラーム世界[3]

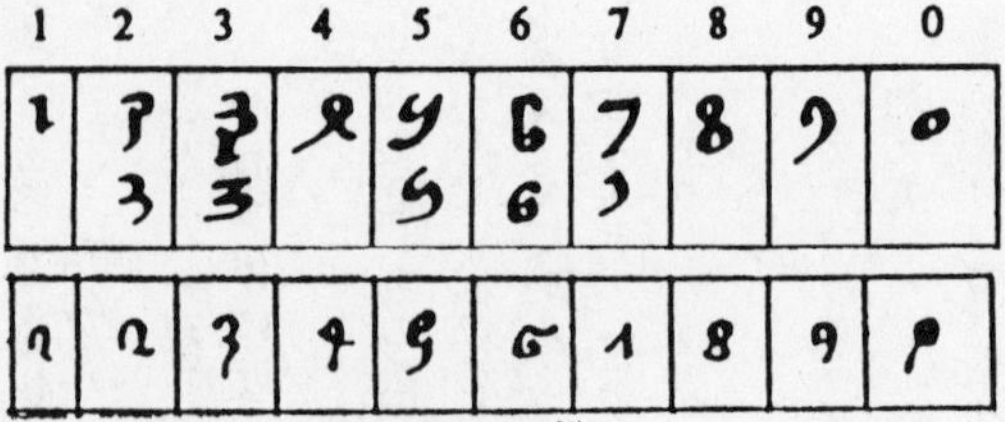

ヨーロッパ[4]

1)『バクシャーリー写本』, 8-12世紀の前期シャーラダー文字.

2)アル・ビールーニーの天文書の1082年写本(イフラー著『数字の歴史』 p.406).

3)イブヌル・バンナーの実用算術書の14世紀マラクーシー写本(同, p.413).

4)12世紀トレドの天文暦と15世紀イギリス『アルゴリズミ』写本(同, p.420).

れている。
一方インドの東に目を向けると、唐代初期（七世紀）に編纂された『隋書』経籍志には
インド伝来らしき天文占星術書および数学書の名前がいくつか記されている。まず天文の
項には、

婆羅門天文経二十一巻（婆羅門捨仙人所説）
婆羅門竭伽仙人天文説三十巻
婆羅門天文一巻
摩登伽経説星図一巻

また暦数の項には、

婆羅門算法三巻
婆羅門陰陽算暦一巻
婆羅門算経三巻

がリストされている。しかしこれらは現存せず、したがってその内容も中国数学への影響
もわからない。ちなみに『天文説』の竭伽仙人はヴァラーハミヒラに先立つ占星術の権威
の一人ガルガであろうか。彼には『ガルガサンヒター』なる占いの書があった。五行の項
には『竭伽仙人占夢書一巻』も見える。（この項は、Y. Mikami, *The Development of Mathe-*

matics in China and Japan, Teubner, 1913等を参考にした)

続く八世紀初頭、玄宗皇帝の時に国立天文台長になった瞿曇悉達(ゴータマシッダ)はインドの暦法を紹介する『九執暦』(西暦七一八)を中国語で書いた。その冒頭にゼロを伴うインドの記数法の説明があることは第一章で見た。しかしこれは中国の数学にほとんど影響を及ぼさなかったらしい。

ここに見てきた数学の伝播の例はわずかであるが、それでもインドを含む諸文化圏が数学の分野でも互いに繋がりを持っていたことを知るには十分であろう。確かに知識が伝わってもそれが躊躇なく受容されたとは限らない。インド・アラビア数字による筆算法がアバクス(算盤)に抗してヨーロッパに定着するには数世紀を要した。また、文化の伝播に多かれ少なかれ変容は避けられない。しかし数学的知識も確かに伝播した。インドから見たこの方面の研究はまだ始まったばかりである。インド数学と中国数学、インド数学とアラビア数学の組織的な比較研究が望まれる。

6　和算とインド数学

『塵劫記』(西暦一六二七)の冒頭には「大数の名」、「小数の名」という単位名称が述べられている。それらはいずれも直接には中国の算書によるが、「大数の名」にあげられる二一の名称のうち最後の五つは漢訳仏典を介してサンスクリットに遡る。「恒河沙《ごうがしゃ》」はガンガー河の砂（ガンガーナディーバールカ）、「阿僧祇《あそうぎ》」はアサンキヤ（無数）またはアサンキエーヤ（不可算）の音写、「那由他《ナユタ》」は仏典のみに見られる数詞でヒンドゥー教系のニユタに対応（ただし価値は異なる）、「不可思議」はアチントヤ（考えられない）の意訳、「無量大数」はおそらくアプラメーヤ（測り難い）に対応する。「阿僧祇」以下の四つは、ブッダバドラ訳『華厳経』（西暦四一八）に出る。ただしそこでは「無量大数」ではなく単に「無量」である。「恒河沙」は数詞ではないが、大きな量の喩えとしてサンユッタニカーヤや『ラリタヴィスタラ』に見える。しかしこれらは事実上インドの数学とはほとんど関係ない。

一方、伝播の証拠はないが、中国を飛び越えてインドと日本で奇妙に一致する例がある。それは弧の近似公式である。

円に張る弦からその弧を計算するために、古来それぞれの文明でいろいろな近似公式が考案されてきた。日本でも、関孝和《せきたかかず》や建部賢弘《たけべかたひろ》によって円理弧背術が発達する以前の算書には、表8.4のような近似式（弧矢弦の術）が与えられている。

まず気がつくのは、Ｎ1とＮ3以外はすべて同じ形をしていることである。そして実はその二つも、それぞれＮ2、Ｎ4と径矢弦の術、

表8.4. 弧の近似公式（日本）

（初出の年代順．カッコ内は採用されている円周率．ただし，直径dの円の周をc，弦a，弧b，矢hとする．図4.5）

N1. $b=\sqrt{4h(d+h/2)}$	竪亥録（3.162）
N2. $b=\sqrt{a^2+6h^2}$	格致算書，円方四巻記，算法闕疑抄（3.162）
N3. $b=\sqrt{4h(d+h/2.1495)}$	算組（3.14）
N4. $b=\sqrt{a^2+5.8609h^2}$	算組（3.14）
N5. $b=\sqrt{a^2+5.86965h^2}$	算法勿憚改（3.1416）
N6. $b=\sqrt{a^2+5.8696h^2}$	規矩要明算法（3.1416）

表8.5. 弧の近似公式（インド）

（初出の年代順．カッコ内は対応する円周率）

B1. $b=\sqrt{a^2+6h^2}$	タットヴァアルタアディガマスートラ注解，ブリハットクシェートラサマーサ，ガニタサーラサングラハ，マハーシッダーンタ，シッダーンタシェーカラ（$\sqrt{10}$）
B2. $b=\sqrt{10(a/4+h/2)^2}$	アールヤバティーヤ注解で引用（$\sqrt{10}$）
B3. $b=c/2-\sqrt{c^2/4-5ac^2/4(a+4d)}$（劣弧）	マハーバースカリーヤ，ブラーフマスプタシッダーンタ，リーラーヴァティー，ガニタカウムディー
B4. $b=\sqrt{a^2+5h^2}$	ガニタサーラサングラハ(3)
B5. $b=\sqrt{a^2+(288/49)h^2}$	マハーシッダーンタ(22/7)
B6a. $b=(2a+2h)/2$（劣弧）	ガニタカウムディー
B6b. $b=(a+2\cdot 2h)/2$（優弧）	ガニタカウムディー
B7. $b=\sqrt{a^2+(16/3)h^2}$	ゴーラサーラ

表8.6. 弧の近似公式（伝ヘロン）

（Bruins, Heath, Tanneryの書および論文から．H3以外は$\pi=22/7$に対応．）

H1. $b=\sqrt{a^2+4h^2}+h/4$	メトリカ
H2. $b=\sqrt{a^2+4h^2}+(\sqrt{a^2+4h^2}-a)h/a$（劣弧）	ゲオーメトリア
H3. $b=(a+h)(1+h/a)(1-h/a)$（劣弧）	ゲオーメトリア，メインスーラエ
H4. $b=(a+h)(1+1/21)$	ステレオメトリカ
H5. $b=(22/14)(a/2+h)$	メインスーラエ
H6. $b=(11/7)a+2(h-a/2)$（半円の近傍）	メインスーラエ

$$a^2=4h(d-h)$$

から導くことができる。つまり、これらはすべてN2のタイプかその変形である。日本の数学の出発点は中国にあるから、まずは中国の数学にこのタイプの近似式を探すのが順当であろうが、いまのところないようである。沈括《しんかつ》の『夢渓筆談』（西暦一〇九〇頃）には、

$$b=a+2h^2/d$$

という近似式があるが、N2のタイプではない。ところが興味深いことにインドでは、このタイプの近似式が『タットヴァアルタアディガマスートラ注解』（五世紀）以来、多くの書物で与えられている。表8.5でB1（=N2）、B4、B5、B7がそうである。N2=B1のタイプで由来がわかっているのはB7だけであるが、N4（=N3）とB7を除くこのタイプのすべて、すなわちN2（=N1）、N5、N6、B1、B4、B5は一般式、

$$b^2=a^2+(\pi^2-4)h^2$$

にそれぞれの円周率を代入して得られる。建部賢弘も『不休綴術《ふきゅうてつじゅつ》』（一七二二）でこのことを指摘し、それらの近似式を古法と呼んでいるという。

今村知商著『竪亥録』（一六三九）、柴村藤左衛門著『格致算書』（一六五七）等では3.162そのものではなく、その元になったと考えられる$\sqrt{10}$（=3.1622776…）を用いる。実

際、今村の弟子だった安藤有益は『竪亥録』の解説書『竪亥録仮名抄』（一六六二）で、3.162は10の平方根であると証言する。また『規矩要明算法』の式では3.1416ではなく3.141592を用いる。同書の冒頭には3.141592648…も述べられているそうだから、これは無意味な仮定ではない。

右のタイプは弧が半円周のとき正確であるから、半円からの近似かもしれない。一般に半弧$b/2$に対する弦をfとすると、

$$(a/2)^2+h^2=f^2<(b/2)^2 \quad \text{すなわち} \quad a^2+4h^2<b^2$$

そこで係数4のかわりに、

$$a^2+kh^2=b^2$$

と置いて、これが半円で正しいとすると、$k=\pi^2-4$が得られる。

また、楕円からの近似も考えられる。B1を与える一人九世紀のマハーヴィーラは、$\pi=\sqrt{10}$に対する楕円（彼は長円と呼ぶ）の周を、

$$p=\sqrt{(2\cdot 2g)^2+6(2h)^2}$$

とする（『ガニタサーラサングラハ』6.63）。ただし$2g$, $2h$はそれぞれ楕円の長軸と短軸である。ここで、同じ弓形二個を弦で結合したものを楕円とみなせば（$p=2b$, $2g=a$）、B1が得られる。あるいはB1が先に得られ、楕円を二つの弓形とみなしてこの式を得た可能性

もある。いずれが先にせよ、この楕円の近似式とB1のタイプの式とが密接に関係していることは確かである。

なお、中国の董祐誠《とうゆうせい》は『楕円求周術』（一八二一）で、円柱の切断面を利用して、楕円の周の式、

$$p=\sqrt{4\pi^2h^2+16(g^2-h^2)}$$

を得た。ここで $\pi=\sqrt{10}$ とおけばマハーヴィーラの式になる。

B7はニーラカンタ（一五〇〇頃）の考案である。彼はこの式自体を天文書『ゴーラサーラ（天球の精髄）』（3.9）で、またその導き方を『アールヤバティーヤ（ガニタパーダ）注解』（pp. 103-110）で述べる。それは、弧の二等分割の繰り返しと無限等比級数による厳密なものであり、15度くらいまでの弧に対してはきわめて正確であるが、二等分割の各ステップで半弧の矢は全弧の矢の1/4という近似的関係を用いるので、30度を超えると誤差が急増する。

N4の係数5.8609の由来は不明である。しかし誤差のパターンはB1のタイプと同じであり、ニーラカンタのものとは異なる。したがってやはり右の一般式に基づきつつ、なんらかの改変を加えた可能性が大きい。

以上をまとめると、日本の公式N2、N5、N6とインドの公式B1、B4、B5はす

べて右の一般式で表される同一のタイプに属し、N2とB1は係数まで一致する。近似公式の一致、それもタイプだけでなく係数まで含めての一致、は正しい公式の一致以上の意味を持っている。正しい公式は一致するのが当然ともいえるが、近似式はそうではない。原則として多数の近似式があってよい。実際ヘレニズム世界でも、ヘロンに帰される書物で多くの近似公式が用いられているが（表8.6）、B1のタイプは一つもない。N2がB1の影響を受けた可能性も考えられる。

しかし、偶然の一致である可能性ももちろんある。影響関係を示す直接の証拠は今のところ何もない。近似公式の一致であっても、前に見た標準問題などに較べると説得力に欠ける。B2とH5はどうだろうか。B2はジャイナの円周率$\sqrt{10}$を、H5はアルキメデスの円周率22/7を用いるが、両者は同じタイプの近似式である。

したがって現状では、N2とB1の間に奇妙な一致があるとしかいえない。しかし、N2の背後に円周率$\sqrt{10}$が存在したことは、インド側の公式群が示している。そしてそれは、日本の円周率3.162の起源が$\sqrt{10}$にあるという安藤有益の証言を傍証する。とすればさらに『算用記』（一六二〇頃）、『割算書』（一六二二）、『塵劫記』（一六二七）などに見られる江戸時代初期の円周率3.16の起源も$\sqrt{10}$であった可能性が大きい。ジャイナ教徒が$\sqrt{10}$の近似値の一つとして316/100を用いていることは前に見た通りである（第四章）。

あるいはインド数学と和算の関係を論ずること自体が無謀に見えるかもしれないが、両者をつなぐ歴史的状況がなかったわけではない。十六世紀、イエズス会はキリスト教をアジアに布教するための基地をインド西海岸のゴアに置いた。したがって布教のための宣教師はインドを経由して日本に来た。そのような宣教師たちの中に興味深い人物がいる。『割算書』が出版された一六二二年長崎で殉教したカルロ・スピノラである。

彼は日本布教を決意したあと、一五八七年、短期間ではあったがローマのクラヴィウスのもとで数学を学ぶ。中国で布教しつつ西洋の科学知識を広めたことで有名なマテオ・リッチもクラヴィウスに学んでいる。その後やや経緯があって、リスボンを出港してインドへ向かったのは一五九九年三月末であった。その年の夏頃ゴアに到着するが、マカオに向けて出帆したのは翌一六〇〇年四月末である。半年以上インドにいたことになる。それからマカオにしばらく滞在し、ようやく一六〇二年七月長崎に上陸。一六〇五年頃彼は都（京都）に上ったらしい。一六〇六年一一月三日、イエズス会ポルトガル管区補佐ジョヴァンニ・アルヴァレス宛に京都から発信した書簡が興味深い。

「（前略）……数学は親密な雰囲気の中で主立った殿達の中にうまく入り込むのに非常に役に立ちます。彼らはその種の科学を大変に喜びます。それによって内裏や将軍様も私の噂を聞きつけて私を招かせました。（布教のために）最も必要なことは日本人に尊敬されることです。私が数学を学んでから日本へやって来たのはよいことでした。当地に来る者はもし数学を知っていれば尊敬されることでしょう。一つ残念なことは本を持っていないことです。ミラノでの三年間に学んだノート類と共にイタリアから持ってきた本を失ってしまったので、さまざまな好奇心をそそるような事柄についてもう覚えていません。それらはこの日本人たちを驚嘆させることは必定です……（後略）」（宮崎賢太郎訳「カルロ・スピノラの都・長崎よりの三書簡」、『純心女子短期大学紀要』第21集 p. 27）

西洋起源ということで、おおかたの研究者の意見が一致する『塵劫記』の油分け算も、このようにして著者吉田光由の耳に入ったのかもしれない。このあとスピノラは、算術の本などを送ってくれるように頼んでいる。ヨーロッパから送られた本はもちろんインドのゴア経由で日本に来た。別のパードレ、アッフォンソ・ルセナが一六一五年一月二八日付け書簡でいう。

「ポルトガルから日本に送られる本のことで、これが通常インディアにおいて奪われたり、ゴアで替えられたりして、代わりに古くてあまり重要でない本がわれわれの許に送られる。それゆえわれわれが当日本で持っている本はゴアの文庫の屑であり、余りであり、そのわずかな一部にすぎない。」（高瀬弘一郎訳『イエズス会と日本』p. 406）

布教の役に立つ数学知識がヨーロッパから届かないとき、インドからのそれでまにあわせたことはなかっただろうか。空想はつつしむべきだが、数学知識がヨーロッパからはもちろん、インドからも日本に来た可能性を完全に無視することはできないように思われる。

あとがき

より詳しくインドの数学を知りたいと思われる読者のために、原書以外の基本的な参考文献を紹介しておきたい。通史および概説としては、

A. K. Bag, *Mathematics in Ancient and Medieval India.* Varanasi: Chaukhambha Orientalia, 1979.

B. Datta & A. N. Singh, *History of Hindu Mathematics.* 2 vols. Lahore: Motilal, 1935/38. Reprinted, Bombay: Asia Publishing House, 1962.

T. A. Sarasvati, *Geometry in Ancient and Medieval India.* Delhi: Motilal, 1979.

S. N. Sen, Mathematics. *A Concise History of Science in India,* ed. by D. M. Bose. New Delhi: Indian National Science Academy, 1971, pp. 136–212.

C. N. Srinivasiengar, *The History of Ancient Indian Mathematics.* Calcutta: The World Press, 1967.

この中で特に重要なのはダッタとシンの共著であるが、これには幾何学が含まれない。それを補うのがサラスヴァティーの書である。センの紹介文はインド数学を要領よくまと

めている。

インドを含む中世世界の数学を扱ったものとしては、

伊東俊太郎（編）、『中世の数学』、数学の歴史2、共立出版、１９８７

A. P. Juschkewitsch, *Geschichte der Mathematik im Mittelalter*. Übersetsung von V. Ziegler aus dem Russischen. Leipzig: Teubner, 1964. 和訳は、山内・井関（訳）『数学史2』、東京図書、１９７１

以上は本書のすべてあるいはいくつかの章に関係するが、各章に直接関係する参考文献のなかからさらにいくつかをあげておく。

第一章

B. Datta, Early Literary Evidences of the Use of the Zero in India. *American Mathematical Monthly* 33, 1926, pp. 449–454, and 38, 1931, pp. 566–572.

林隆夫、ゼロの発見、『科学史研究』166, 1988, pp. 84–92.

G. Ifrah, *Histoire universelle des chiffres*. Paris: Seghers, 1981. 和訳は、彌永みち代・他（訳）『数字の歴史』、平凡社、１９８８

A. A. Macdonell & A. B. Keith, *Vedic Index of Names and Subjects*. 2 vols. Oxford, 1912.

Reprinted, Delhi: Motilal, 1967.

S. R. Sarma, Writing Materials in Ancient India. *Aligarh Journal of Oriental Studies* 2, 1985, pp. 175–196.

D. E. Smith & L. C. Karpinski, *Hindu-Arabic Numerals*. Boston: Ginn & Company, 1911.

吉田洋一、『零の発見』、岩波書店、１９３９、改訂版、１９５６、再改訂版１９７９

第二章

D. Chattopadhyaya, *History of Science and Technology in Ancient India: The Beginnings*. Calcutta: Firma KLM, 1986. 和訳は、佐藤任（訳）『古代インドの科学と技術の歴史Ⅰ：初期段階』、東方出版、１９９２

B. Datta, Vedic Mathematics. *The Cultural Heritage of India*, Calcutta, 1937, vol. 3, pp. 378–401.

B. Datta, *The Science of the Śulba*. Calcutta: University of Calcutta, 1932.

井狩彌介（訳）、「アーパスタンバ・シュルバスートラ」、矢野道雄（編）『インド天文学・数学集』、朝日出版社、１９８０

R. P. Kulkarni, *Geometry according to Śulba Sūtra*. Pune: Vaidika Saṃśodhana Maṇḍala,

1983.

A. Michaels, *Beweisverfahren in der vedischen Sakralgeometrie.* Wiesbaden: Franz Steiner, 1978.

S. N. Sen & A. K. Bag, *The Śulbasūtras.* New Delhi: Indian National Science Academy, 1983.

F. Staal, *Agni: The Vedic Ritual of the Fire Altar.* 2 vols. Berkeley: Asian Humanities Press, 1983.

第三章

B. Datta, The Scope and Development of the Hindu Gaṇita. *Indian Historical Quarterly* 5, 1929, pp. 479–512.

第四章

B. Datta, The Jaina School of Mathematics. *Bulletin of the Calcutta Mathematical Society* 21, 1929, pp. 115–145.

T. Hanaki, *Aṇuogaddārāiṁ* (*English translation*). Vaishali: Research Institute of

Prakrit, Jainology & Ahimsa, 1970.

第五章

W. E. Clark, *The Āryabhaṭīya of Āryabhaṭa*. Chicago: The University of Chicago Press, 1930.

K. Elfering, *Die Mathematik des Āryabhaṭa I*. München: Wilhelm Fink, 1975.

T. Hayashi, T. Kusuba, and M. Yano, Indian Values for π Derived from Āryabhaṭa's Value. *Historia Scientiarum* 37, 1989, pp. 1–16.

K. S. Shukla & K. V. Sarma, *Āryabhaṭīya of Āryabhaṭa*. New Delhi: Indian National Science Academy, 1976.

矢野道雄（訳）、「アールヤバティーヤ」、矢野（編）『インド天文学・数学集』所収

第六章

H. T. Colebrooke, *Algebra, with Arithmetic and Mensuration, from the Sanscrit of Bráhmegupta and Bháscara*. London: John Murray, 1817, Reprinted, Wiesbaden: Dr. Martin Sändig oHG, 1973.

B. Datta, The Science of Calculation by the Board. *American Mathematical Monthly* 35, 1928, pp. 520–529.

B. Datta, The Bakhshālī Mathematics. *Bulletin of the Calcutta Mathematical Society* 21, 1929, pp. 1–60.

G. R. Kaye, *The Bakhshālī Manuscript: A Study in Medieval Mathematics*. 2 vols. Archaeological Survey of India, New Imperial Series 43. Calcutta 1927 and Delhi 1933. Reprinted, New Delhi: Cosmo Publications, 1981.

楠葉隆徳、ブラフマグプタのパーティーガニタ、伊東（編）『中世の数学』pp. 381–407.

楠葉隆徳、ブラフマグプタのビージャガニタ、伊東（編）『中世の数学』pp. 408–428.

大網功、ブラフマグプタとバースカラⅡにおける算術、『数学史研究』134, 1992, pp. 45–63.

第七章

林隆夫（訳）、方陣算（ナーラーヤナ）、『エピステーメー』II, 3, 1986, pp. i–xxxiv.

林隆夫、バースカラⅡの「ビージャガニタ」、伊東（編）『中世の数学』pp. 429–465.

林隆夫・矢野道雄（訳）、「リーラーヴァティー」、矢野（編）『インド天文学・数学集』

所収

楠葉隆徳、ナーラーヤナによる約数の見つけ方、『自立する科学史学』（伊東俊太郎先生還暦記念）、北樹出版、1990, pp. 156–171.

楠葉隆徳・林隆夫、インドの数列、『科学史研究』184, 1993, pp. 32–42.

C. T. Rajagopal & M. S. Rangachari, On an Untapped Source of Medieval Keralese Mathematics. *Archive for History of Exact Sciences* 18, 1978, pp. 89–102.

N. Ramanuja charia & G. R. Kaye, The Triśatikā of Śrīdharācarya. *Bibliotheca Mathematica* 3, 13, 1912/13, pp. 203–217.

M. Rangacarya, *Gaṇitasārasaṃgraha of Mahāvīra*. Madras: Government Press, 1912.

K. S. Shukla, *Pāṭīgaṇita of Śrīdhara*. Lucknow: Lucknow University, 1959.

K. N. Sinha, Śrīpati's Gaṇitatilaka. *Gaṇita Bhāratī* 4, 1982, pp. 112–133.

K. N. Sinha, Algebra of Śripati: An Eleventh Century Indian Mathematician. *Gaṇita Bhāratī* 8, 1986, pp. 27–34.

K. N. Sinha, Vyaktagaṇitādhyāya of Śrīpati's Siddhāntaśekhara. *Gaṇita Bhāratī* 10, 1988, pp. 40–50.

矢野道雄、三角法、伊東（編）『中世の数学』pp. 466–483.

第八章

阿部楽方、ヴァラーハミヒラの4方陣とアル・ブーニーの4方陣の関係について、『数学史研究』131, 1991, pp. 3–11.

G. Chakrabarti, Typical Problems of Hindu Mathematics. *Annals of the Bhandarkar Oriental Research Institute* 14, 1932/33, pp. 87–102.

R. C. Gupta, Sino-Indian Interaction and the Great chinese Buddhist Astronomen Mathematician I-Hsing,（A.D. 683–727）*Gaṇita Bhāratī* 11, 1989, pp. 38–49.

林隆夫、方陣の歴史――16世紀以前に関する基礎研究、『国立民族学博物館研究報告』13, 1988, pp. 615–719.

平山諦、『東西数学物語』、増補新版、恒星社厚生閣、１９７３、第4冊、１９８６

H. Hunger & K. Vogel, *Ein Byzantinisches Rechenbuch des 15. Jahrhunderts*. Wien: Österreichische Akademie, 1963.

楠葉隆徳、科学史の中のインド、伊東・村上（編）『比較科学史の地平』、培風館、1989, pp. 105–128.

村田全、『日本の数学　西洋の数学』、中央公論社、１９８１

V. Sanford, *The History and Significance of Certain Standard Problems in Algebra*. New York: Columbia University (Teachers College), 1927.
D. E. Smith, On the Origin of Certain Typical Problems. *American Mathematical Monthly* 24, 1917, pp. 64–71.
B. L. van der Waerden, *Geometry and Algebra in Ancient Civilizations*. Berlin: Springer, 1983.
矢野道雄、ヘレニズム科学のインド化、伊東・村上（編）『比較科学史の地平』、pp. 87–104.

インド天文学に関しては、

R. Billard, *L'Astronomie indienne*. Paris: École Française d'Extrême-Orient, 1971.
D. Pingree, History of Mathematical Astronomy in India. *Dictionary of Scientific Biography*, ed. by C. C. Gillispie, vol. 15, pp. 533–633.
S. N. Sen & K. S. Shukla (ed.), *History of Astronomy in India*. New Delhi: Indian National Science Academy, 1985.
矢野道雄、『占星術師たちのインド』、中央公論社、１９９２

インドの数学および天文・暦法に関するより多くの文献（原書、写本も含む）を知るためには、

D. Pingree, *Jyotiḥśāstra: Astral and Mathematical Literature.* Wiesbaden: Harrassowitz, 1981.

D. Pingree, *Census of the Exact Sciences in Sanskrit.* Series A. vols 1–4. Philadelphia: American Philosophical Society, 1970–81.

本書もこれらの研究に多くを負っている。また本書第八章で触れた和算に関しては、平山諦、下平和夫の両先生から、著書や個人的通信を通して教えをうけることができた。心から謝意を表してあとがきにかえたい。

一九九二年冬至

林　隆夫

文庫版あとがき

中央公論社から新書判の『インドの数学』を出版していただいたのは、いわゆるバブル崩壊期の終わり頃、平成五年（一九九三）の一〇月でした。それから太陽は、日本の経済とも世界の経済とも無関係に、東西の仮想地平線上で北行と南行を二七回近く繰り返しました。それは、主観的時間意識の中ではあっという間の二七年でしたが、インド数学史研究の分野では、テキストの編集、翻訳、研究などにおいて、それ以前の百年にも匹敵する成果を見た時代でした。最近世界的に注目されていることもあって、一四世紀以降の南インド、ケーララ地方が輩出したマーダヴァを初めとする数学・天文学者たちの業績に関する研究もインドの内外で大いに進みました。

このたび筑摩書房から『インドの数学』を文庫判で再版するお話をいただいたのを機にもう一度読み返してみて、その内容は今でも基本的にそのまま通用することを確認しましたが、二七年間の研究の進展に照らすと、修正が必要と思われる箇所も少なからず見つかりましたので、それらをすべて修正していただくことにしました。また、新書判の出版直後から、単純な誤記や誤植も数多く見つかっていました。昨秋急逝された畏友大橋由紀夫さんを初め何人かの人たちからも誤記や誤植を指摘していただきました。この文庫版ではそれらをすべて訂正してもらいました。ご指摘いただいた皆様に感謝します。

ただ、残念ながら、この二七年間の研究の進展をこの文庫判『インドの数学』に余すところなく反映させることはできませんでした。そこで、インド数学史の豊かな海により深く潜航したいと思われる読者のために、本書の各章に関連する参考文献と、それとは別に、書誌、通史・概説、事典、論文集、雑誌を以下の「文献リスト」にあげておきます。雑誌以外はすべて一九九三年以降に出版されたものから選んであります（一九九三年以前に関しては、新書判への「あとがき」をご覧ください）。

特に、インドのゼロについては、第一章の文献としてあげた「インドのゼロ」（二〇一八）を、インドの現存最古の数学写本については、第六章の文献としてあげた *The Bakhshali Manuscript*（一九九五）を、中世インドの算術と代数については、第七章の文献としてあげた『インド算術研究』（二〇一九）と『インド代数学研究』（二〇一六）を、また、マーダヴァ学派の数学については、やはり第七章の文献としてあげた『インド数学研究』（一九九七）をご覧ください。

この「文献リスト」が、インド数学の歴史の海の底から真理の宝石を曳き上げる際に読者の役に立つことを心より願っています。
最後になってしまいましたが、本書の文庫化を企画し、実現してくださった筑摩書房と、校正段階で多くの有益なご指摘をいただいたちくま学芸文庫 Math&Science シリーズ編集部の渡辺英明さんに心より謝意を表します。

二〇二〇年夏

林　隆夫

〈文献リスト（一九九三年以降）〉

書誌

T. Hayashi. Indian Mathematics. *The History of Mathematics from Antiquity to the Present: A Selective Annotated Bibliography*, ed. by A. C. Lewis in cooperation with the International Commission on the History of Mathematics, Providence: American Mathematical Society, 2000, CD-ROM, pp. 215–49.

D. Pingree. *Census of the Exact Sciences in Sanskrit*. Ser. A, vol. 5. Philadelphia: American Philosophical Society, 1994.

通史・概説

矢野道雄、『インドの数学の発想：ＩＴ大国の源流をたどる』、ＮＨＫ出版　２０１１

P. P. Divakaran. What Is Indian about Indian Mathematics? *Indian Journal of History of Science* 51 (1), 2016, 56–82.

T. Hayashi. Indian Mathematics. *Companion Encyclopedia of the History and Philosophy of the Mathematical Sciences*, ed. by I. Grattan-Guinness, London: Routledge, 1994, pp. 118–30. Reprinted, 2017.

T. Hayashi. Indian Mathematics. *The Blackwell Companion to Hinduism*, ed. by G. Flood, London: Blackwell, 2002, pp. 360–75.

G. G. Joseph. *The Crest of the Peacock: Non-European Roots of Mathematics*. 3rd edition. Princeton: Princeton University Press, 2011.

K. Plofker. Mathematics in India. *The Mathematics of Egypt, Mesopotamia, China, India, and Islam: A Source Book*, ed. by V. J. Katz, Princeton: Princeton University Press, 2007, pp. 385-514.

K. Plofker. *Mathematics in India.* Princeton: Princeton University Press, 2009.

K. Plofker. Mathematics and Geometry. *Brill's Encyclopedia of Hinduism.* Vol. 2: *Sacred Texts and Languages, Ritual Traditions, Arts, Concepts,* ed. by K. A. Jacobsen, Leiden: Brill, 2010, pp. 309-17.

事典（インド数学史関係の項目を多く含む）

H. Selin (ed.). *Encyclopaedia of the History of Science, Technology and Medicine in Non-Western Cultures,* 3rd ed., Dordrecht: Springer, 2016.

論文集（インドの数学・天文学を、専らまたは部分的に、対象とする）

C. Burnett, J. P. Hogendijk, K. Plofker, M. Yano (eds.). *Studies in the History of the Exact Sciences in Honour of David Pingree.* Leiden: Brill, 2004.

Y. Dold-Samplonius, J. W. Dauben, M. Folkerts, B. van Dalen (eds.). *From China to Paris: 2000 Years Transmission of Mathematical Ideas.* Stuttgart: Steiner, 2002.

G. G. Emch, R. Sridharan, M. D. Srinivas (eds.). *Contributions to the History of Indian*

Mathematics. Culture and History of Mathematics 3. New Delhi: Hindustan Book Agency, 2005.

I. Pingree and J. M. Steele (eds.). *Pathways into the Study of Ancient Sciences: Selected Essays by David Pingree*. Philadelphia: American Philosophical Society, 2014.

K. Ramasubramanian (ed.). *Gaṇitānanda: Selected Works of Radha Charan Gupta on History of Mathematics*. New Delhi: Indian Society for History of Mathematics, 2015.

K. Ramasubramanian, T. Hayashi, C. Montelle (eds.). *Bhāskara-prabhā*. Culture and History of Mathematics 11. New Delhi: Hindustan Book Agency, 2019.

C. S. Seshadri (ed.). *Studies in the History of Indian Mathematics*. Culture and History of Mathematics 5. New Delhi: Hindustan Book Agency, 2010.

B. S. Yadav and M. Mohan (eds.). *Ancient Indian Leaps into Mathematics*. New York: Springer, 2011.

雑誌（インド数学史関連論文を多く掲載する）

Arhat Vacana. Indore: Kundakunda Jñānapīṭha. 1988–2020+

Gaṇita Bhāratī. Bulletin of the Indian Society for History of Mathematics. New Delhi: MD

Publications. 1979–2020+

Indian Journal of History of Science. New Delhi: Indian National Science Academy. 1966–2020+

SCIAMVS. Sources and Commentaries in Exact Sciences. Kyoto: SCIAMVS. 2000–2020+

第一章　数表記法とゼロの発明

林隆夫、インド数字の誕生、『印刷博物誌：Artes imprimendi』印刷博物誌編纂委員会、凸版印刷株式会社、2001, pp. 118–21.

林隆夫、インドのゼロ、『数学文化』30, 2018, 19–52.

B. M. Mak. The Last Chapter of Sphujidhvaja's Yavanajātaka Critically Edited with Notes. *SCIAMVS* 14, 2013, 39–148.

第二章　シュルバスートラ

S. Kichenassamy. Baudhāyana's Rule for the Quadrature of the Circle. *Historia Mathematica* 33 (2), 2006, 149–83.

第三章　社会と数学

A. Keller and A. Volkov. Mathematics Education in Oriental Antiquity and Middle Ages. *Handbook on the History of Mathematics Education*, ed. by A. Karp and G. Schubring, New York: Springer, 2014, pp. 55–83.

M. Yano. Oral and Written Transmission of the Exact Sciences in Sanskrit. *Journal of Indian Philosophy* 34, 2006, 143–60.

第四章　ジャイナ教徒の数学

R. C. Gupta. *Ancient Jain Mathematics*. Mississauga: Jain Humanities Press, 2004.

R. C. Gupta. Mensuration of Circle according to Jaina Mathematical Gaṇitiānuyoga. *Gaṇita Bhāratī* 26 (1–4), 2004, 131–65.

T. Hayashi. Jain Mathematics. *Brill's Encyclopedia of Jainism*, ed. by K. A. Jacobsen et al., Leiden: Brill, 2020, pp. 869–82.

A. Jain. *Jaina Darśana evaṃ Gaṇita*. Meerut: Sruta Samvarddhana Samsthana, 2019.

A. Petrocchi. Early Jaina Cosmology, Soteriology, and Theory of Numbers in the Aṇuogaddārāiṃ: An Introduction. *Journal of Indian Philosophy* 45 (2), 2016, 235–55.

K. Plofker. The Mathematics of the Jain Cosmos. *Victorious Ones: Jain Images of Perfection*, ed. by P. Granoff, New York: Rubin Museum of Art, 2009, 64–69.

第五章　アールヤバタの数学

T. Hayashi. Āryabhaṭa's Rule and Table for Sine-Differences. *Historia Mathematica* 24 (4), 1997, 396–406.

第六章　インド数学の基本的枠組みの成立

T. Hayashi (ed. & tr.). *The Bakhshālī Manuscript: An Ancient Indian Mathematical Treatise*. Groningen: Egbert Forsten, 1995.

S. Ikeyama (ed. & tr.). *Brāhmasphuṭasiddhānta (Ch. 21) of Brahmagupta with Commentary of Pṛthūdaka*. New Delhi: Indian National Science Academy, 2003.

A. Keller. Making Diagrams Speak, in Bhāskara I's Commentary on the Āryabhaṭīya. *Historia Mathematica* 32 (3), 2005, 275–302.

A. Keller (tr.). *Expounding the Mathematical Seed: A Translation of Bhāskara I on the Mathematical Chapter of the Āryabhaṭīya*. Vol. 1: Translation. Vol. 2: Supplements. Basel:

Birkhäuser, 2006.
S. Kichenassamy. Brahmangupta's Derivation of the Area of a Cyclic Quadrilateral. *Historia Mathematica* 37 (1), 2010, 28-61.
S. Kichenassamy. Brahmagupta's Propositions on the Perpendiculars of Cyclic Quadrilaterals. *Historia Mathematica* 39 (4), 2012, 387-404.
K. Plofker, A. Keller, T. Hayashi, C. Montelle, D. Wujastyk. The Bakhshālī Manuscript: A Response to the Bodleian Library's Radiocarbon Dating. *History of Science in South Asia* 5 (1), 2017, 134-50.

第七章　その後の発展

楠葉隆徳・林隆夫・矢野道雄、『インド数学研究―数列・円周率・三角法―』、恒星社厚生閣、１９９７
林隆夫、『インド代数学研究：「ビージャガニタ」＋「ビージャパッラヴァ」全訳と注』、恒星社厚生閣、２０１６
林隆夫、『インド算術研究：「ガニタティラカ」＋シンハティラカ注 全訳と注』、恒星社厚生閣、２０１９

T. Hayashi (ed. & tr.). The Caturacintāmaṇi of Giridharabhaṭṭa: A Sixteenth-Century Sanskrit Mathematical Treatise. *SCIAMVS* 1, 2000, 133–208,

T. Hayashi. Govindasvāmin's Arithmetic Rules Cited in the Kriyākramakarī of Śaṅkara and Nārāyaṇa. *Indian Journal of History of Science* 35 (3), 2000, 189–231.

T. Hayashi (ed. & tr). Two Benares Manuscripts of Nārāyaṇa Paṇḍita's Bījagaṇitāvataṃsa. *Studies in the History of the Exact Sciences in Honour of David Pingree,* ed. by C. Burnett et al., Leiden: Brill, 2004, pp. 386–496.

T. Hayashi (ed.). Bījagaṇita of Bhāskara. *SCIAMVS* IO, 2009, 3–301.

T. Hayashi (ed. & tr.). *Kuṭṭākāraśiromaṇi of Devarāja.* New Delhi: Indian National Science Academy, 2012.

T. Hayashi. The Gaṇitapañcaviṃśī attributed to Śrīdhara. *Revue d' histoire des mathematiques* 19 (2), 2013, 245–332.

T. Hayashi (ed.). *Gaṇitamañjarī of Gaṇeśa.* New Delhi: Indian National Science Academy, 2013.

T. Hayashi (ed. & tr.). The *Bālabodhāṅkavṛtti*: Śambhudāsa's Old-Gujarātii Commentary on the Anonymous Sanskrit Arithmetical Work *Pañcaviṃśatikā*. *SCIAMVS* 18, 2017, 1–132.

T. Hayashi and T. Kusuba. Twenty-One Algebraic Normal Forms of Citrabhānu. *Historia Mathematica* 25 (1), 1998, 1–21.

S. Ikeyama. Power Series Expansions in India around A.D. 1400. *Seki, Founder of Modern Mathematics in Japan: A Commemoration on His Tercentenary*, ed. by E. Knobloch et al., Tokyo: Springer, 2013, pp. 133–48.

T. Kusuba (ed. & tr.). Combinatorics and Magic Squares in India: A Study of Nārāyaṇa Paṇḍita's "Gaṇitakaumudī", Chapters 13–14. Diss. Brown University, 1993.

T. Kusuba. Indian Rules for the Decomposition of Fractions. *Studies in the History of the Exact Sciences in Honour of David Pingree,* ed. by Charles Burnett et al., Leiden: Brill, 2004, pp. 497–516.

A. Petrocchi (tr.). *The Gaṇitatilaka and Its Commentary: Two Medieval Sanskrit Mathematical Texts*. London: Routledge, 2019.

K. Ramasubramanian and M. S. Sriram (trs.). *Tantrasaṅgraha of Nīlakaṇṭha Somayājī*. Culture and History of Mathematics 6. New Delhi: Hindustan Book Agency, 2011.

SaKHYa (ed. & tr.). *Gaṇitasārakaumudī: The Moonlight of the Essence of Mathematics by Ṭhakkura Pherū*. New Delhi: Manohar, 2009.

K. V. Sarma (ed. & tr.). *Gaṇita-yukti-bhāṣā of Jyeṣṭhadeva.* With explanatory notes by K. Ramasubramanian, M. D. Srinivas, and M. S. Sriram. Vol. 1: Mathematics. Vol. 2: Astronomy. Culture and History of Mathematics 4. New Delhi: Hindustan Book Agency, 2008.

K. S. Shukla (ed. & tr.). Gaṇitapañcaviṃśī. *Indian Journal of History of Science* 52 (4), 2017, S1-S22.

P. Singh (tr.). The Gaṇita Kaumudī of Nārāyaṇa Paṇḍita: Chapters I-III. *Gaṇita Bhāratī* 20 (1-4), 1998, 25-82; Chapter IV. *Gaṇita Bhāratī* 21 (1-4), 1999, 10-73; Chapters V-XII. *Gaṇita Bhāratī* 22 (1-4), 2000, 19-85; Chapter XIII. *Gaṇita Bhāratī* 23 (1-4), 2001, 18-82; Chapter XIV. *Gaṇita Bhāratī* 24 (1-4), 2002, 35-98.

P. Singh and B. Singh (trs.). Pā-īsāra of Munīśvara: Chapters I and II. *Gaṇita Bhāratī* 26 (1-4), 2004, 56-104; Chapter III. *Gaṇita Bhāratī* 27 (1-4), 2005, 64-103.

第八章　文化交流と数学

三浦伸夫、『フィボナッチ：アラビア数学から西洋中世数学へ』大数学者の数学15、現代数学社、２０１６

A. Heeffer. The Tacit Appropriation of Hindu Algebra in Renaissance Practical Arithmetic. *Gaṇita Bhāratī* 29 (1–2), 2007, 1–60.

A. Heeffer. How Algebra Spoiled Recreational Problems: A Case Study in the Cross-Cultural Dissemination of Mathematics. *Historia Mathematica* 41 (4), 2014, 400–37.

本書は一九九三年十月十五日、中央公論社より刊行された。

幾何学　ルネ・デカルト　原亨吉 訳
哲学のみならず数学においても不朽の功績を遺したデカルト。『方法序説』の本論として発表された『幾何学』、初の文庫化！（佐々木力）

不変量と対称性　今井淳／寺尾宏明／中村博昭
変えても変わらない不変量とは？　そしてその意味や用途とは？　ガロア理論や結び目の現代数学に現われる、上級の数学センスをさぐる7講義。

数とは何かそして何であるべきか　リヒャルト・デデキント　渕野昌訳・解説
「数とは何かそして何であるべきか？」「連続性と無理数」の二論文を収録。現代の視点から数学の基礎付けを試みた充実の訳者解説を付す。新訳。

数学的に考える　キース・デブリン　冨永星 訳
ビジネスにも有用な数学的思考法とは？　言葉を厳密に使う、量を用いて考える、分析的に考えるといったポイントからとことん丁寧に解説する。

物理の歴史　朝永振一郎 編
湯川秀樹のノーベル賞受賞。その中間子論とは何なのだろう。日本の素粒子論を支えてきた第一線の学者たちによる平明な解説書。（江沢洋）

代数的構造　遠山啓
群・環・体など代数の基本概念の構造を、構造主義の歴史をおりまぜつつ、卓抜な比喩とていねいな計算で確かめていく抽象代数学入門。（銀林浩）

現代数学入門　遠山啓
現代数学、恐るるに足らず！　学校数学より日常の感覚の中に集合や構造、関数や群、位相の考え方を探る大人のための入門書。（エッセイ　亀井哲治郎）

代数入門　遠山啓
文字から文字式へ、そして方程式へ。巧みな例示と丁寧な叙述で「方程式とは何か」を説いた最晩年の名著。遠山数学の到達点がここに！（小林道正）

生物学の歴史　中村禎里
進化論や遺伝の法則は、どのような論争を経て決着したのだろう。生物学とその歴史を高い水準でまとめあげた壮大な通史。充実した資料を付す。

物理学に生きて
W・ハイゼンベルクほか
青木薫訳
「わたしの物理学は……」ハイゼンベルク、ディラック、ウィグナーら六人の巨人たちが集い、それぞれの歩んだ現代物理学の軌跡や展望を語る。

調査の科学
林知己夫
消費者の嗜好や政治意識を測定するとは？　集団特性の数量的表現の解析手法を開発した統計学者による社会調査の論理と方法の入門書。（吉野諒三）

ポール・ディラック
アブラハム・パイスほか
藤井昭彦訳
「反物質」なるアイディアはいかに生まれたのか、そしてその存在はいかに発見されたのか。天才の生涯と業績を三人の物理学者が紹介した講演録。

パスカル　数学論文集
ブレーズ・パスカル
原亨吉訳
「パスカルの三角形」で有名な「数三角形論」ほか、「円錐曲線論」「幾何学的精神について」など十数篇の論考を収録。世界的権威による翻訳。（佐々木力）

幾何学基礎論
D・ヒルベルト
中村幸四郎訳
20世紀数学全般の公理化への出発点となった記念碑的著作。ユークリッド幾何学を根源まで遡り、斬新な観点から厳密に基礎づける。（佐々木力）

和算の歴史
平山諦
関孝和や建部賢弘らのすごさと弱点とは。そして和算がたどった歴史とは。和算研究の第一人者による簡潔にして充実の入門書。（鈴木武雄）

素粒子と物理法則
R・P・ファインマン／S・ワインバーグ
小林澈郎訳
量子論と相対論を結びつけるディラックのテーマを対照的に展開したノーベル賞学者による追悼記念講演。現代物理学の本質を堪能させる三重奏。

ゲームの理論と経済行動Ⅰ（全3巻）
ノイマン／モルゲンシュテルン
銀林／橋本／宮本監訳
阿部／橋本訳
今やさまざまな分野への応用いちじるしい「ゲーム理論」の嚆矢とされる記念碑的著作。第Ⅰ巻はゲームの形式的記述とゼロ和2人ゲームについて。

ゲームの理論と経済行動Ⅱ
ノイマン／モルゲンシュテルン
銀林／橋本／宮本監訳
銀林／下島訳
第Ⅰ巻でのゼロ和2人ゲームの考察を踏まえ、第Ⅱ巻ではプレイヤーが3人以上の場合のゼロ和ゲーム、およびゲームの合成分解について論じる。

ゲームの理論と経済行動Ⅲ
ノイマン／モルゲンシュテルン
銀林／橋本／宮本監訳
銀林／宮本訳

第Ⅲ巻では非ゼロ和ゲームにまで理論を拡張。これまでの数学的結果をもとにいよいよ経済学的解釈を試みる。全3巻完結。（中山幹夫）

計算機と脳
J・フォン・ノイマン
柴田裕之訳

脳の振る舞いを数学で記述することは可能か？　現代のコンピュータの生みの親でもあるフォン・ノイマン最晩年の考察。新訳。（野﨑昭弘）

数理物理学の方法
J・フォン・ノイマン
伊東恵一編訳

多岐にわたるノイマンの業績を展望するための文庫オリジナル編集。本巻は量子力学・統計力学など物理学の重要論文四篇を収録。全篇新訳。

作用素環の数理
J・フォン・ノイマン
長田まりゑ編訳

終戦直後に行われた講演「数学者」と、「作用素環について」Ⅰ～Ⅳの計五篇を収録。一分野としての作用素環論を確立した記念碑的業績を網羅する。

フンボルト 自然の諸相
アレクサンダー・フォン・フンボルト
木村直司編訳

中南米オリノコ川で見たものとは？　植生と気候、緯度と地磁気などの関係を初めて認識した、ゲーテ自然学を継ぐ博物・地理学者の探検紀行。

新・自然科学としての言語学
福井直樹

気鋭の文法学者によるチョムスキーの生成文法解説書。文庫化にあたり旧著を大幅に増補改訂し、付録として黒田成幸の論考「数学と生成文法」を収録。

電気にかけた生涯
藤宗寛治

実験・観察にすぐれたファラデー、電磁気学にまとめたマクスウェル、ほかにクーロンやオームなど科学者十二人の列伝を通して電気の歴史をひもとく。

科学の社会史
古川安

大学、学会、企業、国家などと関わりながら「制度化」の歩みを進めて来た西洋科学。現代に至るまでの約五百年の歴史を概観した定評ある入門書。

πの歴史
ペートル・ベックマン
田尾陽一／清水韶光訳

円周率だけでなく意外なところに顔をだすπ。ユークリッドやアルキメデスによる探究の歴史に始まり、オイラーの発見したπの不思議にいたる。

やさしい微積分　L・S・ポントリャーギン　坂本實訳

微積分の基本概念・計算法を全盲の数学者がイメージ豊かに解説。版を重ねて読み継がれる定番の入門教科書。練習問題・解答付きで独習にも最適。

フラクタル幾何学(上)　B・マンデルブロ　広中平祐監訳

「フラクタルの父」マンデルブロの主著。膨大な資料を基に、地理・天文・生物などあらゆる分野から事例を収集・報告したフラクタル研究の金字塔。

フラクタル幾何学(下)　B・マンデルブロ　広中平祐監訳

「自己相似」が織りなす複雑で美しい構造とは。その数理とフラクタル発見までの歴史を豊富な図版とともに紹介。

数学基礎論　前原昭二　竹内外史

集合をめぐるパラドックス、ゲーデルの不完全性定理からファジー論理、P＝NP問題などのより現代的な話題まで。大家による入門書。（田中一之）

現代数学序説　松坂和夫

『集合・位相入門』などの名教科書で知られる著者による、懇切丁寧な入門書。組合せ論・初等数論を中心に、現代数学の一端に触れる。（荒井秀男）

不思議な数eの物語　E・マオール　伊理由美訳

自然現象や経済活動に頻繁に登場する超越数e。この数の出自と発展の歴史を描いた一冊。ニュートン、オイラー、ベルヌーイ等のエピソードも満載。

工学の歴史　三輪修三

オイラー、モンジュ、フーリエ、コーシーらは数学者であり、同時に工学の課題に方策を授けていた。「ものつくりの科学」の歴史をひもとく。

関数解析　宮寺功

偏微分方程式論などへの応用をもつ関数解析。バナッハ空間論からベクトル値関数、半群の話題まで、その基礎理論を過不足なく丁寧に解説。（新井仁之）

ユークリッドの窓　レナード・ムロディナウ　青木薫訳

平面、球面、歪んだ空間、そして……。幾何学的世界像は今なお変化し続ける。『スタートレック』の脚本家が誘う三千年のタイムトラベルへようこそ。

ファインマンさん 最後の授業　レナード・ムロディナウ　安平文子 訳

科学の魅力とは何か？ 創造とは、そして死とは？ 老境を迎えた大物理学者との会話をもとに書かれた、珠玉のノンフィクション。（山本貴光）

生物学のすすめ　ジョン・メイナード＝スミス　木村武二 訳

現代生物学では何が問題になるのか。20世紀生物学に多大な影響を与えた大家が、複雑な生命現象を理解するためのキー・ポイントを易しく解説。

現代の古典解析　森毅

おなじみ一刀斎の秘伝公開！ 極限と連続に始まり、指数関数と三角関数を経て、偏微分方程式に至る。見晴らしのきく、読み切り22講義。

ベクトル解析　森毅

1次元線形代数学から多次元へ、1変数の微積分から多変数へ。応用面と異なる、教育的重要性を軸に展開するユニークなベクトル解析のココロ。

対談 数学大明神　森毅　安野光雅

数楽的センスの大饗宴！ 読み巧者の数学者と数学ファンの画家が、とめどなく繰り広げる興趣つきぬ数学談義。（河合雅雄・亀井哲治郎）

線型代数　森毅

理工系大学生必須の線型代数を、その生態のイメージと意味のセンスを大事にしつつ、基礎的な概念をひとつひとつユーモアを交え丁寧に説明する。

新版 数学プレイ・マップ　森毅

一刀斎の案内で数の世界を気ままに歩き、勝手に遊ぶ数学エッセイ。「微積分の七不思議」「数学の大いなる流れ」他三篇を増補。（亀井哲治郎）

応用数学夜話　森口繁一

俳句は何兆まで作れるのか？ 安売りをしてもっとも効率的に利益を得るには？ 世の中の現象と数学をむすぶ読み切り18話。（伊理正夫）

フィールズ賞で見る現代数学　マイケル・モナスティルスキー　眞野元 訳

「数学のノーベル賞」とも称されるフィールズ賞。その誕生の歴史、および第一回から二〇〇六年までの歴代受賞者の業績を概説。

思想の中の数学的構造　山下正男
レヴィ＝ストロースと群論？ ニーチェやオルテガの遠近法主義、ヘーゲルと解析学、孟子と関数概念……。数学的アプローチによる比較思想史。

熱学思想の史的展開1　山本義隆
熱の正体は？ その物理的特質とは？ 『磁力と重力の発見』の著者による壮大な科学史。熱力学入門書としての評価も高い。全面改稿。

熱学思想の史的展開2　山本義隆
熱力学はカルノーの一篇の論文に始まり骨格が完成した。熱素説に立ちつつも、時代に半世紀も先行していた。理論のヒントは水車だったのか？

熱学思想の史的展開3　山本義隆
隠された因子、エントロピーがついにその姿を現わす。そして重要な概念が加速的に連結し熱力学が体系化されていく。格好の入門篇。全3巻完結。

数学がわかるということ　山口昌哉
非線形数学の第一線で活躍した著者が〈数学とは〉をしみじみと、〈私の数学〉を楽しげに語る異色の数学入門書。（野﨑昭弘）

カオスとフラクタル　山口昌哉
ブラジルで蝶が羽ばたけば、テキサスで竜巻が起こる？ カオスやフラクタルの非線形数学の不思議をさぐる本格的入門書。（合原一幸）

数学文章作法　基礎編　結城浩
レポート・論文・プリント・教科書など、数式まじりの文章を正確で読みやすいものにするには？ 『数学ガール』の著者がそのノウハウを伝授！

数学文章作法　推敲編　結城浩
ただ何となく推敲していませんか？ 語句の吟味・全体のバランス・レビューなど、文章をより良くするために効果的な方法を、具体的に学びましょう。

数学序説　吉田洋一　赤攝也
数学は嫌いだ、苦手だという人のために。幅広いトピックを歴史に沿って解説。刊行から半世紀以上にわたり読み継がれてきた数学入門のロングセラー。

ちくま学芸文庫

インドの数学《すうがく》　ゼロの発明《はつめい》

二〇二〇年九月十日　第一刷発行

著　者　林　隆夫（はやし・たかお）
発行者　喜入冬子
発行所　株式会社　筑摩書房
東京都台東区蔵前二―五―三　〒一一一―八七五五
電話番号　〇三―五六八七―二六〇一（代表）
装幀者　安野光雅
印刷所　株式会社精興社
製本所　株式会社積信堂

ISBN978-4-480-51004-4 C0141